DIZHI ZAIHAI
FANGZHI

地质灾害防治

陈飞 编著

中南大学出版社
www.csupress.com.cn
·长沙·

内容提要

　　本书依据我国"以防为主、防治结合、综合治理"的地质灾害防治方针，系统阐述了地质灾害防治的研究方法与理论体系；全面介绍了地质灾害的概念、类型及分布，地质灾害灾情评估与减灾效益分析，地质灾害减灾对策；详细论述了滑坡、泥石流、地震等各类地质灾害的特点、形成条件与机理、影响因素、发育规律和危害方式；归纳总结了不同类型地质灾害的调查与评价、监测预报、防治工程的设计方法和原理及施工的基本方法。

　　本书可作为高等学校地质工程、土木工程、水利工程、勘查技术与工程、岩土工程、防灾减灾与防护工程等专业的教材，也可供铁路、公路、矿山、国土资源及城建等部门从事地质灾害勘察、设计、施工、监理和监测预报的工程人员参考使用。

前 言

>>>

可持续发展是 21 世纪人类社会发展的主题，其核心是实现环境、资源与社会的协调发展，而重大自然灾害给人类社会带来了严重的影响和损失。防范自然灾害，减轻其影响和减少其损失，已成为建设资源节约型、环境友好型社会，实现经济社会可持续发展的重要任务。

地质灾害是一种由自然因素或人为活动引发的危害人民生命和财产安全的山体滑坡、崩塌、泥石流、地面塌陷、地裂缝、地面沉降等与地质作用有关的灾害。我国是世界上地质灾害较严重的国家之一，地质灾害种类繁多，分布广泛，活动频繁，危害严重，每年因地质灾害造成的直接经济损失占自然灾害总损失的 20% 以上，直接影响了人民的生活，制约了社会的可持续发展。

据统计，我国每年因地震、崩塌、滑坡、泥石流、地面沉降等地质灾害造成的直接经济损失高达千亿元。地质环境恶化引发或加重的其他自然灾害所造成的间接损失更是无法估算。2016 年全国共发生地质灾害 9710 起，其中滑坡 7403 起、崩塌 1484 起、泥石流 584 起、地面塌陷 221 起、地裂缝 12 起、地面沉降 6 起，直接经济损失 31.7 亿元。我国地质灾害的防治形势十分严峻，防治任务十分繁重，因此，依靠现代科学技术，多学科、跨部门联合攻关，全面、系统、深入地开展地质灾害研究，对保护人民生命和财产安全，减轻地质灾害损失，实现社会、经济的可持续发展具有非常重要的意义。

为了做好我国地质灾害的防治工作，国家计划委员会、科技部和国土资源部在《全国地质灾害防治工作规划纲要》中提出：要把地质灾害防治重点放在人口密集、建设集中和对国家建设有重大影响的城市、矿山、工程、交通干线、大江大河等地区和地质灾害多发区，并抓好一些重大地质灾害防治的典型工程，取得成效，积累经验，逐步推广并确定我国地质灾害的防治方针为"以防为主、防治结合、综合治理"，以提高我国地质灾害的防治能力和水平，尽可能避免或减轻地质灾害造成的危害和损失。

国家对地质灾害防治工作越来越重视，而且地质灾害防治工作任务非常繁重，各相关单位对这方面的人才需求越来越迫切，为此，我校地质工程专业为本科生及研究生相继开设了有关地质灾害防治方面的课程。本书编写的目的是从学科的角度，系统地阐述地质灾害的理论体系与研究方法，尽可能全面地论述该学科所涉及的各个研究领域，为高等院校相关专业的本科生提供一本实用的教材，为从事地质灾害防治相关工作的技术人员提供一本参考用书。

本书注重理论分析和背景实践，力求做到内容新颖，既有一定的专业深度，同时具有较强的实用性。本书介绍我国地质灾害类型、分布、成因及主要危害性，从地质工程设计、施工技术理论出发，归纳总结了滑坡、崩塌、泥石流等地质灾害的治理技术的方法。全书共7章：第1章介绍我国地质灾害的类型、分布特征及防治概况；第2章介绍地质灾害的内涵、地质灾害灾情评估与减灾效益分析和地质灾害减灾对策；第3章介绍地震及减轻地震灾害的对策；第4章介绍地裂隙、地面塌陷与地面沉降的成因、评价方法和防治措施；第5章介绍泥石流的分类、成因、评价方法和防治技术；第6章介绍滑坡的基本概念、成因、分类、评价、滑坡推力的计算以及抗滑挡土墙、抗滑桩等的设计与施工方法；第7章介绍地质灾害减灾体系与地质灾害危险性评估技术要求。

本书的编写得到了江西理工大学教务处的大力支持和资助，在此致以诚挚的感谢！在编写过程中，参考了有关文献，在此对文献的作者表示衷心的感谢。

由于作者水平有限，书中难免存在差错和不足之处，恳请读者批评指正。

作者单位：江西理工大学资源与环境工程学院地质工程教研室，邮编：341000，邮箱：180125110@qq.com、chenfei1025@tom.com。

陈 飞

2017 年 7 月 31 日

目 录

0 绪 论

0.1 灾害与地质灾害

0.1.1 灾害

灾害包括自然灾害、事故灾害和突发公共卫生事件。

自然灾害指给人类生存带来危害或损害人类生活环境的自然现象，包括干旱、洪涝、台风、冰雹、雪、沙尘暴等气象灾害，火山、地震、山体崩塌、滑坡、泥石流等地质灾害，风暴潮、海啸等海洋灾害，森林草原火灾和重大生物灾害等。

1.造成自然灾害的因素

自然变异是引发自然灾害的自然因素；人、财产、资源、环境等受灾体的变化是造成灾害损失的社会因素。

(1)自然因素：地球变动、地球各圈层变化与运动。

(2)社会因素：人口增长、开发资源、改造环境、发展生产、工程活动、战争、动乱等。

2.我国自然灾害的特点

(1)灾害种类多：除现代火山活动外，几乎所有的自然灾害都在我国出现过。

(2)分布地域广：我国70%以上的城市、50%以上的人口均不同程度受到自然灾害影响。东北、西北、华北等地区旱灾频发，西南、华南等地区严重干旱时有发生，东部、南部沿海地区以及部分内陆省份经常遭受热带气旋侵袭，我国2/3以上的国土面积受到洪涝灾害威胁，各省均发生过5级以上的破坏性地震。约占我国国土面积69%的山地、高原区域地质构造复杂，滑坡、泥石流、山体崩塌等地质灾害频繁发生。

(3)发生频率高：我国的自然灾害每天都在发生。

(4)灾害损失重：如2016年，我国全年自然灾害造成直接经济损失达5032.9亿元。

0.1.2 地质灾害

地质灾害指地质作用造成的人民生命财产损失和环境破坏的灾害。地质灾害包括崩塌、滑坡、泥石流、地面沉降、岩崩等。

0.2 各种灾害的危害

0.2.1 干旱灾害

（1）干旱灾害的定义

干旱灾害指在较长时间内降水异常偏少，河川径流及其他水资源短缺，致使土壤水分严重不足，对人类生产、生活造成影响的灾害。

（2）我国旱灾的特点

我国的旱情与显著的季风性气候以及我国农业生产本身的特点有关；各地的旱情发展还取决于当地的社会经济条件和水资源的分布。

我国北方旱灾具有频繁性、周期性的特点，黄淮海地区的降雨变化大，干旱频发，全年各季均较高；南方旱灾主要表现出地区性、季节性的特点。旱灾主要危害农作物生产，是中国近40年来粮食减产的最主要的原因。旱灾导致农业成本上升、危及人畜生存、制约工业生产和城市建设的发展。

0.2.2 洪涝灾害

（1）洪涝灾害的分类

洪涝灾害包括洪水灾害和雨涝灾害。

洪水灾害是由于强降雨、冰雪融化、冰凌、堤坝溃决、风暴潮等原因引起江河湖泊及沿海水量增加、水位上涨而泛滥。

雨涝灾害是因大雨、暴雨或长期降雨量过于集中而产生大量的积水和径流，排水不及时，致使土地、房屋等渍水、受淹而造成损失。

（2）我国洪涝灾害的特点

我国洪涝灾害具有形式多样性、广泛性、危害区域具有相对集中性、季节性特征明显的特点。

我国洪涝灾害严重的原因主要是受自然地理位置和季风气候的影响，地形复杂，西部与东部落差大，以及众多河流均要汇入少数特大河流。这些因素是我国江河洪水和内涝灾害的有利生成条件。植被遭到破坏，水土流失扩大，是我国洪涝灾害日益严重的重要原因。我国的大江大河中下游、平原及湖泊周围多是人口密集和经济较发达地区，洪涝灾害造成的后果必然严重。

0.2.3 台风灾害

（1）台风的定义

台风指热带或副热带海洋上发生的气旋性涡旋大范围活动，伴随大风、巨浪、暴雨、风暴潮等。

（2）台风灾害的特点

台风灾害是对人类生产、生活产生较强破坏力的灾害。台风灾害会造成人员伤亡；摧毁建筑物、森林、农作物、船舶等；造成沿海农田的盐渍化；给水产养殖业造成损失；导致海难等灾害。

0.2.4　风雹灾害

风雹灾害指强对流发展成积雨云后出现狂风、暴雨、冰雹、龙卷风、雷电等所造成的灾害。沙尘暴所造成的灾害，也一并计入风雹灾害。

（1）龙卷风灾害

龙卷风是一种与强雷暴云相伴出现的具有近于垂直轴的强烈空气涡旋，其外形像一个漏斗状的旋转云柱，当它发生在水面上时，常吸水上升如柱，犹如龙吸水，称为"水龙卷"；当它发生在陆地上时，则称为"陆龙卷"。

龙卷风灾害具有发生速度快、破坏力大，生命短、运动无规律的特点。

（2）冰雹灾害

冰雹灾害指从发展强盛的高大积雨云中降落到地面的固定降水所造成的灾害。

从全球范围看，冰雹常发生在中纬度地区的山区，平原少见，热带与寒带极少出现，中亚地区、美国中部、法国、德国、英国等地是冰雹多发地区。中国由于大部分国土地处中纬度地区，是冰雹灾害多发国家。

（3）沙尘暴

沙尘暴是沙暴和尘暴的统称，是大量沙尘物质被强风吹到空中，使空气很浑浊的严重风沙现象。沙暴指 8 级以上的大风把大量沙粒吹入近地面气层所形成的携沙风暴；尘暴则指大风把大量尘埃及其他细粒物质卷入高空所形成的风暴。

0.2.5　雪灾

（1）雪灾的定义

雪灾也称白灾，指因降雪形成大范围积雪，严重影响人畜生存，以及因降大雪造成交通中断，通信、输电等设施毁坏的灾害。雪灾分为猝发型雪灾和持续型雪灾两种。

（2）雪灾的危害

我国的雪灾主要为牧区雪灾。雪灾发生的时段，冬雪一般开始于 10 月，春雪一般结束于 4 月。牧区雪灾常发区主要分布在内蒙古大兴安岭以西和阴山以北的广大牧区，祁连山牧区、新疆北部、四川西部以及藏北高原至青南高原一带的高寒牧区。

雪灾的发生严重影响甚至破坏交通、通信和输电线路等生命线工程，对牧民的生命安全和生活造成威胁。此外雪灾还会引起牲畜死亡，导致畜牧业减产。对畜牧业的危害，主要是因为积雪掩盖草场，且超过一定深度，有的积雪虽不深，但密度较大，或者雪面覆冰形成冰壳，牲畜难以扒开雪层吃草，造成饥饿，致使牲畜瘦弱，有时冰壳还易划破羊和马的蹄腕，造成冻伤，常常造成牧畜流产，仔畜成活率低，老弱幼畜饥寒交迫，死亡增多。

0.2.6　低温冷冻灾害

低温冷冻灾害指在作物的主要生长发育阶段，气温降至影响作物正常生长发育的温度，造成作物减产甚至绝收的灾害。低温冷冻灾害主要包括倒春寒、夏季低温、寒露风、霜冻、寒潮等。

（1）春季低温冷冻灾害

我国南方早稻在播种育秧时期由于受低温影响造成的烂种烂秧，称为春季低温冷冻灾害，俗称倒春寒。

（2）秋季低温冷冻灾害

秋季低温冷冻灾害是指晚稻抽穗扬花期，受到低温天气的影响，造成空壳和秕粒率增大而减产。由于此种灾害在华南地区多发生在寒露节气前后，俗称寒露风。

（3）夏季低温冷冻灾害

东北地区是我国最北的农业区，冬季长，无霜期短，夏季平均气温明显偏低，往往使作物生育期延迟，延迟的天数与平均温度成反比，即平均温度越低，作物生育期延迟的时间越长，所以当未成熟的作物遇到早霜冻就会造成大幅度的减产。

0.2.7 地质灾害

（1）地质灾害的种类

地质灾害包括地震、崩塌、滑坡、泥石流、地面沉降、岩崩等。

地震灾害指由地震引起的强烈地面振动及伴生的地面裂隙和变形，导致各类建筑物倒塌和损坏，设备和设施损坏，交通、通信中断和其他生命线工程设施等的破坏，以及由此引起的火灾、爆炸、瘟疫、有毒物质泄露、放射性污染、场地破坏等，造成人畜伤亡和财产损失的灾害。

滑坡灾害指斜坡上的岩土体由于种种原因，在重力作用下沿一定的软弱面整体向下滑动造成的灾害，俗称"走山""垮山""地滑""土溜"等。

泥石流灾害指山区沟谷中，由于暴雨、冰雹、融水等水源激发的、含有大量泥沙石块的特殊洪流所造成的灾害。

地处我国西部高原山地向东部平原、丘陵的过渡地带，区域内地形起伏变化大、河流切割强烈、暴雨集中，加之人类对天然植被的严重破坏和广泛地改造地表斜坡、搬运岩土等活动，导致崩塌、滑坡、泥石流特别易发、频发、多发。该段区域是我国滑坡、崩塌、泥石流等地质灾害最严重的地区。

（2）地质灾害的危害

我国每年有近百座县城受到泥石流威胁和危害，有20多条铁路干线经过滑坡和泥石流的分布区域。在我国的公路网中，以川藏、川滇、川陕、川甘等线路的泥石流灾害最严重，仅川藏公路沿线就有泥石流沟1000余条，每年因泥石流灾害阻碍车辆行驶的时间为1~6个月。

2013年7月10日上午10时30分左右，四川省都江堰中兴镇三溪村1组一处山体突发特大型高位山体滑坡重大地质灾害（图0-1），此次灾害造成43人遇难，118人失踪。2013年7月8日20时以来，都江堰出现区域性暴雨天气过程，这次强降雨呈现出持续时间长、影响范围广、危害性大等特点。最强降雨时段在8日20时至10日20时，都江堰35个点位雨量达到250 mm以上，12个点位雨量达到500 mm以上，累计最大降雨量为1059 mm，是1954年都江堰有气象记录以来雨量最大的一次降雨。

（3）地质灾害的防治

①灾害前，预防为主，避让与治理相结合。从避让灾害角度，安全选择建设场地。采取锚桩和排水等工程，增大摩擦系数，增加山体稳定性。建立崩塌、滑坡和泥石流的预警和预报系统。

图0－1　2013年7月10日都江堰特大型高位山体滑坡

　　②灾害发生时，注意观测、尽快撤离、通知邻居。
　　③灾害发生后，采取有效的应急和自救措施。治理泥石流常用的措施有工程措施和生物措施。
　　图0－2所示为巴东新城地质灾害防治工程实例。

图0－2　巴东新城地质灾害防治工程

0.3　地质灾害防治的研究内容和研究方法

（1）地质灾害防治的研究内容

地质灾害防治的研究内容包括地质科学、环境科学、灾害学、岩土工程等多种学科的研究内容。

（2）地质灾害防治的研究方法

地质灾害防治的研究方法不仅要遵循各个学科的传统研究方法，同时由于地质环境的系统性、复杂性，要求地质灾害的研究要将时间与空间相结合、宏观与微观相结合、物理模拟与数值模拟相结合、区域与局部相结合、自然科学方法与社会科学方法相结合，探索新的研究方法和途径。地质灾害的主要研究方法有野外地质环境调查、勘察与监测、野外现场试验与室内模拟试验、数值模拟与数学方法、综合评价等。

（3）我国地质灾害与防治研究特点

我国受地质灾害困扰的县级城镇达 400 多个，有 1 万多个村庄受到滑坡、崩塌、泥石流灾害的威胁。目前的理论研究和防治水平逐步提高，灾害却越来越严重，其主要原因有以下三点：一是预防性研究远远跟不上治理工程；二是治理工程偏重工程技术方面而忽视地质灾害发生的地质机理研究；三是人类因素的参与，造成了自然地质体平衡状态的恶化、自然生态环境的破坏，加速了大区域地质灾害的发生频率和规模。

0.4　地质灾害防治的国内外研究现状

（1）地质灾害概念的提出

1976 年，前国际工程地质协会主席 Arnould 教授在发表的题为《地质灾害–保险和立法及技术对策》一文中提出了"地质灾害（geological hazard）"一词，他把滑坡、崩塌、泥石流、地震灾害看成是地质灾害。1987 年第 42 届联合国大会通过的第 169 号决议把 20 世纪的最后十年确定为"国际减轻自然灾害十年"（International Decade for Natural Disaster Reduction，IDNDR）行动计划之后，地质灾害一词频繁出现于专业文献及新闻媒体。地质灾害一词共有三种表达方式：geological disaster，geological hazard，geo–hazard。

（2）国外地质灾害研究概况

1965 年，W. I. Garrison 提出了"地理信息系统"（Geographic Information System，GIS）技术。20 世纪 80 年代后期到 90 年代，GIS 大量地应用于地质灾害研究方面，国外尤其发达国家在这方面做了较多工作。

随着高精度遥感技术的出现，"遥感眼"在地质灾害的评价与预测方面显示出广泛的应用前景。国外关于地质灾害研究多集中在模型的建立和计算机实现上，如"3S"技术在地质灾害的监控与可视化、数字减灾系统（digital disaster reduction system，DDRS）等方面的应用。

国外对地质灾害的研究主要体现在以下几个方面：

①从更深更广的角度，借助现代先进的科学技术手段和方法，深入系统地研究地质灾害的致灾机理，加强对地质灾害的特征、分类、成因机理、预测预报以及防治处理等方面的研究。

②重视灾害制图技术方法和"3S"技术的应用，采用现代技术（如"3S"技术）对中小流域地质灾害进行区域性评价，查明地质灾害时空分布规律，划分地质灾害危险性等级，同时将此危险性等级与土地资源的可利用性和土地售价联系起来，使地质灾害研究成果直接为公众服务。

③典型地区区域地质灾害预警系统和灾害管理信息系统建设取得显著进展。

④地质灾害研究成果的经济效益可观，能够实现成果社会共享，为社会经济服务。

（3）我国地质灾害研究概况

我国地质灾害研究工作起步较晚，20世纪30～70年代多以地震灾害研究工作为主。20世纪80年代，我国的地质灾害调查工作才全面开展，重点反映在滑坡、崩塌、泥石流、地面沉降、岩溶塌陷、土壤侵蚀、土地荒漠化、矿区灾害等。20世纪80年代，西安矿业学院杨梅忠教授开始对煤矿区地质灾害问题开展研究。20世纪90年代后，科研工作者们对我国地质灾害的类型、特征、影响因素、分布状况和区域发展规律等进行了深入的研究，提出了许多新理论、新观点，特别是定量化方法，如灰色系统模型、遗传算法、元胞自动机和BP神经元等大量用来对地质灾害进行研究和治理，为地质灾害的研究发展提供了有力的依据。可以看出我国地质灾害的研究已经趋向于定量化、可视化。

通过大规模的调查研究，我国地质灾害的总体发育分布规律现已基本查明；全国性的"县市地质灾害调查"已经开始进行，相应的管理信息系统和以"群测群防"为主的监测预警系统已经建立，在地质灾害评估和地质灾害防治监测技术方面取得了长足的进步。

第1章　我国地质灾害的基本概况

1.1　我国地质灾害类型及分布特征

1.1.1　地质环境背景概述

1. 地球的演化

地球从形成到现今已经经历了约46亿年，根据地壳运动的特征、岩层结构、生物演变可以将其发展演化过程分为太古宙、元古宙、显生宙。太古宙包括始太古、古太古、中太古和新太古；元古宙包括古元古、中元古和新元古；显生宙包括古生代、中生代和新生代(图1-1)。

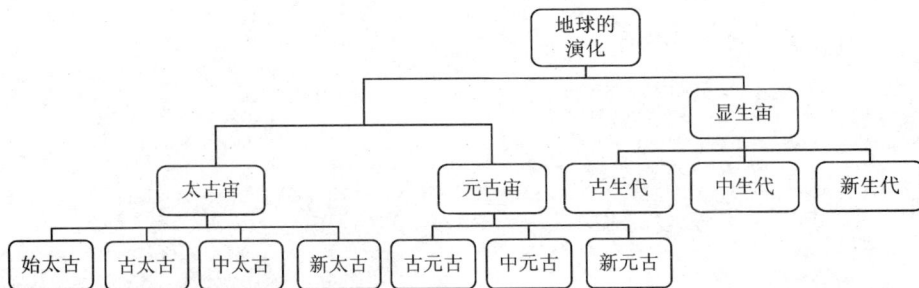

图1-1　地球的演化历史

(1)太古宙和元古宙

太古宙和元古宙又称前寒武纪，距今543～4000 Ma，分为太古代与元古代两个阶段。

1)太古宙

太古宙(距今2500～4000 Ma前)经历了十几亿年的时间，已经形成了薄而活动的原始地壳，出现了水圈和气圈，孕育和诞生了低级的生命。太古宙地球历史(地史)特征为：①缺氧的气圈及水体；②薄弱的地壳和频繁的岩浆活动；③岩石变质很深；④海洋占绝对优势；⑤陆核形成；⑥原始生命萌芽。目前已知最古老的生物化石是在南非发现的32亿年前的超微化石—古杆菌和巴贝通球藻代石。

2)元古宙

元古宙(距今543～2500 Ma)时，由于陆核的出现和扩大，地壳稳定性得到加强。元古宙的地史具有下述特征：①从缺氧气圈到贫氧气圈，由于藻类植物日益繁盛，它们通过光合作用不断吸收大气中的 CO_2，放出 O_2，使气圈和水体从缺氧发展到含氧较多的状态；②从原核生物到真核生物，太古宙已出现菌类和蓝绿藻类，到元古宙得到进一步发展；③由陆核到原地台和古地台；④古元古代地层和中、新元古代地层有很大区别。

（2）古生代

古生代可以分为早古生代（距今 410～543 Ma）与晚古生代（250～410 Ma）。

1）早古生代

早古生代可划分为三个纪，即寒武纪、奥陶纪和志留纪。从寒武纪开始，世界各地开始了广泛的海侵；奥陶纪以后，各地广泛发生海退；志留纪末发生了一次世界性的强烈构造运动（称为加里东运动），陆地面积扩大，陆表浅海面积减小。早古生代是海生无脊椎动物空前繁盛的时代，从奥陶纪开始，出现了淡水原始的无颌鱼类，属于脊椎动物。在植物界，寒武纪、奥陶纪都是以海生藻类为主，到了志留纪，已出现半陆生的裸蕨植物。

2）晚古生代

晚古生代可划分为三个纪，即泥盆纪、石炭纪和二叠纪。进入晚古生代，全球存在四个稳定古陆：欧美古陆、西伯利亚古陆、中国古陆和冈瓦纳古陆。晚古生代后期，发生强烈的地壳运动（称为海西运动），导致欧美古陆、西伯利亚古陆、中国古陆连接一起，逐渐形成一个巨大的北方古陆（又称为劳亚古陆），与南半球的冈瓦纳古陆遥相对应，构成了一个统一的联合古陆。

晚古生代，植物界从水生发展到陆生，蕨类植物达到极盛。动物界从无脊椎动物发展到脊椎动物，鱼类和无颌类广布于泥盆纪，两栖类全盛于石炭纪和二叠纪。

地史中二叠纪与三叠纪的分界"金钉子"：中国的 10 颗"金钉子"分别分布在浙江常山、湖南花垣、广西来宾、湖北宜昌王家湾和黄花场、湖南古丈、湖北大平、广西柳州、浙江长兴、浙江江山。2001 年在浙江长兴发现的"金钉子"是二叠纪与三叠纪的"金钉子"，它是 10 颗"金钉子"中级别最高、最完整的，身兼系、统、阶"三职"。

金钉子原来指 1869 年美国中央太平洋铁路和联合太平洋铁路在犹他州接轨时，打进的意味着完成这条横跨美国本土铁路干线的最后一枚道钉，后来，地学界借用"金钉子"这一名词，来指不同地质年代交界的典型地层剖面，作为国际标准层型，也就是判断所有相关地层年代的基准。一个金钉子地层剖面的确定，不仅要求地层剖面非常典型，容易接近，更要求对这个剖面作出细致而经典的高水平研究。

长兴"金钉子"国家地质遗迹保护区位于浙江省长兴县城西北槐坎乡葆青村青塘山麓（图 1-2），距长兴县城约 23 km。2001 年 3 月 5 日在阿根廷国际地质大会上，长兴金钉子被国际地质委员会确定为全球古生界—中生界线金钉子。

图 1-2　长兴"金钉子"国家地质遗迹保护区

20 世纪 30 年代初，国内外地质专家在长兴县煤山稻堆山到槐坎青塘山一带地质考察，先后发现世界新种鹦鹉螺化石，同时发现了世界罕见的鱼化石。这一考察发现，充分证明在世界上其他地区的晚二叠统地层已停止发育时，长兴的晚二叠统（距今约 250 Ma 前）地层还在不断发育。因此中国地层的长兴煤山段，代表了世界晚二叠统的最高层位，是世界同类地层中最完整的。此外，含有丰富的多门类化石，科学家先后在这里采集到 15 个大类近 400 种化石，目前煤山代石群是世界上发现的最完整的古生物化石群。1931 年，煤山地层剖面被国际许多地质学家公认为国际石灰岩标准地层剖面，也称长兴组层型剖面。

（3）中生代

中生代距今 65～250 Ma，可划分为三个纪，即三叠纪、侏罗纪和白垩纪。中生代构造运动频繁而剧烈，在欧洲典型的构造运动是阿尔卑斯山的形成，在东方主要为印支运动和太平洋运动（我国称燕山运动）。中生代地壳演化的总趋势是：联合古陆的分裂解体、大西洋的形成和扩展、古地中海收缩关闭、太平洋逐渐缩小及环太平洋褶皱带的形成。

中生代的晚三叠纪及侏罗纪时期，气候温暖潮湿，植物茂盛，是地史上一次重要的成煤时期。生物界，裸子植物代替了蕨类植物，爬行动物代替了两栖动物，盛极一时。但是，到白垩纪末期恐龙类爬行动物全部绝灭，是地史中的一次重大生物灭绝事件。

（4）新生代

新生代是地史最近 65 Ma 的地质时代，其已经历的时间仅相当古生代的一个纪。地壳经历了太古宙、元古宙、古生代、中生代至新生代漫长而复杂的演变发展，至第四纪时出现了七大洲、四大洋的海陆分布轮廓。被子植物开始出现于白垩纪晚期，到早第三纪极度繁盛。显花植物和草类的繁盛，给昆虫、哺乳动物的发展创造了必要的条件。中生代占统治地位的爬行动物已经衰退，而在中生代开始出现的哺乳动物得到迅速发展。人类的出现是第四纪的重大事件，是第四纪生物发展史上的一次重大飞跃。

2. 地球物质组成的分布差异

在地球形成及其演化的漫长地质时期中，地球物质得到分异，导致地球不同圈层（核、幔、壳层）中各种元素组成存在差异。原始地壳形成以后，在内生地质作用和外生地质作用下，地壳物质不断地经历着各种分异、重分异过程，导致地壳及地表的岩石、土壤和水中化学元素组成的不均匀。

研究表明，不同类型地壳岩石的元素含量及元素组合特征相差甚大，就岩浆岩大类来说，Mg、Fe、Cr、Ni、Co、Pd 在超基性岩中丰度最高；Ca、Ti、V、Zn、Cu、Sc、Nb、Mo、Sb、I、Hg 在基性岩中丰度最高；Al、Na、P、Sr、Zr、La、Ga、B、Br、Bi 在中性岩中丰度最高。同样地，不同类型的沉积岩、变质岩的元素含量和组合也各有特点。复杂多次的岩浆活动、沉积作用和大地构造运动，使地表自然介质中的化学元素的分布极不均匀。

人类出现以后，尤其是工业化以来，金属和能源矿产的大规模开采利用以及各种社会生产和生活活动，使化学元素在地表的分布得到叠加改造，突出表现为一些有毒有害重金属在地表大量积聚，地球环境受到严重污染。

3. 气候和地壳运动对地质环境的影响

①气候因素是地质灾害发生的主要因素之一，如气温、降水、风暴等，其中降水与地质灾害形成的关系最为密切，降水量大小、降水强度和时间长短等均影响地质灾害的形成，尤其是短期内大强度的降水或长时期连续阴雨均易诱发严重的地质灾害（图 1 - 3）。

②地壳运动是地质灾害形成的最主要内因，地质构造运动不仅控制着地质灾害的分布，有时还是地质灾害的主要诱因，地震与地质构造运动密切相关。

1.1.2　我国地质灾害的类型及空间分布规律

1. 我国地质灾害现状

地质灾害是一种由自然因素或人为活动引发的危害人民生命和财产安全的山体滑坡（图1-4）、崩塌、泥石流、地面塌陷、地裂隙、地面沉降等与地质作用有关的灾害。我国是世界上地质灾害较严重的国家之一。我国的地质灾害种类繁多，分布广泛，活动频繁，危害严重，每年因地质灾害造成的直接经济损失占自然灾害总损失的20%以上，直接影响了人民的生活，制约了社会的可持续发展。因此，我国地质灾害的防治形势十分严峻，任务十分繁重。

图1-3　降雨造成地面塌陷

图1-4　山体滑坡

2016年全国共发生各类地质灾害9710起，共造成370人死亡，35人失踪，直接经济损失31.7亿元。

2. 我国地质灾害的类型

地质灾害类型的划分是灾害地质学的一个重要的基本理论问题，地质灾害的分类应具有实用性、层次性、关联性等特性。按不同的原则，地质灾害有多种分类方案。

（1）按空间分布状况分类

地质灾害可分为陆地地质灾害和海洋地质灾害两个系统。陆地地质灾害又分为地面地质灾害和地下地质灾害；海洋地质灾害又分为海底地质灾害和水体地质灾害。

（2）按成因分类

地质灾害可分为自然动力型、人为动力型及复合动力型（表1-1）。

①自然动力型地质灾害：可再分为内动力亚类、外动力亚类和内外动力复合亚类。

②人为动力型地质灾害：按人类活动的性质可进一步细分为水利水电工程地质灾害、矿山工程地质灾害、城镇建设地质灾害、道路工程地质灾害、农林牧活动地质灾害、海岸港口工程地质灾害、核电工程地质灾害等。

③复合动力型地质灾害：分为内外动力复合亚类，内动力、人为复合亚类，外动力、人为复合亚类。以自然成因为主的复合动力型地质灾害主要有火山、地震、泥石流、滑坡、崩塌、地裂隙、砂土液化、岩土膨胀、土壤冻融等；由人类活动诱发的复合动力型地质灾害主要有水土流失、土地荒漠化、地面沉降、地面塌陷、坑道突水、溃沙等；崩塌、滑坡和地裂隙等复合动力型地质灾害则既可由自然地质作用引起也可由人类活动诱发。

表1-1 地质灾害成因类型划分表

类型	亚类	灾害举例
自然动力型	内动力亚类	地震、火山、地裂隙等
	外动力亚类	泥石流、滑坡、崩塌、岩溶塌陷、荒漠化等
	内外动力复合亚类	泥石流、滑坡、地面沉降等
人为动力型	道路工程亚类	滑坡、崩塌、荒漠化、黄土湿陷等
	水利水电工程亚类	泥石流、滑坡、崩塌、岩溶塌陷、地面沉降、地震等
	矿山工程亚类	地面塌陷、坑道突水、泥石流、地震、瓦斯爆炸等
	城镇建设亚类	地面沉降、地裂隙、地下水变异等
	农林牧活动亚类	水土流失、荒漠化、洪涝灾害等
	海岸港口工程亚类	海底滑坡、岸边侵蚀、海水入侵等
	核电工程亚类	地面沉降、滑坡、地裂隙等
复合动力型	内外动力复合亚类	泥石流、滑坡、崩塌等
	内动力、人为复合亚类	岩爆、瓦斯爆炸、地裂隙、地面沉降等
	外动力、人为复合亚类	泥石流、滑坡、崩塌、水土流失、荒漠化等

3.我国地质灾害的分类

我国地质灾害可划分为10大类共31种。

①地震：天然地震、诱发地震。

②岩土位移：崩塌、滑坡、泥石流。

③地面变形：地面塌陷、地面沉降、地裂隙。

④土地退化：水土流失、沙漠化、盐碱(渍)化、冷浸田。

⑤海洋(岸)动力灾害：海面上升、海水入侵、海岸侵蚀、港口淤积。

⑥矿山与地下工程灾害：坑道突水、煤层自燃、瓦斯突出和爆炸、岩爆。

⑦特殊岩土灾害：湿陷性黄土、膨胀土、淤泥质软土、冻土、红黏土。

⑧水土环境异常：地方病。

⑨地下水变异：地下水位升降、水质污染。

⑩河湖(水库)灾害：淤积、塌岸、渗漏。

1.1.3 我国地质灾害的空间分布规律

根据地质灾害的宏观类别，结合地质、地理、气候及人类活动等环境因素，我国地质灾害区域可划分为四个大区。

1.平原、丘陵地面沉降与塌陷地质灾害大区

这一地质灾害大区位于山海关以南，太行山、武当山、大娄山一线以东，包括我国东部和东南部的广大地区。区内矿产资源较丰富，采矿业发达，大中城市分布密集，人口稠密。

沿海开放城市工业发达，人类工程活动规模大、强度高，诱发了严重的城市地面沉降、矿山地面塌陷、岩溶塌陷、水库地震、土地荒漠化以及港口、水库、河道等淤积灾害；丘陵山区人为活动诱发的滑坡、崩塌、泥石流灾害较发育。

总之，该区是以人类工程活动为主形成的地质灾害组合类型大区。

2. 山地斜坡变形破坏地质灾害大区

这一地质灾害大区包括长白山南段、阴山东段，长城以南，阿尼玛卿山、横断山北段一线以东，雅鲁藏布江以南的广大地区，属中国中部地区及青藏高原南部、东北部分地区。

该区地处青藏断块与华南断块的结合部位，地貌上位于中国大地貌区划的第二级地势阶梯，以山地和高原为主要地貌类型，新构造运动强烈，活动断裂发育，地震灾害严重。由于不合理开发利用山地斜坡、森林植被等资源，该区地质环境日趋恶化，导致泥石流、滑坡、崩塌、水土流失等山地地质灾害频繁发生，灾害损失十分严重。

天水位于陇西黄土高原和秦岭山地、六盘山山地过渡地带。2010 年 8 月 11 日至 12 日的强降雨引发的暴洪灾害带来了严重地质灾害（图 1-5），据统计，这次降雨引发新的地质灾害点 37 处，其中滑坡 5 处，地裂隙 12 处，崩塌 3 处，泥石流 12 处，722 户 3104 人受灾，压伤 1 人，造成经济损失大约 4537 万元。

2009 年 3 月 12 日凌晨 5 时许，正在熟睡中的西安户县涝峪柑岔沟村民被巨大的声响惊醒，该村村民家被从山顶滚落的巨石砸中（图 1-6），造成一人遇难、一人轻伤。

图 1-5　天水滑坡地质灾害

图 1-6　西安户县崩塌地质灾害

3. 内陆高原、盆地干旱、半干旱风沙地质灾害大区

这一地质灾害大区地处秦岭、昆仑山一线以北，在大地构造位置上属于新疆断块并横跨华北断块及东北断块区，位于中国大地貌区划的第二阶梯部位，由高原、沙漠、戈壁及高大山系、盆地、平原等地貌类型组成。

在本区的西部，各种断裂发育，地震活动强烈，其余地区地震活动相对较弱。内陆高原、荒漠地区气候恶劣，风力吹扬作用强烈，沙质荒漠化灾害日趋严重，河套平原等地区土地盐碱化较发育；新疆、宁夏、内蒙古等地的煤田自燃灾害比较严重；天山、昆仑山山地则主要发育雪崩、滑坡、崩塌等地质灾害。总之,我国北部地区是以自然地质营力为主并叠加人为地质作用所形成的复合动力型地质灾害大区。

4.青藏高原及大、小兴安岭北段地区冻融地质灾害大区

这一地质灾害大区位于青藏高原中北部及大、小兴安岭北段地区,大地构造位置上属于青藏断块和东北断块区。在青藏高原和大、小兴安岭地区广泛发育有连续多年冻土,冻土区由于气候季节变化和日温差变化,冰丘冻胀、融沉、融冻泥流、冰湖溃决泥流等地质灾害较为发育。青藏高原地壳抬升强烈,为印度洋板块和欧亚板块之间的碰撞接合带,活动性深大断裂发育,地震活动强烈,20 世纪以来共发生 7 级以上强烈地震达 10 次之多。

总之,本区主要是由自然地质营力形成的以冻融、地震灾害为主的地质灾害大区。

1.2 我国地质灾害及防治

1.2.1 我国地质灾害情况

1.2012 年我国地质灾害情况

(1)灾情概况

2012 年,全国共发生地质灾害 14322 起,其中滑坡 10888 起、崩塌 2088 起、泥石流 922 起、地面塌陷 347 起、地裂隙 55 起、地面沉降 22 起;共造成 375 人死亡失踪、259 人受伤,直接经济损失 52.8 亿元。与 2011 年相比,地质灾害发生数量减少 8.5%,造成的死亡失踪人数和直接经济损失均有所增加,分别增加 35.4% 和 31.7 亿元(表 1 - 2)。在全国 14322 起地质灾害中,自然因素引发的有 13677 起,占总数的 95.5%;人为因素引发的有 645 起,占总数的 4.5%。自然因素主要为降雨和重力作用等,人为因素主要为采矿和切坡等。

表 1 - 2 2012 年与 2011 年全国地质灾害基本情况对比表[据"全国地质灾害通报(2012 年)"]

对比项目	发生数量(起)	死亡失踪(人)	直接经济损失(亿元)
2012 年	14322	375	52.8
2011 年	15661	277	40.1
较 2011 年增减数量	- 1339	98	12.7
较 2011 年增减比例(%)	- 8.5	35.4	31.7

2012 年,全国发生特大型地质灾害 72 起,造成 73 人死亡失踪、36 人受伤,直接经济损失 29.9 亿元;大型地质灾害 71 起,造成 52 人死亡失踪,直接经济损失 4.6 亿元;中型地质灾害 377 起,133 人死亡失踪、45 人受伤,直接经济损失 7.2 亿元;小型地质灾害 13802 起,造成 117 人死亡失踪、178 人受伤,直接经济损失 11.1 亿元。

(2)分布情况

1)区域分布

地质灾害分布在全国 30 个省(区、市)。按发生数量依次是湖南、四川和辽宁等;按造成

的死亡失踪人数依次是四川、云南和新疆等；按造成的直接经济损失依次是辽宁、四川和湖南等。

华北、东北、华东、中南、西南和西北 6 个地区都有地质灾害发生(表 1 - 3)。其中西南地区灾情最严重，因灾造成的死亡失踪人数最多，共造成 223 人死亡失踪，占总数的 59.5%，造成的直接经济损失也偏重。

表 1 - 3　2012 年全国地质灾害统计表[据"全国地质灾害通报(2012 年)"]

地区	灾情总数(起)	死亡(人)	失踪(人)	受伤(人)	经济损失(万元)
全国	14322	292	83	259	527521.4
华北	89	15	0	5	1387.5
东北	2991	0	0	0	235663.7
华东	1919	12	1	4	20593.5
中南	4651	63	4	73	67602.8
西南	4215	157	66	172	176830.6
西北	457	45	12	5	25443.3

2)受灾对象分布

2012 年全国发生较大地质灾害 10258 起，其中危害农村的较大地质灾害有 9414 起，造成 247 人死亡失踪、218 人受伤，直接经济损失 46 亿元；危害城镇的较大地质灾害有 245 起，造成 7 人死亡失踪、9 人受伤，直接经济损失 1 亿元；危害工地的较大地质灾害有 86 起，造成 67 人死亡失踪、9 人受伤，直接经济损失 6052.9 万元；危害道路的较大地质灾害有 426 起，造成 35 人死亡失踪、20 人受伤，直接经济损失 2.1 亿元；危害学校的较大地质灾害有 87 起，造成 19 人死亡、3 人受伤，直接经济损失 2107.3 万元。

(3)历史对比

与 2001 年以来多年同期相比，2012 年地质灾害发生数量居于中等，排位第六，低于 2005 年、2006 年、2007 年、2010 年和 2011 年；造成的死亡失踪人数偏低，排位第十一，仅高于 2011 年；造成的直接经济损失偏高，排位第二，仅低于 2010 年。

(4)重大地质灾害

1)甘肃岷县特大山洪泥石流

2012 年 5 月 10 日 17 时 32 分至 18 时 15 分，甘肃岷县爆发特大冰雹山洪泥石流灾害(图 1 - 7)，因灾累计死亡 45 人、失踪 14 人、受伤 114 人，其中因泥石流灾害造成 1 人失踪，6404 人需要转移安置，造成农田损坏 46500 亩，农业、电力、公路、桥梁等基础设施大量受损，因灾直接经济损失约 68.4 亿元(含山洪等灾种造成的经济损失)。

2)四川宁南县特大泥石流

2012 年 6 月 28 日 6 时，四川省凉山州宁南县金沙江左岸白鹤镇白鹤滩矮子沟发生特大泥石流灾害(图 1 - 8)。

图 1-7 甘肃岷县特大冰雹山洪泥石流

图 1-8 四川凉山州宁南县特大泥石流

泥石流冲出固体物总量约 30 万 m³，大部分冲入金沙江，在沟口没有形成明显的堆积扇体。泥石流摧毁并掩埋了位于沟道出口右侧的金沙江白鹤滩电站前期工程施工区施工人员租用的一栋三层民房，造成楼房内的施工人员及家属和民工共计 4 人死亡、36 人失踪。泥石流冲毁了金沙江沿江公路 100 多米。

3）新疆新源县滑坡

2012 年 7 月 31 日 0 点 30 分，新疆伊犁新源县阿热勒托别镇西沟发生滑坡（图 1-9）。该滑坡具有远程土石流特征，沿沟谷形成长约 1800 m、宽约 50 m、厚度 5～10 m 的堆积带，高差达 270 m，总体积约 60 万 m³，摧毁掩埋沟谷内约 800 m 远处因采矿搭建的临时工棚（居住 22 人）和正在沟谷矿渣堆捡矿的 6 位牧民，共造成 22 人死亡，6 人失踪。

图 1-9 新疆新源县"7·31"滑坡

4）四川凉山州锦屏水电站大型群发性地质灾害

2012 年 8 月 29 日下午 18 时至 30 日凌晨，四川省凉山州木里县、盐源县、冕宁县三县交界处的锦屏水电站施工区内外因区域暴雨引发群发性地质灾害，共造成 24 人死亡、失踪，2 人受伤，其中，工程区施工人员死亡、失踪 10 人，工程区外围村民死亡、失踪 14 人。强降水在该区域约 100 km² 内引发了 100 余处滑坡、崩塌、泥石流灾害（图 1-10、图 1-11），使得锦屏一级水电站及二级水电站西端施工区内外道路、隧洞、桥梁受到严重破坏，交通、通信和电力也全部中断。

图 1-10　锦屏水电站拌和楼滑塌和泥石流

图 1-11　锦屏水电站手爬村北沟坡面泥石流

5）云南彝良田头小学滑坡

2012 年 10 月 4 日上午 8 时 10 分，云南省彝良县龙海乡镇河村油房村田头小学发生滑坡灾害，滑体长约 80 m，宽约 76 m，厚度 5～10 m，体积约 4.5 万 m³。滑坡造成 19 人死亡（其中学生 18 人，村民 1 人），1 人受伤，损毁小学教室 3 间、房屋 9 间。滑坡体堵塞镇河，形成小型堰塞湖，堰塞湖回水最长 300 m，雍水最高 10 m，雍水量约 1 万 m³（图 1-12）。

图 1-12　云南彝良县田头小学滑坡

（5）成功避让

国土资源部不断加强地质灾害防治工作，通过群测群防、群专结合的方法，深入开展监测预警、临灾避险、避灾演练、宣传培训等工作，取得较好的防灾减灾效果。

2012 年全国成功预报地质灾害共 3532 起，避免人员伤亡 39964 人，直接经济损失 8.1 亿元[①]。

2. 甘肃舟曲特大泥石流灾害

2010 年 8 月 7 日 22 时许，甘南藏族自治州舟曲县突发强降雨，导致县城北面的罗家峪、三眼峪泥石流下泄，泥石流由北向南冲向县城，造成沿河房屋被冲毁（图 1-13），被白龙江阻断，形成堰塞湖。舟曲县的地形，是"两山加一河"的地形，县城位于河谷地带。2010 年 8 月 7 日晚上，县城突降暴雨，持续 40 多分钟，暴雨引发北山两条沟系特大山洪泥石流。北山上突发洪水，不到几分钟就把排洪沟两边的 3 个村庄数百间房屋冲毁。

2010 年 8 月 8 日下午，舟曲县城最靠近北山的村子月圆村基本上找不到完整的房屋；而在排洪沟的两侧，大部分房屋要么被冲毁，要么被泡在水中，舟曲县城关一小学在经过泥石流之后，只剩下了一栋教学楼，其余的教室和操场全部被冲毁；而城关镇政府的办公楼则完

①　注：所用数据来源于 2012 年各省（区、市）地质灾害月报及突发地质灾害应急调查报告，涉及数据均未包含香港特别行政区、澳门特别行政区和台湾省。

全被夷为平地。舟曲特大山洪泥石流灾害共造成1463人遇难,302人失踪。

从泥位和地形判断,泥石流在物源区流量最小为1500~2000 m³/s。峡谷区泥位达10 m以上,泥石流行洪断面宽为70~100 m(图1-14)。泥石流在下游主要沟流断面不足50 m²,过流能力不足250 m³/s;在物源区流量最小为500~2000 m³/s。

图1-13 舟曲泥石流冲毁房屋、道路

图1-14 舟曲泥石流行洪断面

在地形条件方面,沟口高度为1340 m,但在泥石流发源地为3828 m,相差2500 m,地形极为陡峭,这种高山峡谷地形地貌,加上地质结构破碎,导致山洪速度加快,从发源处至沟口仅6 km,洪峰流量极大,容易形成特大泥石流。

此次泥石流在山谷中属于沟谷型泥石流,从山中流出后变为面状泥石流,当遇到城镇,行洪能力减小再次变为沟谷型泥石流。从山上流出时,泥石流的流量为每秒1500~2000 m³,而到县城的城关时,由于人工改道,行洪能力每秒不足300 m³,因此对建筑的冲击力极大。

1.2.2 我国地质灾害防治情况

全世界在1960—1990年期间共有300万人死于自然灾害,其中有3/4的人口属于发展中国家,发达国家仅占1/4。发展中国家自然灾害所导致的人员伤亡十分严重的主要原因是无规划的土地占用和高危险性灾害易发区的土地使用。

我国是地质灾害严重的国家,1998年全国共发生滑坡、崩塌和泥石流等突发性地质灾害18万处,其中较大规模的有447处,造成1157人死亡,1万多人受伤,50多万间房屋被毁坏。

1981年我国四川盆地因暴雨诱发的滑坡有6万多处;宝成铁路因滑坡灾害,在铁路接轨后对滑坡整治长达一年多才恢复通车;1980年成昆线铁西车站因滑坡中断行车达40天;陇海铁路宝鸡—天水段由于处于我国滑坡灾害的高发区,铁路线在建成后的30年间,因滑坡灾害中断行车195天;2016年7月6日,新疆喀什地区叶城县柯克亚乡6村发生特大泥石流灾害,造成35人死亡、7人失踪,直接经济损失2.8亿元。

1. 我国地质灾害防治研究特点

我国的灾害越来越多,2016年受地质灾害困扰的县级城镇达400多个,有1万多个村庄受到滑坡、崩塌、泥石流灾害的威胁。

目前理论研究和防治水平逐步提高,灾害却越来越严重,原因主要在以下方面:

①预防性研究远远跟不上治理工程。

②治理工程偏重工程技术方面而忽视地质灾害发生的地质机理研究。

③人类因素的参与，造成了自然地质体平衡状态恶化、自然生态环境破坏，加速了大区域地质灾害的发生频率和规模。

未来一段时期，尽管局部地区的地质灾害可得到一定程度的控制和治理，但就全国范围的地质灾害发展趋势看，将继续沿袭几十年来的发展势头，进一步趋于广泛化和严重化。这种趋势是地质自然条件和社会经济条件的进一步变化所决定的。

从地质自然条件来看，国内外许多科学家从不同角度预测了未来全球环境的发展趋势。在今后一段时期，地球以至更大系统的天体运动有可能进入一个更加复杂的变异阶段。在这种形势下，地壳运动可能更加活跃，全球气候可能出现更加强烈的异常，因此人类面临着环境进一步恶化的严重挑战。

从我国社会经济条件来看，今后一段时期，人口将进一步增长，城市化进程将进一步加剧，更大规模的资源开发和工程建设活动，不仅在沿海地区继续进行，而且将逐步向中、西部地区发展。在这种情况下，中国大部分地区自然环境的破坏程度和地质灾害的发育程度和破坏程度均将不断提高，从而使我国地质灾害达到前所未有的严重程度。

2.我国地质灾害防治研究情况

(1)地质灾害考虑的主要方面

地质灾害的对象与危害见表 1-4。

表 1-4　地质灾害的对象与危害

地质灾害类型	对象	潜在的危害
滑坡、地震	建筑物、人	建筑物破坏
地基塌陷	环境、资源	人员伤亡
洪水、火山	通信、经济	环境恶化

(2)减少地质灾害损失的两种途径

①提高自然地质体的稳定性。

②减低人类及资源、环境等的易损性。

某些自然地质体的稳定性可以人为提高，如：地基承载力、斜坡稳定性系数，即第一种途径；而某些地质体的稳定性是无法采用人为办法来提高的，如：地震、火山爆发、洪水等，只能采取第二种途径。

工程地质问题风险评价的基本公式：

$$R_S = H \times V \tag{1-1}$$

$$R_t = R_S \times E = H \times V \times E \tag{1-2}$$

式中：R_S——特殊风险；

　　　H——自然灾害危险性；

　　　V——易损性；

　　　R_t——总风险；

　　　E——承灾对象。

（3）地质灾害防治的工程措施

地质灾害防治工程是一个系统的相互反馈、相互印证体系。详实的勘查资料和准确的勘查结论是后续工作顺利开展的基本前提，同时，后续的每个工作阶段又不断补充完善并深化前期工作的认识，即表现为对地质体的多次认识，这是地质灾害防治工作的特殊之处。地质灾害防治工作阶段划分如表 1-5 所示。

表 1-5　地质灾害防治工作阶段划分

1 地质灾害勘查或治理前期勘查	
2 防治方案研究与设计阶段 　2.1 可行性研究—方案比选亚阶段 　2.2 方案优化—初步设计亚阶段 　2.3 施工图施工阶段	全过程的地质再认识 全过程的监测反馈 全过程的效果检验 全过程的监理 全过程的管理
3 防治工程施工阶段 　施工工艺创新与设计调整阶段	

1）地质灾害防治技术

用于地质灾害防治的工程技术有多种，这里初步把它们分为以下三大类：

①主动型：排水（地表、地下排水）、灌浆、高压注浆和锚固（锚杆、锚索）等。

②被动型：抗滑桩、挡墙、回填和置换混凝土。

③复合型：锚拉桩、锚拉墙、爆破和堆填等。

监测工程贯穿于勘查到竣工的全过程，作为指导设计、变更设计与调整施工的依据，也可作为预测预报的依据，甚至可作为工程危险警报的依据。

2）地质灾害时间预测预报分类

按空间分为区域预报、地段预报、场地预报；按时间分为长期预报、短期预报和报警预报。

3）地质灾害信息源

①地质体内部信息源：位移场（深部断层位移、地面沉降位移、斜坡位移）、地应力场（构造应力、自重应力）、孔隙水压力场、水化学场、声波场（岩石变形发生破裂）、电磁场等。

②地质体外部信息源：大气要素（降雨、冻融等）、河岸侵蚀、人类活动（开挖、切坡建房、后缘加载等）。

③其他信息源：动物异常行为等。

④信息源的监测：常用仪器有经纬仪、钻孔倾斜仪、伸长仪、水压力计、裂隙计。

3. 几个有影响的滑坡灾害防治实例

（1）新滩滑坡

新滩，位居西陵峡上段兵书宝剑峡出口处，因多次岩崩而形成险滩。江中巨石横亘，暗礁林立，水湍如沸。山脚下，横亘着一条狭窄的街道，400 多户人家错落有致地居住于此。一场特大型的岩石滑坡，滑坡体就在新滩镇背后的山崖上。

1985 年 6 月 12 日凌晨 3 时 45 分，湖北秭归县新滩江家坡至广家岩 1300 万 m³ 滑坡体高速向下滑动，千年古镇新滩镇顷刻间被推入长江。这场滑坡持续了半个多小时，直到 4 时 20 分才慢慢平息下来。天亮后，人们才看清楚它的全貌(图 1–15)。镇后的一道陡崖几乎完全滑塌了，大大小小的石块从崖顶到江边，铺满了整个山坡。新滩古镇成了"石雨"的牺牲品，一大半被石流吞噬了，只留下东面小半条街和少数房屋，矗立在乱石铺盖的山坡旁边。

西陵峡岩崩调查处的测绘工作者从 20 世纪 70 年代初就开始对新滩岩崩、滑坡进行监测预报，利用大地形变测量手段，监测掌握滑坡形变的发展规律。

测绘工作者踏遍新滩地区的崇山峻岭，行程约 8 万 km，布设了 72 个仪器测站和 9 个观测点，测量了 15 个交会点、5 条水准路线和由

图 1–15　新滩滑坡航拍照片

6 个点组成的三角网，对整个滑坡地段部设了严密的科学监视网络，易滑动坡体的任何轻微滑动，都被准确地记录下来，可以预先掌握滑坡的动态(图 1–16)。通过持续不断地观测与分析，终于成功地预报了新滩滑坡。

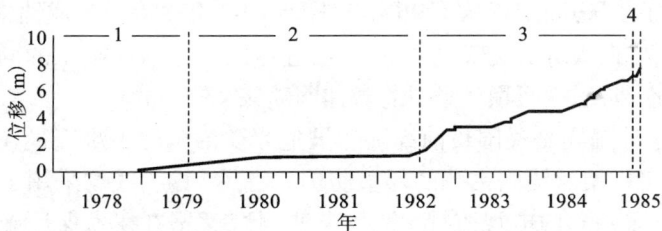

图 1–16　新滩滑坡地面位移曲线

从 2006 年开始在三峡库区实行移土培肥工程，湖北省秭归县新滩滑坡遗址变为高标准梯田，并定植优质桃叶橙，发展生态农业(图 1–17)。自三峡库区 175 m 试蓄水以来，秭归县加强对该滑坡体的监测，未见异常。

(2)三峡库区链子崖危岩体防治工程

备受我国政府高度重视和国内外同行密切关注的长江三峡链子崖危岩体防治工程，经过地质研究人员和施工队伍 5 年的协同努力，于 1999 年 8 月全面竣工。在经过了 4 个水文年的效果监测和三峡水库坝前 135～139 m 蓄水两年检验后，运行效果良好。

链子崖危岩体位于湖北省秭归县新滩镇(现改称屈原镇)长江南岸的临江陡崖上，距三峡大坝仅 25 km。岩体南北长 700 m，东西长 210 m，被 58 条宽大裂隙所切割，形成了总体积达 300 多万立方米的危岩体，成为长江航道咽喉的严重隐患。

1992 年 7 月，国务院将链子崖危岩体防治交由原地矿部组织实施。经过补充勘查和国家

图 1 – 17   治理后的湖北秭归新滩滑坡遗址

多部门联合研究论证，最终确定这个工程以挖煤采空区承重阻滑工程和临江危岩体锚固方案治理链子崖危岩体。同时，按照国际惯例，率先在我国地质灾害防治工程中实行了业主负责制、招投标制、工程监理制，进行工程初步设计、施工图设计和选定工程施工单位。

链子崖危岩体整治锚固工程由"七千方"和"五万方"两大部分组成，"七千方"施工从1995 年 11 月开工，1996 年 3 月竣工，施工垂直于危岩体到母体的锚索 33 束，实际锁定力每束达 1000 kN；"五万方"锚固工程从 1996 年 3 月到 1997 年 8 月，完成锚索 151 束，总锚固力达 23.1 万 kN，锚固方向大部分为 210°左右。在进行危岩体锚固施工的同时，还在链子崖建成地表排水渠 530 m，防崩拦石坝 2 条，危岩挂网喷浆 4300 m²。

链子崖危岩体主体锚固是我国目前高陡边坡危岩防治工程中难度最大的，施工中搭设了82.6 m 的高质量施工排架。锚固钻孔的保直防斜、堵漏、钢绞线均采用了先进的防腐蚀技术和特殊工艺。同时，采用孔内电视监视、钻孔声波测试等先进技术保证施工质量，质量一次合格率达到 100%。

链子崖危岩体底部大量挖煤采空，是造成危岩体山体开裂的主要原因。所以，煤硐阻滑键施工是支撑危岩体的重点工程。施工单位克服平硐施工冒顶、掉块、底鼓、片帮等险情和困难，在突破裂隙带后，完成了扩巷、清渣、阻滑键浇筑和混凝土的回填及浇筑任务20000 m³。

链子崖危岩体锚固和底部阻滑键浇筑工程竣工以来，经过多个水文年的监测表明，其危岩体已停止了 20 多年朝长江临空方向的变形，有些缘隙已逐渐闭合。经过施工后的应力调整和三峡水库坝前蓄水的严峻考验，其稳定程度已证明了防治工程的高质量和显著效果（图 1 – 18），临江绝壁条件下实施的链子崖危岩体综合治理工程，已成为重大地质灾害防治工程的样板。

图 1 – 18　治理后的链子崖危岩体

思考题

1. 为了满足可持续发展，我国地质环境应该如何改善？
2. 降水是如何诱发地质灾害形成的？
3. 简述我国地质灾害在时间分布上的规律。
4. 利用地质环境与地质灾害之间的关系分析我国地质环境灾害的形成特点。
5. 工程建设对地质环境及地质灾害发育有何影响？

第 2 章　地质灾害评估与减灾对策

2.1　地质灾害的内涵及灾害地质学

2.1.1　地质灾害的内涵

1. 灾害的基本涵义

（1）灾害的定义

联合国减灾组织（UNDRO，1984）将灾害定义为：一次在时间和空间上较为集中的事故，事故发生期间当地的人类群体及财产遭到严重威胁并造成巨大损失，导致家庭结构、社会结构也受到不可忽视的影响。

联合国灾害管理培训教材将灾害定义为：自然或人为环境中对人类生命、财产和活动等社会功能的严重破坏，引起广泛的生命、物质或环境损失；这些损失超出了受影响社会靠自身资源进行抵御的能力。

（2）灾害的类型

灾害可按成灾条件和成灾潜势进行分类。按成灾条件分为自然灾害和人为灾害两种类型，按成灾潜势分为高潜势灾害、中潜势灾害、低潜势灾害三种类型。

（3）环境灾害

史密斯（Keith Smith，1996）提出了"环境灾害"的概念，他认为环境灾害这一术语涵盖了自然灾害和人为灾害的范畴，并将其概括为"极端的地质事件、生物变化过程和技术事故以能量和物质的集中释放为特征，并对人类生命安全构成不可预料的威胁及对环境和物质造成极大的破坏"。

（4）灾害效应

灾害效应分为原生灾害效应、次生灾害效应和后续灾害效应。

原生灾害效应指灾害本身造成的效应。如地震造成的房屋倒塌、滑坡掩埋房屋、矿井瓦斯爆炸造成人员伤亡等。

次生灾害效应指主要灾害事件诱发的灾害性过程造成的效应，如地震造成煤气泄漏酿成火灾等。

后续灾害效应指长期的、甚至是永久性的灾害效应，其中包括野生生物的绝灭、洪水造成的河道变迁、火山造成的农作物减产、气候变化等。

（5）损失

损失分为直接损失和间接损失。

直接损失指灾害发生后立即产生的后果，如地震后建筑物的破坏情况、人员伤亡及财产损失等。多数情况下可用货币价值来衡量损失的大小。

间接损失指一场灾难中第二顺序产生的后果，如灾害引发的疾病、生产萧条、失业增加以及精神伤害等。间接损失比直接损失持续的时间要长得多，其影响多是无形的，很难用货币来估量。

2. 地质灾害及其内涵

（1）地质灾害的定义

地质灾害指在地球的发展演化过程中，各种自然地质作用和人类活动所形成的灾害性地质事件。一般认为，地质灾害指地质作用（自然的、人为的或综合的）使地质环境产生突发的或渐进的破坏，并造成人类生命财产损失的现象或事件。

地质灾害与气象灾害、生物灾害等都是自然灾害的主要类型，具有突发性、多发性、群发性和渐变影响等特点；它往往造成严重的人员伤亡和巨大的经济损失，因此在自然灾害中占突出地位。

在地质作用下（自然的、人为的或综合的），地质自然环境恶化（突变或渐变）对人类生命财产和生存环境毁损的地质过程或现象，即对人类生命财产和生存环境产生影响或破坏的地质事件，才算地质灾害。地质灾害包含致灾体和受灾体。

那些仅使地质环境恶化，而没有直接破坏生命财产和生活环境的单纯的地质事件，则只能成为某种地质现象或地质环境问题，叫作灾变，而不能称其为地质灾害。

（2）地质灾害的内涵

地质灾害的动力条件为内、外力地质作用和人为地质作用，随着科技的发展，人类的活动范围、活动能力直线上升，充分显示了人类对地表形态和物质组成的巨大改造力量，其力量往往超越自然，因此，人为地质作用必须引起足够重视。

无人区的火山喷发、滑坡、泥石流不是地质灾害，往往会有利于人类的未来开发。

2.1.2 地质灾害的属性特征

1. 地质灾害的基本属性

地质灾害具有三重基本属性，即自然属性、社会属性和资源属性。

（1）自然属性

地质灾害的自然属性表现为地质灾害是地质环境自然演化的一种表现形式，是地质环境渐变过程中的一种突变作用，是地球内动力、地球表层外动力和地球外天体引力综合作用的必然产物。地球内动力作用如断层活动、火山作用、地震活动等；地球表层外动力作用如崩塌、滑坡、泥石流、地面塌陷、地面沉降、地裂隙、风化、冲刷、冻融等；地球外天体作用主要指太阳系中相关天体的万有引力作用，尤其是太阳引力和月球潮汐作用。

（2）社会属性（或灾害属性）

地质灾害的社会属性一方面表现为人类社会的可持续发展受到地质灾害的危害；另一方面表现为人类社会生产、生活作为一种动力促进了地质灾害的产生，从而实现了地质作用向灾害作用的转化。随着地球上各种形态工程建设和社会经济活动的发展，人类活动参与自然地质作用的范围、方式和强度在急剧扩大，引发地质灾害的作用也越来越强烈。

（3）资源属性

地质灾害的资源属性是强调崩塌、滑坡、泥石流等地质灾害为人类社会创造了赖以生存的土地资源和生息场所，同时也是现代社会的人文与旅游资源，如黄河反复泛滥孕育了华北平原；崩塌、滑坡和泥石流堆积区则营造了山区城镇或居民点的生息之地，成为山区城镇或居民点建立的基础。内、外动力作用的地质遗迹，如岩溶塌陷坑、构造飞来峰、火山、冰川、雅丹和丹霞地貌是现代社会重要的游览和休闲资源，典型的如黑龙江五大连池火山和陕西翠花山山崩遗迹，分别列入了世界地质公园和中国国家地质公园。

2. 地质灾害的特点

由于地质灾害是自然动力作用与人类社会经济活动相互作用的结果，故两者是一个统一的整体。地质灾害具有以下特点。

（1）地质灾害的必然性与可防御性

地质灾害是地球物质运动的产物，主要是由地壳内部能量转移或地壳物质运动引起的。从灾害事件的动力过程来看，灾害发生后能量和物质得以调整并达到平衡，但这种平衡是暂时的、相对的；随着地球的不断运动，新的不平衡又会形成。因此，地质灾害是伴随地球运动而生并与人类共存的必然现象。

然而，人类在地质灾害面前并非无能为力。通过研究灾害的基本属性，揭示并掌握地质灾害发生、发展的条件和分布规律，进行科学的预测预报和采取适当的防治措施，就可以对灾害进行有效的防御，从而减少和避免灾害造成的损失。

（2）地质灾害的随机性和周期性

地质灾害是在多种动力作用下形成的，其影响因素更是复杂多样。地壳物质组成、地质构造、地表形态以及人类活动等都是地质灾害形成和发展的重要影响因素。因此，地质灾害发生的时间、地点和强度等具有很大的不确定性。可以说，地质灾害是复杂的随机事件。

地质灾害的随机性还表现为人类对地质灾害的认知程度。随着科学技术的发展，人类对自然的认识水平不断提高，从而更准确地揭示了地质过程和现象的规律，对地质灾害随机发生的不确定性有了更深入的认识。

受地质作用周期性规律的影响，地质灾害还表现出周期性的特征。如地震活动具有平静期与活跃期之分，强烈地震的活跃期从几十年到数百年不等；泥石流、滑坡和崩塌等地质灾害的发生也具有周期性，表现出明显的季节性规律。

（3）地质灾害的突发性和渐进性

按灾害发生和持续时间的长短，地质灾害可分为突发性地质灾害和渐进性地质灾害两大类。突发性地质灾害大都以个体或群体形态出现，具有骤然发生、历时短、爆发力强、成灾快、危害大的特征。如地震、火山、滑坡、崩塌、泥石流等均属突发性地质灾害。

渐进性地质灾害指缓慢发生的，以物理的、化学的和生物的变异、迁移交换等作用逐步发展而产生的灾害。这类灾害主要有土地荒漠化、水土流失、地面沉降、煤田自燃等。渐进性地质灾害不同于突发性地质灾害，其危害程度逐步加重，涉及的范围一般比较广，尤其对生态环境的影响较大，所造成的后果和损失比突发性地质灾害更为严重，但不会在瞬间摧毁建筑物或造成人员伤亡。

（4）地质灾害的群体性和诱发性

许多地质灾害不是孤立发生或存在的，前一种灾害的结果可能是后一种灾害的诱因或是灾害链中的某个环节。在某些特定的区域内，受地形、区域地质和气候等条件的控制，地质灾害常常具有群发性的特点。

崩塌、滑坡、泥石流、地裂隙等灾害的群发性特征表现得最为突出。这些灾害的诱发因素主要是地震和强降雨，因此在雨季或强震发生时常常引发大量的崩塌、滑坡、泥石流或地裂隙地质灾害。例如，1960 年 5 月 22 日智利接连发生了7.7 级、7.8 级、8.5 级三次大地震，而在瑞尼赫湖区则引发了滑坡体体积为 $3 \times 10^6 \ m^3$、$6 \times 10^6 \ m^3$、$30 \times 10^6 \ m^3$ 的三次大滑坡。滑坡冲入瑞尼赫湖使湖水上涨 24 m，湖水外溢淹没了湖泊下游 65 km 处的瓦尔迪维亚城，全城水深 2 m，使 100 多万人无家可归。在这次灾害过程中地震—滑坡—洪水构成了一个灾害链。1988 年 11 月 6 日中国云南澜沧—耿马发生 7.6 级地震导致严重的地裂隙、崩塌、滑坡等灾害，在极震区出现长达几十千米、宽几厘米的地裂隙和大块的崩塌、滑坡体，造成大量农田和森林被毁，175 个村庄、5032 户居民因受危岩、滑坡的严重威胁而被迫搬迁，另有许多水利工程设施受到不同程度的破坏。

在泥石流频发区，通常发育有大量潜在的危岩体和滑坡体，暴雨后极易发生严重的崩塌、滑坡活动，由此形成的大量碎屑物融入洪流，进而转化成泥石流灾害。这种类型的灾害，在我国西南的川、滇等地区非常普遍。

水土流失的直接危害是土层变薄、土地肥力下降、耕地减少，还可诱发下游地区湖泊、水库淤积，河道淤塞，使泄洪、蓄水、发电功能降低甚至失效。

（5）地质灾害的成因多元性和原地复发性

不同类型地质灾害的成因各不相同，大多数地质灾害的成因具有多元性，往往受气候、地形地貌、地质构造和人为活动等综合因素的制约。

某些地质灾害具有原地复发性，如我国西部川藏公路沿线的古乡冰川泥石流，在 1953—2005 年的统计中，28 年为泥石流爆发征，24 年为泥石流间歇年，平均两年中至少有 1 年为泥石流爆发年。

（6）地质灾害的区域性

地质灾害的形成和演化往往受制于一定的区域地质条件，因此空间分布经常呈现出区域性的特点。如中国"南北分区，东西分带，交叉成网"的区域性构造格局对地质灾害的分布起着重要的制约作用。据统计，90% 以上的"崩、滑、流"地质灾害发育在第二级阶梯山地及其与第一和第三级阶梯的交接部位；第三阶梯东部平原的地质灾害类型主要为地面沉降、地裂隙、胀缩土等。

按地质灾害的成因和类型，我国地质灾害可划分为四大区域：①以地面沉降、塌陷和矿井突水为主的东部区；②以崩塌、滑坡和泥石流为主的中部区；③以冻融、泥石流为主的青藏高原区；④以土地荒漠化为主的西北区。

（7）地质灾害的破坏性与"建设性"

地质灾害对人类的主导作用是造成多种形式的破坏，但有时地质灾害的发生能对人类产生有益的"建设性"作用。例如，流域上游的水土流失可为下游地区提供肥沃的土壤；山区斜坡地带发生的崩塌、滑坡堆积为人类活动提供了相对平缓的台地，人们常在古滑坡台地上居住或种植农作物。

(8)地质灾害影响的复杂性和严重性

地质灾害的发生、发展有其自身复杂的规律，对人类社会经济的影响还表现出长久性、复合性等特征。

首先，重大地质灾害常造成大量的人员伤亡和人口大迁移。近几十年来，全球地质灾害造成的财产损失、受灾人数和死亡人数都呈现出不断上升的趋势。1901—1980年我国地震灾害造成的死亡人数达61万人，全国平均每年由于"崩、滑、流"灾害造成的死亡人员达928人。1999年，全球发生的地震和飓风等大的自然灾害共702起，超过了1998年的700起，其中，较大的自然灾害共75起，包括洪水、干旱、暴风雨、地震、火山爆发等，可谓是灾难年，各种自然灾害在全球共造成52000人死亡和800亿美元的经济损失。

其次，受地质灾害周期性变化的影响，经济发展也相应表现出一定的周期性特点。在地质灾害活动的平静期灾害损失减少、社会稳定、经济发展比较快。相反，地质灾害活动的活跃期，各种地质灾害频繁发生，基础设施遭受破坏、生产停顿或半停顿、社会经济遭受巨大的影响。

地质灾害地带性分布规律还导致经济发展的地区性不平衡。在一些地区，灾害不仅具有群发性特征且周期性的频繁发生，致使区域生态破坏、自然条件恶化，严重影响了当地社会、经济的发展。全球范围内的南北差异和我国经济发展的东部和中西部的不平衡也与地质灾害的区域分布有关。

(9)人为地质灾害的日趋显著性

由于地球人口的急剧增加，人类的需求不断增长。为了满足这种需求，各种经济开发活动愈演愈烈，许多不合理的人类活动使得地质环境日益恶化，导致大量次生地质灾害的发生。例如，超量开采地下水引起地面沉降、海水入侵和地下水污染，矿产资源开采和大量基础工程建设中爆破与开挖导致崩塌、滑坡、泥石流等灾害的频发；乱伐森林、过度放牧导致土壤侵蚀、水土流失、土地荒漠化等。

人类每年消耗约5×10^{10} t矿产资源，超过了大洋中脊每年新生成的3×10^{10} t岩石圈物质，更高于河流每年搬运的1.65×10^{10} t泥沙物质。人类建筑工程面积已覆盖地球表面积的$6\% \sim 8\%$，垂直作用空间已由过去的$2000 \sim 3000$ m增加到现今的几万米，地面建筑物高度最高已达800 m以上，地下开挖深度已超过3000 m，最高人工边坡达600多米，水库最大库容已超过1.5×10^{11} m³。我国已建、在建的水电站、铁路、矿山等众多，这些工程活动对地表的改造作用非常显著，其强度甚至超过了流水、风力等外动力地质作用。

除天然地震和火山喷发外，大多数地质灾害的发生均与人类经济活动有关，如全球70%的滑坡灾害与人类活动密切相关。单纯人为作用引起的地质灾害数量越来越多，规模越来越大，影响越来越广，经济损失也越加严重。人类对地质环境的作用，在许多方面已相当于、甚至超过自然力，成为重要的地质营力。

(10)地质灾害防治的社会性和迫切性

地质灾害除了造成人员伤亡、房屋、铁路公路、航道等工程设施的破坏，造成直接经济损失外，还破坏资源和环境，给灾区社会经济发展造成广泛而深远的影响。特别是在严重的崩塌滑坡、泥石流等灾害集中分布的山区，地质灾害严重阻碍了这些地区的经济发展，加重了国家和其他较发达地区的负担。因此，有效地防治地质灾害不但对保护灾区人民生命财产安全具有重要的现实意义，而且对于促进区域经济发展具有广泛而深远的意义。

我国地质灾害分布十分广泛，有效地防治地质灾害不但需要巨大的资金投入，而且需要广泛的社会参与。目前我国经济还比较落后，国家每年只能拿出有限的资金用于重点防治。即使经济比较发达的国家，也不可能花费巨额资金实施全面治理。无论是现在还是将来，除政府负责主导性的防治外，还需要企业和民众广泛参与抗灾、防灾事业。减轻地质灾害损失关系到地区、国家乃至全球的可持续发展。

2.1.3　地质灾害的分类与分级

1. 地质灾害的类型

（1）按地质灾害空间分布分类

按地质灾害空间分布可分为陆地地质灾害和海洋地质灾害两类。

（2）按地质灾害的成因分类

按地质灾害的成因可分为自然动力型地质灾害、人为动力型地质灾害和自然与人为复合动力型地质灾害三类。

（3）按地质环境变化速度分类

按地质环境变化速度可分为突发性地质灾害和渐进性地质灾害。①突发性地质灾害：地震、火山、崩塌、滑坡、泥石流等。②渐进性地质灾害：土地荒漠化、水土流失、地面沉降等。

2. 地质灾害分级

从广义上讲，地质灾害的破坏损失由生命损失、经济损失、社会损失、资源与环境损失构成。但从定量化的角度看，生命损失、经济损失与人类不但具有最直接的关系，而且比较容易定量化评价；社会损失、资源与环境损失主要表现为间接损失。

从狭义上讲，地质灾害破坏损失主要指地质灾害的经济损失，即以货币形式反映的地质灾害受灾体的价值损失。

2.2　地质灾害灾情评估与减灾效益分析

2.2.1　地质灾害灾情评估

1. 地质灾害灾情评估的目的、类型与主要内容

（1）地质灾害灾情评估的目的

地质灾害灾情评估的目的是揭示地质灾害的成因和发展规律，评价地质灾害的危险性、损失及人类的抗灾能力，运用经济学原理评价减灾防灾的经济投入和取得的经济效益、社会效益，达到经济效益、社会效益之和超过减灾防灾经济投入的目的。

地质灾害的危险性和灾害易损性是决定地质灾害灾情评估的两方面基础条件。地质灾害的危险性主要是地质灾害自然属性特征的体现，其评价是正确认识地质灾害危险性背景、地质灾害形成的影响因子、主控因子、发生频率和危险性分区的理论依据。

为了推动国际减灾目标的实现，一些国际组织提出了重大自然灾害评估的国际合作计划，但目前许多地质灾害的评价是从定性上描述的，实用性较差，因此，科学的、量化的评价地质灾害的危险性迫在眉睫。我国地质灾害广布，资金投入有限，灾情评估研究意义重大。

（2）地质灾害评估的类型

地质灾害评估可按评估时间、评估范围和面积分类。

按评估时间分为地质灾害灾前评估、地质灾害灾期跟踪评估和地质灾害灾后总结评估三类。

按评估范围和面积分为点评估、面评估和区域评估三类。

（3）地质灾害灾情评估的内容

对地质灾害灾情进行调查、统计、分析、评价的工作，因其目的不同，则侧重点不同。灾害管理服务的主要内容是灾害破坏损失情况。

进行危险性评价、易损性评价、破坏损失评价和防治工程评价"四评价"为一体的地质灾害灾情评估，危险性评价和易损性评价是灾情评估的基础，破坏损失评价是灾情评估的核心，防治工程评价是灾情评估的应用。

2. 地质灾害危险性评价

地质灾害危险性评价包括突发性地质灾害发生概率的确定、渐进性地质灾害发展速率的确定、地质灾害危害范围的确定和区域地质灾害危险性区域的划分（区划）。

（1）地质灾害危险性概念

危险指遭到损害的可能，危险的定性表达即危险性；危险的定量表达即为危险度，危险度是危险程度的简称，指遭到损害的可能性的大小。

地质灾害危险性分析是度量地质灾害体的活动程度、活动特征、地理分布及其对影响区的威胁程度，是评价地质灾害破坏损失程度的基础。

（2）地质灾害危险性评价内容

地质灾害危险性评价的主要任务是评价地质灾害的活动程度，并反映地质灾害的破坏能力。

①时间：历史危险性。灾害类型、规模、活动周期及研究区灾害分布密度。

②范围：点评价是对潜在灾害体或已经出现的灾害现象进行分析评价，确定未来灾害发生概率、规模和危害范围、活动强度及破坏程度。面评价是对一个地区或几类地质灾害的活动程度进行分析评价，确定研究区未来灾害的类型、活动频率及其破坏能力，并进行危险性分区。

（3）地质灾害危险性评价方法

1）地质灾害发生概率及发生速率的确定方法

地质灾害发生概率的确定可用经验法、灾害活动的动力分析法（概率统计法和可靠度分析法）和频数法。

地质灾害发展速率计算方法可用约束外推法和模拟模型法。

2）地质灾害危险范围及危害强度分区

地质灾害危险范围的大小主要取决于灾害类型、活动规模和活动方式。地质灾害危害强度分区是根据地质灾害破坏能力大小划分为若干等级，地质灾害危险性采用危险性指数来划分。

3）地质灾害危险性评价过程中的手段

地质灾害危险性评价过程可采用统计分析法、层次分析模糊评判法、主成分分析法、神经网络法和信息量法等。

统计分析法主要运用数理统计理论（概率、分布规律）。层次分析模糊评判法对不同层次因素影响程度、组合效应，进行模糊综合评判危险性程度。主成分分析法主要在综合评估中应用。神经网络法用于非线性模型建立和研制评价系统。信息量法主要用于危险性划分。

3. 社会经济易损性评价

（1）社会经济易损性构成

易损性指受灾体遭受地质灾害破坏机会的多少与发生损毁的难易程度。

（2）易损性评价的主要内容与基本方法

易损性评价的主要内容包括：划分受灾体类型，调查受灾体数量及其分布情况，核算受灾体价值，分析各种受灾体遭受不同类型、不同强度地质灾害危害时的破坏程度及其价值损失率。

①受灾体价值损失率。受灾体价值损失率指受灾体遭受破坏损失的价值的比率。

②灾害敏感度分析和承灾能力分析。灾害敏感度指在一定社会经济条件下，评价区内人类及其财产和所处的环境对地质灾害的敏感水平和可能遭受危害的程度。承灾能力指人类社会对地质灾害的预防、治理程度及灾后的恢复能力。

4. 地质灾害破坏损失评价

（1）地质灾害破坏损失构成

从广义上讲，地质灾害的破坏损失由生命损失、经济损失、社会损失、资源与环境损失构成。但从定量化的角度看，生命损失、经济损失与人类不但具有最直接的关系，而且比较容易定量化评价；社会损失、资源与环境损失主要表现为间接损失，目前还难以进行定量化评价。因此地质灾害破坏损失主要指地质灾害的经济损失，即以货币形式反映的地质灾害受灾体的价值损失。

（2）评价内容及损失核算方法

1）评价内容

地质灾害破坏损失评价是定量化分析地质灾害经济损失程度的过程，以货币形式表示的绝对损失额和相对损失额来反映地质灾害破坏损失的程度。

主要内容：计算评价区域地质灾害经济损失额、损失模数、相对损失率；评价经济损失水平和构成条件；分析破坏损失的区域分布特点。

2）损失核算方法

损失核算方法分为成本价值损失核算、收益损失核算和成本－收益价值损失核算。

成本价值损失核算以受灾体成本价值为基数，根据其灾害损失程度或者修复成本、防灾成本投入核算受灾体的价值损失。

收益损失核算以受灾体可能收益为基数，根据其灾害损失程度核算受灾体价值损失，主要适用于农作物价值损失核算。

成本－收益价值损失核算以受灾体的成本和收益为基数，根据其灾害损失程度核算受灾体价值损失，主要适用于资源价值损失核算。

（3）评价方法

评价方法分为历史灾害破坏损失评价和地质灾害期望损失评价。

历史灾害破坏损失评价指对已经发生的地质灾害的经济损失进行统计分析，评价的基本方法是调查统计。

在危险性评价和易损性评价基础上核算可能的灾害损失平均值，即地质灾害期望损失评价。

5.地质灾害防治工程评价

（1）评价内容

地质灾害防治工程评价的基本内容是分析地质灾害防治工程的科学性，评估地质灾害防治工程的经济效益，评价地质灾害防治工程的可行性和合理性。

（2）防治工程评价经济效益的评价方法

以地质灾害防治工程为主构成的灾害防御系统，其基本功能是减轻或免除灾害给自然环境造成的破坏以及对人类生命财产造成的损失，保障和维护人类的正常生产和生活，促使人类劳动价值的增值（财富增值）。防灾效益取决于防治条件下减少的地质灾害（期望）损失费用与防灾工程的投入费用，其表达式为：

$$E = O/I \tag{2-1}$$

式中：E——防灾效益；

O——防灾收益（或地质灾害期望损失费用）；

I——防灾工程投入费用。

2.2.2 地质灾害减灾效益分析

1.地质灾害经济损失分析

地质灾害所造成的直接经济损失指由灾害事件摧毁或损坏的现有设施的价值，而救灾资金的投入、各产业部门产值的减少、环境的恶化以及自然资源的破坏等均属于间接经济损失。

不同类型的地质灾害所造成的直接经济损失有所不同，如崩塌、滑坡、泥石流、地面塌陷、地面沉降、地裂隙等所造成的损失主要是破坏地表的建筑物；土壤盐渍化则主要使农作物减产；煤层自燃主要表现为自然资源的破坏等。

地质灾害经济损失评估由于涉及面广、内容复杂，对地质灾害经济损失的评估结果往往有一定出入。对地质灾害的直接经济损失采用的评估方法有直接统计法和模数法。直接统计法适用于水土流失、土壤盐渍化、冷浸田、煤层自燃、瓦斯爆炸、地面塌陷、地面沉降、地裂隙等。模数法适用于崩塌、滑坡和泥石流地质灾害。

2.地质灾害减灾效益分析

（1）地质灾害损失计算方法

地质灾害损失分为直接经济损失和间接经济损失。

直接经济损失在统计评估时，一般按各种资产的原值或现值进行计算。

间接经济损失包括五个部分：

①用于人员伤亡的善后处置费、医药费和灾民生活、生产救济费。

②原地无法重建时的易地搬迁费和人员安置费。

③从生产力遭受破坏或影响到恢复期间所损失的工农业产值。

④国土资源损失，如崩塌和滑坡造成的林地损失、农田毁坏或土壤肥力降低造成的损失等。

⑤对次生灾害所投入的抗灾、救灾等费用。

（2）防治工程投资效益

防治工程投资效益是以防治地质灾害为目的的资金投入，它既不是生产性投入也不是经营性投入，它不产生资金增值，因此不能用投入与产出之比反映它的效益。它属于社会公益性投入，其效益反映在社会效益和经济效益两个方面。

保值效益是灾害区现有资产的保障，属于直接经济效益。保值效益（Z）由灾害损失价值（J）与减灾投入资金（T）之差求得，即：

$$Z = J - T \qquad (2-2)$$

或用减灾效益比（b）来表示：

$$b = Z/T \qquad (2-3)$$

保产效益是一种间接经济效益，即减灾资金投入后对未来经济收益的保障，主要为受益地区现有生产规模的工农业年产值。保产效益等于减灾投入资金与受益地区的生产总值之比。

2.3 地质灾害减灾对策

2.3.1 地质灾害减灾措施与减灾系统工程

1. 减灾防灾的基本原则

①树立全民减灾防灾意识，提高全社会的防灾、抗灾能力。

②以防为主，防、抗、救相结合。

③群众性与专业性相结合。

④突出重点，兼顾一般。

⑤减灾与发展并重，坚持可持续发展的减灾对策。

⑥积极开展灾害科学研究，充分发挥政府的协调职能。

⑦避免盲目发展，保护生态环境。

2. 减灾的措施

减轻地质灾害的措施有灾害监测，灾害预报，灾害评估，采取工程性措施和非工程性措施进行防灾、抗灾与救灾，安置与恢复，保险与援助，宣传教育与减灾立法、组织与指挥。

制定地质灾害抢险救灾应急预案是应对突发性地质灾害的必要措施之一。

根据《地质灾害防治条例》编制省、县（市）地质灾害防治规划，按要求编制省级地质灾害防灾预案和各地突发性地质灾害应急处置预案。预案对地质灾害监测、预防重点、主要灾害点的威胁对象与范围、监测责任人、预警信号、报警方式、人员与财产转移路线、应急抢险措施，应急机构和有关部门的职责分工，抢险救援人员的组织和应急、救助物资的准备等作出布置。

预案需要在调查的基础上编制，虽然要求的内容相同，但是否可行和行之有效则应进行模拟检验，不断修改和完善。

救灾预案的主要内容有：

①灾情分析，明确主要灾害种类、灾害破坏程度、发生频率及分布规律。

②救灾通信系统的设计与启用方案。

③灾情评估，设计快速判定灾情的备用方案，以指挥调动救灾队伍的种类和数量。

④人员、物资、设备等不同种类救灾力量的分布、预组织和调用的方案设计。

⑤不同种类、不同等级救灾指挥部的组织预案。

⑥死伤人员和幸存人员的安置、确保道路交通畅通的准备方案等。

3.减灾系统工程

减灾系统工程的主要任务是攻克减灾措施中的关键性技术难关、建立立体勘察监测系统和信息处理系统；研究灾害群发性的成因机制和分布规律、探索及时有效的灾害预报方法；选择灾种多、频次高、成灾强度大的重灾区，建立测、报、防、抗、救、援的综合减灾实验区；建立多学科的综合研究体系，开展全社会减灾教育、提高全民减灾意识。

减灾系统工程的主要内容有监测与预报、灾害评估、防灾与抗灾和救灾。科学技术、立法与教育、减灾基金与保险是减灾系统工程的三大支柱。

2.3.2　地质灾害监测预报

1.地质灾害监测

(1)地质灾害监测的目的与内容

地质灾害监测的目的是及时掌握灾害体变形动态，分析其稳定性，超前作出预测预报，防止灾难发生；为灾害治理工程等提供可靠资料和科学依据；为政府部门在地质灾害易发区的经济建设、环境治理等方面的规划和决策提供基础依据；向全社会提供崩塌、滑坡等地质灾害监测信息服务。

地质灾害的监测内容包括成灾条件的监测、成灾过程的监测以及地质灾害防治效益的反馈监测。

(2)地质灾害监测的技术方法

地质灾害监测的技术方法主要有建立立体监测系统，运用高科技仪器与技术，提高监测精度，建立实时监测预报系统。

2.地质灾害预报

地质灾害预报的方法主要有类比分析预报、因果分析预报、统计分析预报和综合分析预报。

2.3.3　地质灾害防治措施

1.地质灾害防治原则和途径

(1)地质灾害防治的基本原则

地质灾害防治的基本原则是以预防为主的原则、全面规划与重点防治相结合的原则、防治地质灾害与社会经济活动相结合的原则和防治工程最优化原则。

(2)地质灾害防治的基本途径和措施

地质灾害防治的基本途径主要有控制灾害源、消除或减弱灾害体的活动能量，减少灾害威胁、对受灾体采取防护或避让等保护措施，使其免受灾害破坏，或增强受灾体的抗御能力。

地质灾害防治的措施可采取削弱灾害活动强度措施、受灾体防护措施、监测预报措施和灾害避让措施。

2. 注意日常活动不诱发崩塌、滑坡灾害

①选择安全场地修建房屋：应通过专门的地质灾害危险性评估来确定。房屋尽量避免建在高坡脚、笋子岩下，条件允许时，可对隐患体进行清理后加固等。

②不要随意开挖坡脚：在建房、修路、整地、挖砂采石、取土过程中，不能随意开挖坡脚，特别是不要在房前屋后随意开挖坡脚。如果必须开挖，应在技术人员现场指导下，方能开挖。坡脚开挖后，应根据需要砌筑维持边坡稳定的挡墙，墙体上要留足排水孔和反滤层。

③不要随意在斜坡上堆弃土石：较理想的处理方法是把废土堆放与整地造田结合起来。

④管理好引水和排水沟渠：水对滑坡的影响十分显著。防止引水渠道的渗漏，面对村庄的山坡上方最好不要修建水塘，降雨形成的积水应及时排干，及时填埋地面裂隙、把地表水和地下水引出可能发生滑坡的区域。

3. 及时躲避崩塌、滑坡灾害

①监视崩塌、滑坡动态：一般应把变形显著的地面裂隙、墙体裂隙作为主要监测对象。通过在地面裂隙两侧设置固定标桩、在墙壁裂隙上贴水泥砂浆片、纸片等方法，定期观测，有备才能无患。

②预先选定临时避灾场地：要把安全性放在第一位，绝不能从一处危险区又迁到另一处危险区；避灾场地原则上应选在滑坡两侧边界之外，不宜选在滑坡的上坡或下坡地段。在确保安全的前提下，避灾场地距原居住地越近越好，地势越开阔越好，交通和用电、用水越方便越好。

③预先选定撤离路线、规定预警信号：转移路线要尽量少穿越危险区。要事先约定好撤离信号（如广播、敲锣、击鼓、吹号等），同时还要规定信号管制办法。

④预先公布责任人：要事先落实并公布地质灾害防灾避灾总负责人，以及疏散撤离、救护抢险、生活保障等具体工作的负责人，通过村民大会、有线广播等办法广泛宣传、家喻户晓，必要时还应进行模拟演习。

⑤预先做好必要的物资储备：临时住所、交通工具、通信器材、雨具和常用药品等，也要根据具体情况提前做好准备。

4. 如何预防、躲避泥石流灾害

①努力改善生态环境：泥石流的产生和活动程度与生态环境质量有着密切的关系。一般来说，生态环境好的区域，泥石流发生的频度低、影响范围小；生态环境差的区域，泥石流发生的频度高、危害范围大。

②房屋不要建在沟口、沟道上：从长远的观点看，山区的绝大多数沟谷今后都有发生泥石流的可能。因此，已经占据沟道的房屋应迁移到安全地带。在沟道两侧修筑防护堤和营造防护林，可以避免或减轻因泥石流溢出沟槽而对两岸居民造成的伤害。

③雨季不要在沟谷中长时间停留：下雨天在沟谷中耕作、放牧时，不要在沟谷中长时间停留；一旦听到上游传来异常声响，应迅速向两岸上坡方向逃离。沟谷下游是晴天，沟谷的上游不一定也是晴天，"一山分四季，十里不同天"就是群众对山区气候变化无常的生动描述。因此，即使在雨季的晴天，同样也要提防泥石流灾害。

做好预先选定临时避灾场地、预先选定撤离路线、规定预警信号、预先公布责任人等工作。

5. 变形监测手段

（1）简易监测

监测标志：桩观测，标尺观测，石膏片、砂浆片观测。

监测工具：卷尺、钢直尺为主。

监测重点：对滑坡地面裂隙和建筑物裂隙、地表排水等进行观测。

（2）专业监测

监测标志：埋设固定观测点。

监测手段：经纬仪、全站仪、GPS、钻孔倾斜仪等。

6. 临灾特征

（1）崩塌、滑坡

崩塌：掉块、小崩塌经常出现；新增裂隙；动植物异常。

滑坡：前缘出现隆起和放射状裂隙；后缘裂隙加宽，产生新裂隙；中部裂隙加宽，产生新裂隙，出现错落台阶，有小坍滑现象；后缘则出现斜向裂隙。

（2）泥石流

物源：松散物质丰富；沟谷两侧滑坡、崩塌强烈。

降雨：降雨量达 30 mm/h 或以上均可能触发泥石流。

（3）地面塌陷

岩溶塌陷：岩溶发育，且大量抽取地下水，地面出现裂隙、沉陷。

采矿空区塌陷：以采煤为主，地面出现裂隙、沉陷。

2.3.4 地质灾害管理

1. 灾害管理的目的与原则

地质灾害管理的基本原则是实行分级管理，推进减灾社会化灾害管理消息化、科学化、现代化、规范化和法制化，把地质灾害管理同地质资源管理、环境管理、国土开发以及其他自然灾害管理结合起来；建立与社会经济发展相适应的地质灾害管理体系。地质灾害管理还必须遵循超前预见性原则、顾全大局原则、就近调度原则、长远利益至上原则和科学筹划原则等。

2. 地质灾害管理的主要内容

地质灾害管理包括灾害目标管理、灾害过程管理、减灾项目管理和减灾职能管理。

灾害目标管理包括灾害灾情管理、加固抗灾建筑管理、其他抗灾活动管理。

灾害过程管理包括灾害监测管理、灾害预报管理、灾害预防管理、灾害抗御管理、灾害救助管理和灾后援建管理。

减灾项目管理包括研究开发项目管理、工程建设项目管理、国际合作项目管理、信息与通信系统管理和宣传教育培训管理。

减灾职能管理包括战略决策与对策管理、减灾方针政策管理、减灾机构人员管理和减灾效益管理。

3. 地质灾害管理的主要手段

地质灾害管理主要有经济手段、行政手段、法律手段和技术手段。

在行政手段方面主要是制定和实施减灾规划、进行减灾宣传教育、组织实施基础性地质灾害勘查和区域地质灾害监测、预测以及灾情评估工作。

4. 系统科学理论在地质灾害管理中的应用

（1）减灾系统工程的环节

减灾系统工程包括减灾系统分析、减灾系统综合和减灾系统评价三个环节。

（2）减灾系统工程的阶段

按系统工程理论，减灾系统工程可分为相互独立、相互制约、相互衔接的六个阶段：减灾目标确立阶段、灾害情报消息处理阶段、设计减灾方案阶段、灾情评估阶段、减灾决策优选阶段以及减灾信息反馈阶段。

思考题

1. 如何进行地质灾害的分类与分级？
2. 如何理解地质灾害防治投入与效益？
3. 各级地方政府编制地质灾害应急预案有何意义？

第3章 地震及减灾技术

3.1 地震与地震活动

3.1.1 地震概述

1. 地震与地震波

（1）地震概述

地震是岩石圈物质在地球内力作用下发生弹性应变，当应变能超过岩石强度时，岩石就会发生破裂或沿原有破裂面急速滑动，应变能以弹性波形式突然释放，使岩石圈剧烈震动的地质现象（图 3 - 1）。

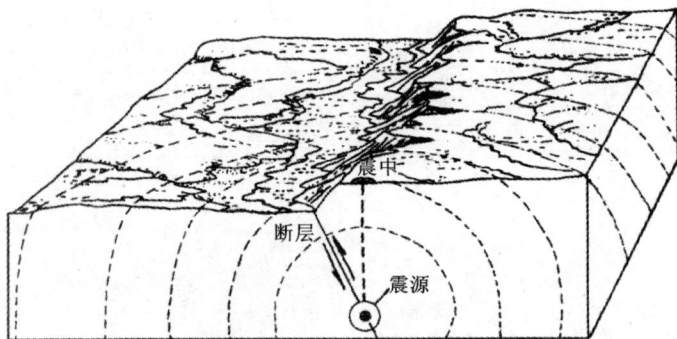

图 3 - 1 地震震中、震源及地震波传播示意图

（2）地震的分类

地震按震源深度分为浅源地震、中源地震和深源地震三种。浅源地震是震源深度小于70 km 的地震，中源地震是深度为 70 ~ 300 km 的地震，深源地震是深度大于 300 km 的地震。

全世界 90% 的地震震源深度都小于 100 km，仅有 4% 的地震是深源地震。由于浅源地震能够产生更大的地球表面的震动，因此，破坏力也最大。

地震按发生时间及大小分为主震、前震和余震。主震是当某地发生一个较大的地震时，在一段时间内，往往会发生一系列的地震，其中最大的一个地震叫作主震。前震指主震之前发生的地震。余震指主震之后发生的地震。

（3）地震波

地震波分为体波和面波。

1）体波

体波分为纵波（P 波）和横波（S 波）。

2）面波

面波分为勒夫波和瑞利波。

勒夫波是在地表做蛇形运动的面波，质点在水平面上垂直于波的传播方向做水平振动；与横波不同的是勒夫波只在水平面上左右摆动。

瑞利波是在地面上向前滚动传播的面波，质点在与平行传播方向的垂直平面内做椭圆形运动，其波速 $v_R \approx 0.9 v_S$（v_R 为瑞利波波速；v_S 为勒夫波波速）。

2. 地震的震级与烈度

（1）地震的震级

1）里氏震级

震级（M）指距震中 100 km 的标准地震仪所记录的以微米表示的最大振幅（A）的对数值，其表达式为：

$$M = \lg A \tag{3-1}$$

标准地震仪周期为 0.8 s，阻尼比为 0.8，放大倍数为 2800 倍，里氏震级最大为 9 级，我国采用的地震震级表见表 3-1。

表 3-1　地震震级表

里氏震级	每年的数量	修正的烈度	居住震动的特有效应
<3.4	800000	I	只能被仪器记录到
3.5~4.2	30000	II，III	室内的一些人有感觉
4.3~4.8	4800	IV	大多数人有感觉，窗户响动
4.9~5.4	1400	V	每个人均有感觉，门晃动
5.5~6.1	500	VI，VII	建筑物轻微破坏，墙面破裂
6.2~6.9	100	VI，IX	建筑物破坏较重，烟筒倒塌，房屋脱离基础
7.0~7.3	15	X	大毁灭，绝大多数建筑物倒塌
7.4~7.9	4	XI	大毁灭，绝大多数建筑物倒塌
>8.0	5~10 年一次	XII	完全破坏，可见地面波动，物体被抛向空中

2）震级与能量

震级表示地震所释放的能量的大小。震级大的地震，释放的能量就多。I 级地震的能量相当于 2×10^6 J，每增大一级，能量约增大 30 倍。一个 7 级地震释放的能量相当于 30 个 20000 t 级的原子弹爆炸释放的能量。

我国一般采用里氏震级。小地震指小于 2.5 级的地震。有感地震指 2.5~4.7 级地震。破坏性地震指大于 4.7 级的地震。震级每相差 1.0 级，能量相差大约 30 倍。

（2）地震烈度

1）地震烈度及其影响因素

地震烈度指地面以及各类建筑物的破坏程度。

地震烈度的大小与震级、震源深度、震中距、地震波的传播介质及地质构造条件有关。震级高，烈度大；震源深度小，烈度大；震中距近，烈度大。对于浅源地震震中烈度（I）与震级（M_S）的关系可用经验公式表示：

$$M_S = 0.58I + 1.5 \tag{3-2}$$

一次地震，震级只能有一个，而烈度可以有若干个。震中烈度最大，向外呈椭圆形缩减，长轴方向一般平行于构造。

2）地震烈度表

为了表示地震的影响程度，必须有一个烈度评定标准，即地震烈度表。

目前多数国家采用 12 度的烈度表，欧洲有些国家采用 10 度的烈度表，日本采用 8 度的烈度表。

3）基本烈度

基本烈度指某一地区在以后一定期限内（50～100 年）可能遭遇的地震最大烈度。

4）场地烈度

场地烈度是建筑物场地地质构造、地形、地貌和地层结构等工程地质条件产生的烈度。地球上每年约发生 1500 万次地震，其中 1000 次左右有破坏性，10 次左右 7 级以上地震会造成严重的灾害。

3. 地震的成因

（1）弹性回跳理论

美国地震学家在研究 1906 年旧金山大地震时，结合圣安德列斯断层的活动情况于 1910 年提出地震成因的弹性回跳理论（断层说），这一理论基于岩石的弹性变形机制。按此理论汶川大地震的类型为逆冲、右旋、挤压型断层地震。

（2）岩浆冲击说

1931 年日本学者提出地震成因的岩浆冲击说。该学说认为，地壳深部岩浆的物理化学变化产生化学能、热能和动能，使岩浆具有向外扩张而冲入地壳岩体软弱地段的趋势，岩浆以强大的力量挤压和冲击围岩，并使围岩遭受破坏而产生地震。

（3）相变理论

1963 年新西兰学者提出地震成因的相变理论，该理论认为，处于高温、高压条件下的深部物质能够从一种结晶状态突然转变为另外一种结晶状态，此过程引起物质体积的改变（扩张或缩小），从而使围岩受到快速压缩或快速拉张而产生地震。

4. 地震的发生条件及一般规律

地震的发生条件及一般规律取决于岩石的弹性应变能，弹性应变能积累足够大时，才能发生地震。弹性应变能的表达式为：

$$U = K\delta \tag{3-3}$$

式中：U——弹性应变能；

K——弹性系数；

δ——地应力。

5.地震的分布

（1）地震的垂直分带性

地震的震源具有垂直分带性的特点：地壳中（0～33 km）的地震占72%，浅层上地幔中（33～300 km）的地震占24%，深度大于300 km上地幔中的深震占4%。

（2）地震的水平分带性

地震的水平分带包括环太平洋地震带、地中海—喜马拉雅地震带、大洋中脊地震带、大陆裂谷地震带、转换断层地震带和地表无断层线形地震带。

根据统计表明，世界上76%的地震带总能量释放在环太平洋地震带上。具体位置是：沿太平洋东岸北美洲的阿拉斯加向南经过加拿大西部、美国加利福尼亚和墨西哥西部地区，到达南美洲的哥伦比亚、秘鲁和智利，然后从智利转向西穿过太平洋抵达大洋洲东边界附近，在新西兰东部海域折向北，再沿斐济、印度尼西亚、菲律宾、中国的台湾岛、日本列岛、阿留申群岛，回到阿拉斯加，环绕太平洋一周。

欧亚地震带也称地中海—喜马拉雅地震带，是地球上第二个地震集中发生的地方。在这个地震带上释放的地震能量占全球总能量的22%。具体位置是：从印度尼西亚开始，经缅甸和中国的云南、贵州、四川、青海、喜马拉雅地区以及印度、巴基斯坦、尼泊尔、阿富汗、伊朗、土耳其，到地中海北岸，一直延伸到大西洋的亚速尔群岛。

（3）我国的地震分布

1）我国的地震活动特点

我国的地震活动具有分布广、频度高、震源深度浅的特点。

我国的地震活动主要分布在5个地区，包括：台湾省及其附近海域；西南地区，主要在西藏、四川西部和云南中西部；西北地区，主要在甘肃河西走廊、青海、宁夏、天山南北麓；华北地区，主要在太行山两侧、汾渭河谷、阴山—燕山一带、山东中部和渤海湾；东南沿海的广东、福建等地。

1966年，河北邢台发生6.8级和7.2级地震，8000余人死亡。1970年1月5日，云南通海发生7.8级地震，1.5万余人死亡。1975年2月4日，辽宁海城、营口一带发生7.3级地震，1300余人死亡。1976年，河北唐山发生7.8级地震，24万余人死亡。1988年11月6日，云南澜沧、耿马、沧源地区发生7.6级地震，700余人死亡。2008年5月12日，四川汶川发生8.0级地震，69227人死亡，17923人失踪。

我国不是世界上地震最多的国家，却是世界上地震灾害较严重的国家之一。1556年陕西华县发生地震，死亡人数达83万多。全国处于地震烈度7度以上地区的面积达312万 km²，占国土面积的32.5%；在全国大中城市中，有136个位于7度以上地震区，约占全国城市总数的45%；其中百万人口以上城市20个，占70%；50万人口以上城市30多个，占50%以上。我国的地震灾害并非是极少数地区所特有的灾害，而是一种全国性灾害。

地震灾害本身是自然灾害，却又充当着灾因，带来许多次生灾害或衍生灾害。地震灾害除直接摧毁各种建筑物、导致人畜伤亡等外，还可引发火灾、水灾、滑坡、泥石流、危险品泄漏、海啸等多种次生灾害以及瘟疫等衍生灾害，有的次生灾害或衍生灾害甚至比地震本身的危害更大，因而对社会经济的影响很大。

在时间分布方面，由于各地区地质构造活动性的差异，我国的地震灾害活动周期长短是不同的。从总体上来看，东部地区地震活动周期普遍比西部长。东部地区一个周期大约

300 年，西部地区一个周期为 100～200 年，台湾省一个周期为几十年。

2）地震的空间分布

我国的地震带分为华北地震带、西南地震带、台湾地震带、天山地震带、西北地震带和东南地震带共 6 个地震带。

①华北地震带。本地震带包括河北、河南、山东、内蒙古、山西、陕西、宁夏、江苏、安徽等省、自治区的全部或部分地区，7～7.9 级地震曾发生过 18 次。华北地震带包括 4 个次级地震带：

a. 郯城—营口地震带。我国东部大陆区的一条强烈地震活动带，1668 年山东郯城 8.5 级地震就发生在这个地震带。据记载，本地震带发生 7～7.9 级地震 6 次，8 级以上地震 1 次。

b. 华北平原地震带。本地震带是对京、津、冀地区威胁最大的地震带，1976 年唐山 7.8 级地震就发生在这个地震带。据统计，本地震带曾发生 7～7.9 级地震 5 次，8 级以上地震 1 次。

c. 汾渭地震带。本地震带是我国东部又一个强烈地震活动带。1998 年 1 月张北 6.2 级地震就发生在这个地震带的附近。本地震带有记载的 7～7.9 级地震 7 次，8 级以上地震 2 次。

d. 银川—河套地震带。1739 年宁夏银川 8.0 级地震就发生在这个地震带。本地震带有记载的 7～7.9 级地震 9 次，8 级地震 1 次。

②西南地震带。本地震带是我国最大的一个地震带，也是地震活动最强烈、大地震频繁发生的地区。据统计，这里 8 级以上地震发生过 9 次，7～7.9 级地震发生过 78 次，均居全国之首。汶川地震就发生在这个地震带。

③台湾地震带。本地震带曾发生过 8 级地震，是地震多发区。

④天山地震带。这里不断发生强烈破坏性地震是众所周知的，但由于新疆地震区总的来说，人烟稀少、经济欠发达，尽管强烈地震较多，也较频繁，但多数地震发生在山区，造成的人员和财产损失与我国东部几条地震带相比，要小许多。

⑤西北地震带。本地震带主要在甘肃河西走廊、青海，这个地震带活动较频繁，几乎每年都要发生地震。2010 年 4 月 14 日，青海玉树发生 7.1 级地震，造成 2698 人遇难。

⑥东南地震带。这里历史上曾发生过 1604 年福建泉州 8.0 级地震和 1605 年广东琼山 7.5 级地震。但从那时起到现在，无显著破坏性地震发生。

3.1.2 诱发地震

1. 诱发地震的类型

诱发地震分为流体诱发地震和非流体诱发地震两类。

（1）流体诱发地震

流体诱发地震分为水库诱发地震和抽注流体（液、气）诱发地震。抽注流体（液、气）诱发地震有深井注液诱发地震、石油（天然气）开采诱发地震和矿坑排水诱发地震。

（2）非流体诱发地震

非流体诱发地震分为采矿诱发地震和地下核爆炸诱发地震。

2. 预防诱发地震的对策

（1）预防水库诱发地震的对策

①在可行性研究阶段，根据已有坝区地震地质资料，通过现场勘察、对比研究或其他方

法，进行诱发地震可能性的初步评价，从而对水库坝址进行优化筛选。

②在初步设计阶段，对可能发震的水库库区和坝址进一步评价其诱发地震的危险性，确定可能发震的地段和可能发生的最大震级。同时进行地震动参数的分析，为工程抗震设防提供依据。

③在大坝兴建和运行阶段，对于具有诱发地震危险的水库，在可能发震的地段设立地震监测台网进行监测。

④水库蓄水后如发生地震，则应及时组织研究，以便尽快对地震的发展趋势作出评价，从而为工程加固、防震抗震提供依据。

（2）预防其他因素诱发地震的对策

对于抽注流体诱发地震，应当考虑注水孔的合理布局和控制水压力的变化，使之不致诱发地震。对于采矿诱发地震，应当合理布置巷道，采取合理的采矿方式，使巷道和采场承受较小的应力，不致引起较大的能量释放。在矿山中，当观测到应力集中程度较高时，可采用注水或爆破法诱发应力缓慢释放；对于地震可能危及的巷道和地面建筑物应加强支护和抗震设防。

3.2　地震灾害与减灾

3.2.1　地震灾害

1. 地震效应

（1）场地破坏效应

场地破坏效应分为地面破裂效应、斜坡破坏效应和地基变形破坏效应。

（2）强烈振动破坏效应

地震周期对建筑物的影响较大，一般来讲，建筑物越高，自振动周期越长；所以，有时长周期的地基振动使较高的多层建筑物破坏，而低层建筑物却无损坏。距震中越远，地面振动的周期越长，因而常见到距震中较远处的高层建筑物遭受破坏的现象。

在厚层松散堆积物地区，由于堆积物对深部基岩传来的地震起选择放大作用，使地面振动周期变长，自振动周期较长的高层建筑常因共振而破坏，而自振动周期较短的低层建筑的破坏反而轻微。

2. 地震灾害的特点与破坏形式

（1）地震灾害的特点

①地震灾害发生突然，来势凶猛，可在几秒到几十秒钟内摧毁一座文明的城市。

②地震成因的特殊性使得地震临震预报工作的理论和实践经验均不成熟。

③地震不仅直接毁坏建筑物、造成人员伤亡，还不可避免地诱发多种次生灾害。有时次生灾害的严重程度远远超过地震灾害本身造成的损失。

（2）地震灾害的破坏形式

地震灾害的破坏形式有地面破裂、余震、火灾、斜坡变形破坏、砂土液化、地面标高改变、引发海啸和洪水等。

3.2.2 地震活动的监测与预报

1. 地震监测

孕震、发震机制决定了地震活动的规律性。地震监测与预报首先要遵循这个规律，由于地震活动的复杂性，目前对这个规律的研究还不完善，根据近年来学者的研究，综合给出了关于地震发生的时间、空间和强度方面若干规律性的特点。主要有地震的发生与活动断裂带的特定部位有关；地震活动具有阶段性或周期性；强震活动沿着活动构造带依次迁移或往返跳动；地震区域里强震与弱震、大震与小震之间，往往存在着时空关系以及活断层的活动方式对控震的影响关系等规律。

目前应用于地震监测的主要手段及方法有测震、地壳形变观测、地磁测量、地电观测、重力观测、地应力观测、地下水物理和化学性质的动态观测等。活动断裂带地震活动监测方法综合示意如图 3 - 2 所示。

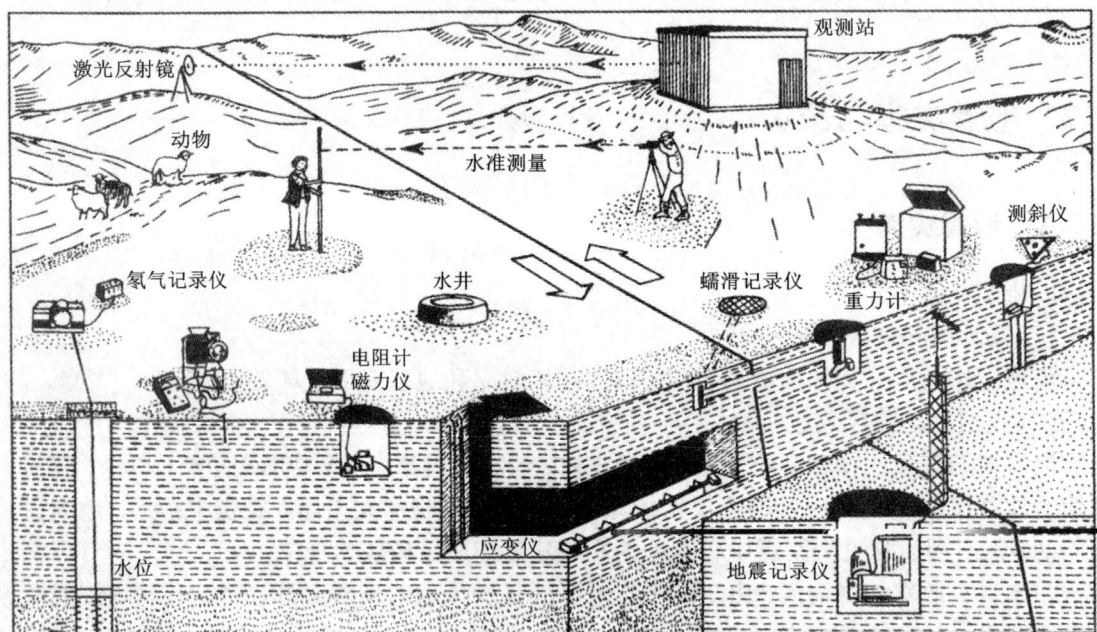

图 3 - 2 活动断裂带地震活动监测方法综合示意图

2. 地震预报

(1) 预报的主要内容

1) 地震参数预报

地震参数预报是以地震事件发生的时间、地点和强度三个参数 (简称时、空、强三要素) 为主，即狭义的地震预报。

2) 地震灾害预测

地震灾害预测分长期预测 (几年到几十年或更长时间)、中短期预报 (几个月到几年) 和临震预报 (几天之内)。

3）地震灾害损失预测

地震灾害损失预测指在建筑物及其他人工设施和人口状态及分布的详细调查基础上，通过地震危险性评价、建筑物和生命线工程等易损性分析，预测未来地震灾害造成的经济损失和人员伤亡。

地震造成人员伤亡的直接原因，主要是各类建筑物的倒塌，特别是不结实的砖石（土砖、碎砖）建筑和没加固的烧制砖砌建筑的倒塌。地震中死亡人数的 75% 是由于各类建筑物倒塌造成的，其中以砖石建筑物倒塌为主。

地震灾害损失预测指全国或某一地区在地震危险性分析、地震区划或小区划、工程建筑易损分析的基础上，对未来某一时间因地震可能造成的人员伤亡和建筑物、工程设施破坏等经济损失及其分布的估计。

预测未来一个地区的地震灾害损失需要了解分析地震时地面振动的强度及地面上建筑物等设施抗御地面振动的能力这两个因素。在地震工程研究中，分别称之为地震危险性分析和地震易损性分析。

①地震灾害损失预测的内容。

地震灾害损失泛指由于地震引起地面振动并诱发次生灾害而导致建筑物和其他设施破坏，造成的经济损失和人员伤亡。

地震灾害损失预测研究的内容包括在受灾情况下受损建筑物和设施等的修复费用，通信、交通和生命线系统以及救灾应急设施受破坏后的功能损害，受灾区承受的长期经济冲击，无家可归者的安置和人员伤亡等。

②地震灾害损失预测方法。

建筑物易损性分析主要包括：

a. 以地震振动时不同建筑物对破坏的抵抗力为依据，建立某一地区建筑物的分类系统。

b. 制定易损性分析需要考虑的建筑物和其他设施易损性清单，包括建筑物设施的地理位置、抗震类型、经济价值、用途类型等。

c. 对清单中的每一项，建立地震灾害损失率与地面振动强度之间的关系，如平均损失曲线，损失率用可比价值的百分率表示。

③地震灾害损失的等级划分。

地震灾害损失等级的划分以死亡人口数和经济损失值的实况来表示，即以地震灾度来衡量地震灾害损失的程度。

目前我国的地震灾度共分为五个等级：A 度（巨灾）、B 度（大灾）、C 度（中灾）、D 度（小灾）、E 度（微灾）。

（2）预报方法

①大地形变测量异常分析法。

②定点形变测量法。

③水文地球化学法。

④地下水动态微观异常法。

⑤地电阻率法。

⑥地磁短周期变化法。

⑦钻孔应力、应变异常法。

⑧地热法。

⑨地震综合预报法。

（3）地震预报的发展方向及研究途径

20世纪60年代以来，世界各国的地震预报研究积累了许多宝贵的经验，同时也发现了很多重要的科学问题，其中主要问题是地震前兆现象的复杂性和前兆异常与地震关系的不确定性。地震前兆现象的复杂性表现为不同地区、不同类型地震前兆异常的差异性；前兆异常空间分布上的不均匀性以及长期、中期、短期、临震异常的多样性等。

前兆异常与地震关系的不确定性尤为突出，迄今为止，还没有发现任何一种前兆在所有中强以上地震前都出现过，也没有发现一种前兆异常后都有地震发生。这些复杂现象的存在使地震预报的难度大大增加，地震预报的准确率很低。

研究上述问题的科学途径主要有两个：一是实际震例的分析研究；二是试验和理论研究。

3.2.3 减轻地震灾害的对策

在减轻地震灾害的工作中，推进地震科学的预测水平、强化政府的防灾功能以及提高民众的防灾意识是三项最基本的途径。从这个意义上来说，减灾工作是科学预测、政府决策和社会民众行动的有机结合。

地震灾害主要是由于工程结构物的地震破坏，因此，加强工程结构抗震设防，提高现有工程结构抗震能力的工程性措施是减灾的重要手段。建立健全法律、编制防震减灾规划、制定地震应急预案等属于重要的非工程性减灾措施。

1.国际通用减轻地震灾害的对策

（1）加强地震灾害基础性研究工作

①收集整理出版地震史料。

②注重地震灾害的监测预报。

③开展地震危险性评估。

④加强地震工程学研究。

（2）建立和完善地震灾害防抗体制

（3）提高地震防灾能力和防灾水平

防灾能力指通过规划和对策的实施确保国家和人民生命财产安全的能力。

（4）颁布实施防御震害的法律

地震灾害和地震预报带有很强的社会性。因此，许多国家根据本国的地震灾害、地震预报水平和国情制定了相关的法律和条例。

2.我国减轻地震灾害的对策

①做好地震的监测预报、预防、抗灾、救助和灾后重建工作。

②争分夺秒对于震后抢救伤员十分重要。半小时内救出的人员救活率为95%；第一天为81%；第二天为53%；到第五天仅为7.4%。增强公民的防震减灾意识，提高公民在地震中的自救、互救能力。

③减轻地震灾害要做到以防为主、各有侧重，全面防御、重点突出，多学科综合研究，应用新技术新理论探索地震灾害，充分发挥政府的决策指挥作用。

④在地震灾害防御对策方面做到防、抗、救一体化，防灾对策系统化，防、抗、救对策最佳化，抗震减灾法规化，地震灾害研究与防震减灾国际化，建立防震减灾应急决策信息系统。

思考题

1. 试述我国地震分布的特点。
2. 试述地震灾害的减灾对策。
3. 试述地震灾害的特点及破坏形式。

第4章　地裂隙、地面塌陷与地面沉降

4.1　地裂隙

4.1.1　地裂隙的定义

地裂隙是地表岩、土体在自然或人为因素作用下，产生开裂，并在地面形成一定长度和宽度裂隙的一种地质现象，当这种现象发生在有人类活动的地区时，便可成为一种地质灾害。地裂隙的形成指因自然或人为因素致使地下断层错动，岩层发生位移或错动，并在地面上形成断裂，其走向和地下断裂带一致，规模大，常呈带状分布。

4.1.2　地裂隙的危害

地裂隙是一种独特的地质灾害，地裂隙可使地面及地下各类建筑物开裂，路面破坏，地下供水、输气管道错断，危及文物古迹的安全，不但会造成较大经济损失，而且也给居民生活带来不便。

4.1.3　地裂隙的成因

地裂隙的形成原因复杂多样。地壳活动、水的作用和部分人类活动是导致地面开裂的主要原因。按地裂隙的成因，常将其分为以下几类：

①地震裂隙。各种地震引起地面的强烈振动，均可产生这类裂隙。

②基底断裂活动产生的裂隙。因基底断裂的长期蠕动，使岩体或土层逐渐开裂，并显露于地表而成。

③隐伏裂隙开启裂隙。发育隐伏裂隙的土体，在地表水或地下水的冲刷、潜蚀作用下，裂隙中的物质被水带走，裂隙向上开启、贯通而成。

④松散土体潜蚀裂隙。因地表水或地下水的冲刷、潜蚀、软化和液化作用等，使松散土体中部分颗粒随水流失，土体开裂而成。

⑤黄土湿陷裂隙。因黄土地层受地表水或地下水的浸湿，产生沉陷而成。

⑥胀缩裂隙。由于气候的干、湿变化，使膨胀土或淤泥质软土产生胀缩变形发展而成。

⑦地面沉陷裂隙。因各类地面塌陷、过量开采地下水、矿山地下采空引起地面沉降过程中的岩土体开裂而成。

⑧滑坡裂隙。因斜坡滑动造成地表开裂而成。

可将地裂隙的形成归纳为两类，即张裂隙发育成地裂隙和不均匀沉降引起地裂隙。

西安地裂隙为张裂隙发育成地裂隙，西安地裂隙分布面积约 155 km²，由 11 条地裂隙组成，其中最长的有 20 km 以上。河北沧州地裂隙长 4 km(图 4 - 1)。

图 4 - 1　河北沧州地裂隙

无锡市东亭镇，地裂隙错断无锡—上海公路，两侧高差达 15 ~ 20 cm，威胁行驶安全；苏州、无锡、常州地区发生地裂隙，并对房屋造成严重破坏(图 4 - 2)。

图 4 - 2　苏州、无锡、常州地区地裂隙

与不均匀沉降引起地裂隙有关的三种地质条件为埋藏深度、构造转折线、埋藏断层台阶。图 4 - 3 所示为亚利桑那州南部地裂隙与地下水水位下降和地貌关系的示意图，图 4 - 3(a)和图 4 - 3(b)为盆地和山脉的理想化演化，图 4 - 3(c)为由于地下水水位下降形成的地裂隙。

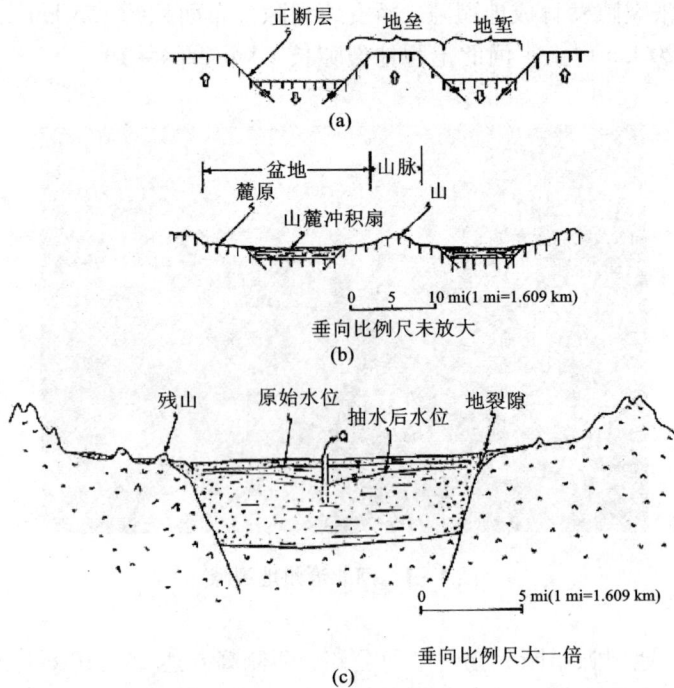

图 4-3　亚利桑那州南部地裂隙与地下水水位下降和地貌关系的示意图

4.1.4　地裂隙的防治措施

①加强地裂区的工程地质勘察工作。

②采取各种行政、管理手段限制地下水的过量开采。

③对已有裂隙进行回填、夯实等，并改善地裂区土体的性质。

④改进地裂区建筑物的基础形式，提高建筑物的抗裂性能。

⑤对地裂区已有建筑物进行加固处理。

⑥设置各种监测点，密切注视地裂隙的发展动向。

4.2　岩溶及地面塌陷

地面塌陷是我国除崩塌、滑坡、泥石流之外的又一主要地质灾害，本节介绍岩溶地区岩土工程问题，并以岩溶塌陷为例介绍地面塌陷的成因与防治措施。

4.2.1　岩溶地区岩土工程问题

1. 岩溶及岩溶地区岩土工程研究进展

以贵州省为例，贵州地处世界岩溶发育最复杂、类型最齐全、分布面积最大的东亚岩溶区域中心，是我国碳酸盐岩分布面积最大、岩溶最发育的省区。全省碳酸盐岩出露面积 11.61万 km^2，占全省土地总面积的 73.6%。

　　岩溶特定的岩土工程背景使人类建筑工程的岩土适应性、工程建筑环境以及地质灾害的工程治理与防护都具有独特性,相应也就有了岩溶山区综合性岩土工程技术方法。这里简单介绍贵州岩土工程师在岩溶山区工程建设中的思想、技术、研究工作。

　　(1)贵州岩溶及岩溶地区岩土工程研究的三个历史阶段及两个研究内容

　　三个历史阶段:20 世纪 60 年代前;20 世纪 60 ~ 90 年代;20 世纪 90 年代至今。两个研究内容:岩溶学的研究;岩溶地区岩土工程的研究。

　　1)三个历史阶段

　　①20 世纪 60 年代前,由于贵州的建筑项目规模相对较小,仅是在实践中积累了一些工程经验。

　　②20 世纪 60 ~ 90 年代,中国科学院院士、中国工程院院士潘家铮与中国工程院院士王三一领导建成乌江渡水电站;中国建成第一座采用平行导坑法施工的隧道(凉风垭隧道);红黏土的岩土工程性能研究等工程项目及科研工作建立了贵州岩溶地区的岩土工程基本理论和观点,对贵州岩溶地区的岩土工程具有相当大的指导意义。与此同时贵州师范大学中国南方喀斯特研究团队在张英骏教授、杨明德教授的带领下为我国喀斯特地理学、洞穴学和水文地质学研究做了大量开创性工作,也给工程界提供了岩溶学的基础。

　　③20 世纪 90 年至今,以贵州省交通厅牵头的"岩溶地区公路修筑成套技术研究"项目从岩土工程应保持良好的生态环境和人类保持可持续发展的高度来认识和研究贵州岩溶地区岩土工程的作用。

　　2)两个研究内容

　　①岩溶学的研究。张英骏、黄威廉、杨明德等学者的地理学学科团队,为我国喀斯特地理学、洞穴学和水文地质学研究做了大量开创性工作,对碳酸盐岩岩溶发育机理与有关地质环境效应、中国南方喀斯特与贵州锥状喀斯特的特征分析、喀斯特石漠化的演变趋势与综合治理、喀斯特地区土壤石漠化的本质特征进行了全面研究,这些工作对岩溶地区的岩土工程有着巨大的理论指导。贵州岩溶形成的地貌如图 4 - 4 所示。

图 4 - 4　贵州岩溶形成的地貌

　　贵州省地矿系统完成了各种比例尺的基础地质图、综合工程地质及水文工程地质图,使贵州岩溶地区的岩土工程具有充分的基础资料。

②岩溶地区岩土工程的研究。乌江渡水电站位于乌江中游,是我国在岩溶地区兴建的第一座高坝。乌江渡大坝的建设曾引起国内大坝建筑界的广泛关注,大坝的成功建设为中国在石灰岩地区兴建众多的大坝开创了先例,建立了岩溶地区岩土工程的基本理论并积累了丰富的经验,包括以下几点:

a. 尽量选择坝址附近有可靠隔水层做防渗依托,成为在岩溶地区选择坝址的重要原则之一。

b. 重视岩溶发育规律和演变历史的研究,特别是河流发育过程、断裂构造和岩体水动力条件对岩溶发育的影响。

c. 在灰岩地区利用地下水等水位线图指导研究岩溶发育状况是一种有效的方法。

d. 断层对隔水层隔水作用的破坏,是石灰岩地区大坝建设工程地质勘察时需认真注意的问题之一。

乌江渡大坝(图4-5)于1979年建成,20年的运行证明大坝建设十分成功。该项工程于1985年获国家科技进步一等奖。由于有乌江渡大坝成功建设的经验,人们消除了早期在岩溶地区建坝的恐惧心理。兹后中国在石灰岩地区又成功地建设了大批大型水电工程,如隔河岩、天生桥、万家寨水电站。

图4-5 贵州乌江渡大坝

(2)岩溶地区岩土工程的内涵及任务

①岩溶地区的岩土工程是以土力学、岩石力学与工程地质学为基础,采用工程材料、工程设计的手段,解决建筑工程的岩土适应性、工程建筑环境以及地质灾害的工程治理与防护学等方面问题的综合性工程技术。

②岩溶地区岩土工程包含岩石和土的利用、整治或改造三个内容。

③岩溶地区岩土工程服务于各类主体工程的勘察、设计与施工和环境保护的全过程。

（3）岩溶地区岩土工程勘察及设计与施工技术

①主要以工作内容为线索，研究岩土工程勘察，岩土工程设计，岩土工程施工，岩土工程检测以及岩土工程管理诸方面带有共性的规律和有关要求和方法，可以称为总论。

②主要以工程类型为线索，研究岩土地基工程，岩土边坡工程，岩土洞室工程，岩土支护工程和岩土环境工程诸方面的勘察、设计、施工、检测和管理上带有个性的规律性和有关要求及方法，可以称为分论。这两部分的结合构成了岩溶地区岩土工程学严密的学科体系。

2. 岩溶地区岩土工程条件特点

岩溶地区土壤条件好的地段植物生长旺盛，如贵州地处亚热带季风气候区，年均温度为13 ~ 16℃，累积温度一般为4500 ~ 5500℃，雨热同期。由于水热条件较好，土壤深厚的地段植物生长旺盛，地表植被受破坏后恢复较快。

（1）岩溶山区往往土层浅薄、植被稀疏、环境脆弱

岩溶山区由于岩性影响，土壤形成和发育十分缓慢，土层浅薄（多为30 ~ 50 cm），分布不连续，土壤蓄、溶水能力较差，营养供给不足，植物生长缓慢，植被稀疏，多为灌草丛，生态环境十分脆弱，植被一旦破坏，极难恢复。

（2）岩溶地区大多地表破碎，沟壑纵横，起伏剧烈

如贵州的地势西高东低，自中部向北、东、南三面倾斜，平均海拔在1100 m左右。地势起伏剧烈，相对高差大多在500 m以上，最大可达2100 m以上，以高中山为主。黔中高原以丘陵坝子为主，海拔1000 ~ 1400 m，地表起伏相对较小，一般为50 ~ 200 m；黔中高原向东、向南的斜坡地带，平均海拔600 ~ 800 m，以低山丘陵地貌为主，地表破碎，河流纵横交错。

（3）地质构造复杂

由于新老构造运动的交替影响，岩溶山区地质构造十分复杂，断裂、褶皱较多，复杂的地质构造和地层岩石分布使岩溶地区受地质构造控制形成不同的地貌特征，导致岩土工程性质差异很大。如贵州省岩溶岩组分布大多岩层出露齐全，从寒武系到第四系均有出露，软硬岩石交错分布，即使是岩溶面积集中的地区，非可溶性岩石—砂页岩等也广泛出露。

（4）地表地下水系复杂

岩溶山区最为复杂的环境问题是水环境，尤其是地下水环境问题。由于岩石可溶和裂隙发育等，岩溶地区地表水经常渗流进入地下，地下水又不断出露形成地表水，地表地下水系交替出现，断头河、盲谷等比比皆是，地表及地下河道交错纵横，十分复杂。分水岭地区，地表水系不发育，水流向深部发育特征明显；斜坡地带，地表水、地下水交替出现情况较多。因此，岩溶地区工程性水土流失不仅对地表水有影响，而且对地下水也有影响，尤其是对地下水循环影响较大。

3. 岩溶地区的主要岩土工程问题

（1）岩溶塌陷

塌陷多分布于质纯层厚的碳酸盐岩，如贵州省尤以灰岩为甚，占总数的66%，发生在白云岩中的塌陷占总数的30%。全省已有塌陷近100处，塌陷坑点2200余个，80%集中在六盘水市、安顺市、遵义市、贵阳市，其中以六盘水市塌陷个数最多。

自然塌陷多发生在峰丛洼地、谷地中；抽水塌陷多分布于地下水浅埋的岩溶盆地、槽谷，如水城盆地、贵阳盆地、遵义槽谷。

岩溶塌陷发生的基本条件有三个：

①可溶性基岩具有开口的岩溶形态(如溶洞、漏斗、深溶隙等),这是地下水和塌陷物质的储存场所或运移通道。

②覆盖层为松散土层或软弱岩层,绝大多数塌陷发生于土体中,极少数发生于软弱地层中,这是岩溶地面塌陷产生的物质条件。

③水和气的作用,地下水位变动、地表水入渗等形成水压力、气压力,是产生塌陷的诱因。

(2)围岩变形、突泥、突水及深基坑的突水

岩溶隧道施工突水包括隧道开挖直接诱发突水、间接诱发突水和隧道开挖面后方突水三种模式。

岩溶地下水是诱发隧道发生突(涌)水地质灾害的主导因素之一,岩溶裂隙水对隧道围岩的危害越来越成为岩溶地区隧道建设中的热点研究问题之一。

贵阳绕城高速公路毛栗坡隧道,溶洞内处于有压水状态,在水的压力作用下,随着水压力的增加洞壁发生塑性变形直到破坏,发生突水现象(图4-6)。

图4-6 贵阳绕城高速毛栗坡隧道突水

图4-7 思林水电站

(3)水库的渗漏

思林水电站(图4-7)位于贵州乌江中游河段,距下游的思南县城23 km。大坝左、右岸均有岩溶管道水构成横向地下水径流凹槽。槽向径流内溶洞发育,地下水活动强烈,地下水位低平,成为两岸坝肩地基绕坝渗漏流向下游排泄的通道,对坝址防渗不利。

坝基开挖到位后对已揭露的岩溶管道、溶洞、岩溶带深挖后进行混凝土回填处理;对管道渗漏,两坝肩防渗线向上游偏折,对泥页岩进行封闭,采取工程处理措施后,效果良好。

(4)深挖高填的工程稳定性

受岩溶环境的特点影响,岩溶地区常遇到大量的深挖高填路基(图4-8),其边坡的稳定性长期困扰工程建设的实施。

对特定的高边坡,通过追踪边坡变形的发展,评价其变形稳定性,并在滑动面形成和贯穿之前进行变形控制,能有效地防止高边坡的失稳破坏。这就是基于变形理论的高边坡稳定性评价和灾害防治的主体学术思想。显然,这一理论较传统"强度稳定性"理论更符合岩溶地区实际情况,并能节省大量的高边坡处置经费。同时,它建立了高边坡变形破坏时空演化的三阶段理论,即表生改造、时效变形、强烈变形与累进性破坏;建立了西南地区高边坡变形

图 4 - 8　贵阳至毕节公路的高边坡

破坏机理的五大类模式，提出了相应的高边坡演化地质力学模型和灾害的防治原则。

（5）溶蚀洼地的岩土工程问题

根据特殊的地形条件，参照岩土工程分区原则首先按地貌分区，分为陡岩区、斜坡区和洼地区。

陡岩区主要为基岩和危岩体；斜坡区主要为崩塌堆积体，局部有基岩出露；洼地区表层为耕植土、黏土和有机质黏土，下层为块石堆积体，基岩埋深较厚。在纵向上，陡岩区又分为上层危岩区和下层基岩区；斜坡区分为表层堆积区和下层基岩区；洼地区分为上层散体块石堆积区和下层胶结较好的块石堆积区；在纵向上，岩体总体呈现上坏下好的趋势。

岩溶山区洼地软弱地基特征：岩溶盆地内多为第四纪湖沼泽沉积和洪、坡积土所覆盖。地质年代较近，固结水平低，较软弱的盆地内为软土。岩溶盆地软土分成盆地边缘软土、盆地中部软土和泉旁软土三部分。

（6）边岸溶蚀卸荷裂隙

中国科学院国家天文台 500 m 口径球面射电望远镜（FAST）台址发育的 6 组岩体结构面将台址切割成近五边形洼地，形成沿洼地陡崖的若干临空面，临空面周围岩体应力重新分布并在临空面附近产生应力集中带，坡脚附近形成最大剪应力增高带，根据现场地形及工程特点，无论上述危岩体向哪个方位崩塌，都将会对 FAST 台址（图 4 - 9）工程的安全运行构成极大的威胁。

图 4 - 9　FAST 台址洼地

（7）岩土工程建筑对脆弱且难以恢复的岩溶环境及其生态环境的破坏

在工程建设开发活动中将不可避免地改变建筑工程周边地表水系的自然特征，加速水土流失，破坏植被，进一步诱发岩溶塌陷和边坡失稳，加剧岩溶地区生态环境恶化，引发大量地质 - 生态环境问题。由于岩溶地区大规模工程活动引发的环境效应的特殊性，到目前为止，我国岩溶地区工程建设开发活动中缺乏明确的、操作性强的环境保护界线和指南。

4.岩溶地区岩土工程技术发展

岩溶地区岩土工程技术的发展主要包括以下几个方面：区域性岩土分布和特性、本构模型的建立、岩土工程测试技术的发展、岩土工程问题计算机分析、深基坑工程、地基处理技术、环境岩土工程、岩土工程数字化技术。

（1）岩溶地区岩土工程评价体系的建立

1）岩溶地质预报的分形理论

岩溶分布规律具有自相似性，岩溶形态具有标度不变性特征，岩溶发育程度的分形评价指标见表4-1。

表4-1　岩溶发育程度的分形评价指标

序号	岩溶发育程度	分形评价指数 I_L	主要岩溶形态
1	不发育	0.00～0.01	溶孔
2	轻微发育	0.01～0.10	溶缝、溶隙
3	较发育	0.10～0.20	溶槽
4	发育	0.20～0.40	一般溶洞
5	很发育	0.40～0.80	大型溶洞或暗河

武隆隧道是渝怀（重庆—怀化）铁路第二大隧道。隧道沿乌江走向穿越页岩、钙质泥岩、灰岩、泥质灰岩及砂页岩互层等地层。沿乌江两岸及隧道拱顶以上地表岩溶广泛发育，隧道施工多次揭露溶洞、暗河，多次发生大型至特大型岩溶涌水，严重威胁隧道施工安全。

该隧道地表岩溶分形图计算结果与现场调查结果基本一致，反映了武隆隧道穿越区域乌江边地表岩溶发育的特点。

2）岩溶渗预测模型

索风营水电站（图4-10）左岸帷幕穿越三叠系下统夜郎组玉龙山段厚层及薄层灰岩，由于断裂的影响，地层中溶洞、溶蚀裂隙及泥化夹层均较发育，岩溶渗预测模型建立是防渗的难点和重点。

针对索风营水电站的工程地质条件，专门制定了对溶蚀裂隙及泥化夹层灌浆处理技术的措施和方法。实践表明，左岸防渗帷幕采取双排孔布置，以及事先查明溶洞系统发育规模与部位并进行封堵、扩孔灌注混凝土及水泥砂浆等措施，能保证帷幕灌浆工程的质量，防渗效果达到了设计要求。

3）岩溶地区隧道裂隙水突出力学机制研究

岩溶地区隧道裂隙水突出是裂隙岩体在岩溶水及水压持续作用下受施工外力干扰发生劈裂破坏所诱发的地质灾害，具有明显的时空效应特征。

从力学角度分析，岩溶地区隧道裂隙水突出过程划分为突水蓄势阶段和突水失稳阶段。

岩溶地区裂隙水突出的蓄势力学机制表现为岩溶水对裂隙岩体的软化溶蚀作用和岩溶水压对裂隙岩体的有效应力作用；裂隙水突出失稳机制则主要体现在岩溶水对裂隙岩体的拉剪

图 4 - 10　索风营水电站

或压剪破坏作用、岩溶水流对裂隙突水通道的冲刷扩径作用以及岩溶水压对突水量的动力控制作用。

（2）岩土工程测试技术的发展

岩土工程测试技术结果更加接近现场岩土体的有关特性；虚拟测试技术将会在岩土工程测试技术领域得到较广泛的应用；其他学科科学技术发展的新成果，广泛地引入到岩土工程中来，岩土工程测试将与理论分析手段更加紧密地结合在一起。

FAST 台址工程的综合岩土工程测试技术如下所述。

1）FAST 台址工程详勘的技术路线

①岩土工程外业勘察。台址岩土工程地表测绘；台址岩土工程钻探；台址岩土工程物理勘探；台址岩土工程现场原位试验。

②室内试验。

③勘察数据分析整理。数据标准化工作；勘察数据的空间及属性分析；岩土工程模型建立；岩土工程结构作用的工程分析。

④台址岩土工程特性区域划分。平面分区；纵向单元化。

⑤台址岩土工程稳定性评价。岩土工程稳定性趋势分析；岩土工程稳定性定性评价；岩土工程稳定性定量评价。

⑥台址岩土工程适宜性评价。开挖方案建议；台址工程建设中的不良工程条件处理及措施。

2）洪家渡水电站灌浆监测

灌浆的压力因工程的规模及地质条件复杂等原因而大幅提高，国内相关大型水电工程的最大灌浆压力已达到 5 ~ 8 MPa，较大的灌浆压力一方面有利于防渗帷幕体的结实耐久，另一方面对水工结构物产生抬动变形等危害，因此灌浆抬动监测不容忽视。一般灌浆工程主要采用单点法观测 30 m 以上的地表层灌浆抬动变形，洪家渡水电站面板堆石坝趾板高压采用分层多点监测岩层变形新方法。

洪家渡水电站(图4-11)在整个工程建设期内,共开展主要科研项目24项,较大的设计及施工优化17项,新技术、新工艺、新材料、新设备推广应用25项。以上项目中有部分项目获奖,先后荣获"国家科技进步奖"二等奖1项,"电力工业部科技进步奖"一等奖1项,"中国电力科技进步奖"二等奖1项、三等奖1项;"贵州省科技进步奖"二等奖1项、三等奖8项,并获第8届中国土木工程詹天佑奖、国家优质工程奖。

图4-11 洪家渡水电站

3)崇遵高速公路凉风垭隧道严重变形分析

从地质构造、设计和施工等方面分析了造成软弱破碎围岩隧道初期支护严重变形的原因,用渐近线和双曲正切函数推导测点最终位移量和各阶段位移速率,将现场监控量测、地质超前预报、现场地质观察等信息进行综合分析,进一步加深了"隧道信息化施工"的概念,研究变形隧道的开挖及支护对策,并探讨了提前施作二次衬砌的必要性。为今后隧道的设计和施工提供有益的帮助。

(3)岩土工程问题计算机分析

随着数值分析技术、计算机技术和网格技术的发展,岩土工程问题计算机分析范围和领域扩大,并将不断扩展。

(4)岩溶渗漏问题

乌江洪家渡水电站大坝防渗帷幕灌浆采用"自上而下、小口径钻孔、孔口封闭、孔内循环高压灌浆法",帷幕灌浆布置、施工工艺、帷幕参数选择以及施工技术应用均符合上述防渗工程实际要求,防渗效果良好,达到预期目的。

索风营电站地下厂房处于岩溶溶蚀带,对边墙稳定极为不利,采取清理溶洞内危石、泥土,洞内回填微膨胀混凝土,进行回填灌浆,对裂隙密集带进行固结灌浆。洞口安装锚杆、挂网喷混凝土支护。为了确保厂房围岩稳定和安全运行,采用预应力锚索加固措施,收到较好的效果(图4-12)。

图4-12 索风营电站溶蚀带处理

(5)岩溶地区环境岩土工程

1)节约用地与保护耕地的原则及要求

①原有生态系统连续性的原则。

②工程区域生态系统稳定性的原则。

③保护自然植被的原则。

④生态环境恢复的原则。

⑤综合性原则。

2）岩溶地区建筑中环境保护的一般技术

①建筑设计的环境考虑、建筑的施工和治理对策。

②岩溶地区建筑中的环境评价技术。

③水环境破坏评价的地貌分析法。

④岩溶地貌类型及其环境信息识别。

3）岩溶地区的水环境破坏的防治措施

①建设中的水环境污染防治及保护措施。

②植被破坏保护技术。

③土地破坏与水土流失的防护措施。

（6）岩土工程数字化技术

利用 GIS 技术对岩土工程信息进行有效的管理和评价。

4.2.2　岩溶地面塌陷

1. 岩溶塌陷概述

岩溶塌陷是我国除崩塌、滑坡、泥石流之外的又一主要地质灾害。我国岩溶塌陷分布广泛，主要分布于辽宁、河北、江西、湖北、湖南、四川、贵州、云南等省。

（1）岩溶塌陷的定义

岩溶塌陷指覆盖在溶蚀洞穴之上的松散土体，在外动力或人为因素作用下产生的突发性地面变形破坏，其结果多形成圆锥形塌陷坑。

（2）岩溶塌陷的危害

岩溶地面塌陷的产生，一方面使岩溶区的工程设施遭到破坏；另一方面造成岩溶区严重的水土流失、自然环境恶化、同时影响各种资源的开发利用。岩溶地面塌陷可成为矿坑充水的诱发型通道，严重威胁矿山开采。在城市地区，岩溶地面塌陷常常造成建筑物破坏、市政设施损毁。位于云南省境内的贵昆铁路沿线自 1965 年建成通车以来，西段陆续发现岩溶地面塌陷。仅 1976 年 7 月 7 日和 1979 年 9 月 1 日两次塌陷造成的直接经济损失就达 3000 万元。

2. 岩溶塌陷产生的原因和特点

（1）岩溶塌陷产生的原因

1）岩溶洞隙是岩溶塌陷产生的前提

在地表，如有洼地、槽谷、漏斗、落水洞、溶沟溶槽、石芽、石柱、溶峰等，在地下一般存在各种形态的溶洞、溶隙、管道等 。这样的地方地下岩溶洞隙也比较多。

岩层较破碎的，岩溶发育愈强烈，岩溶洞隙数量愈多，其规模也愈大，愈有利于岩溶塌陷的形成；岩层较完整的、岩溶洞隙少。

岩溶洞隙的发育一般受岩溶地下水的控制。浅部岩溶洞隙由于地下水活动频繁，成为塌陷物质的储集空间和运移通道。

岩溶洞隙的开口程度是影响岩溶塌陷形成的重要因素，岩溶地下水的活动，塌陷物质的运移都是通过洞隙开口处进行的。因此，塌陷坑与开口洞隙存在着密切的垂向对应关系。洞隙规模愈大，塌陷也愈大；洞隙开口愈大，塌陷速度愈快。

洞隙的平面展布形态对塌陷平面形态有着决定性影响，裂隙状洞隙往往形成长条状塌陷坑，沿地下河管道往往产生链状或串珠状分布的塌陷坑群。

2）塌陷形成一般要有松散土层

如图4-13所示，大多数的塌陷表面有松散土层；厚度小于10 m的表面土层最容易塌陷，厚度为10~30 m的塌陷比较少。厚度越大，越不容易塌陷。表面岩石很破碎，也可产生塌陷。

图4-13　岩溶地区地面塌陷

3）地下水的作用是塌陷形成的一大推力

在岩溶地下水埋藏较浅、循环交替强烈的地段，地下水活动变化强烈，有利于塌陷的形成。

岩溶地下水的活动具有多种诱因，可以在自然条件下由于气候季节的干、湿变化引起，也可以由于人工抽水、矿坑排水、水库蓄水、引水、灌溉和给排水工程的渗漏引起。

4）降雨及地表水的入渗作用将引发塌陷

如图4-14所示，降雨及地表水(包括水库、灌溉水、渠运管道渗漏水、建筑物地面排水、各种污水及垃圾渗水等)的入渗水流对塌陷的形成有以下几方面的作用：

①洞隙盖层岩土体充水增重和软化作用。

②垂直渗透潜蚀作用。

③地下水位上升使岩溶洞隙空间气团受压产生正压力。

④水库蓄水对库区产生水压力形成附加荷载。

图4-14　降雨地表水的入渗引发塌陷

5）河、湖近岸地带的侧向倒灌作用引发塌陷

在汛期洪水位急剧上升的情况下，河、湖水将向地下水产生侧向倒灌，容易形成洪水塌陷。一般在自然条件下即可形成，如有人为因素的叠加，可加快塌陷的发展速度。

6）外加荷载也是引发因素

如渣土、垃圾等堆放在具有隐伏土洞的上面，会使土洞塌陷。

7）地震与振动作用

地震力使洞隙盖层岩土体产生破裂、位移形成塌陷。

人为的爆破和车辆振动，也可造成洞隙顶板的塌落而形成塌陷，主要见于隐伏土洞发育地区，这些土洞顶板已接近极限平衡状态，在强度不大的振动力作用下产生附加荷载效应而导致塌陷。

8）修建公路、不合理开挖等

（2）岩溶地面塌陷的成因机制

岩溶塌陷发育机理主要有渗透变形效应、真空负压效应、浮托力丧失、土洞顶板失稳、荷载效应和化学作用等。

1）地下水潜蚀机制

此类塌陷的形成过程大体可分为如下四个阶段：

①在抽水、排水过程中，地下水位降低，水对上覆土层的浮托力减小，水力坡度增大，水流速度加快，水的潜蚀作用加强。

②隐伏土洞在地下水持续的动水压力及上覆土体的自重作用下，土体崩落、迁移，洞体不断向上扩展，引起地面沉降。

③地下水不断侵蚀、搬运崩落体，隐伏土洞继续向上扩展。

④当上覆土体自重压力超过了洞体的极限强度时，地面产生塌陷。

2）真空吸蚀机制

随着岩溶水水位的持续下降，岩溶空洞体积不断增大，空洞中的气体压力不断降低，从而导致岩溶空洞内形成负压。岩溶顶板覆盖层在自身重力及溶洞内真空负压的影响下向下剥落或塌落，在地表形成岩溶塌陷坑。

3）其他岩溶地面塌陷形成机制

其他岩溶地面塌陷形成机制包括重力致塌模式、冲爆致塌模式、振动致塌模式和荷载致塌模式等成因模式。

应当指出，岩溶地面塌陷实际上常常是在几种因素的共同作用下发生的。例如，洞顶的土层在受到潜蚀作用的同时，往往还受到自身的重力作用。

（3）岩溶塌陷的时空动态特征

1）单个岩溶塌陷的形成过程及其动态特征

对于绝大多数常见的土层塌陷来说，都要经历由岩溶洞隙发展形成土洞，土洞进一步发展形成塌陷的过程。

2）岩溶塌陷群发育的时空动态特征

由于抽水、采煤等人为塌陷多成群产生，形成塌陷群，其时空动态特征表现在以下几个方面：

①塌陷的持续性。岩溶塌陷在其引发因素消失之前将持续发展，直至达到新的稳定为止。矿区塌陷持续时间久，可长达 10 ~ 20 年。对于抽水塌陷来说，如果降深较稳定，其持续时间将要短得多，但有的也可延长至 10 年以上（如水城）。

②塌陷的阶段性。单个塌陷的发育过程可分为土洞形成和扩展阶段、塌陷形成阶段和调整阶段。

③塌陷的周期性。在引发源稳定不变（如排水降深稳定）的情况下，受气象水文因素的影响。塌陷作用随其周期性变化而作强弱波动，如一年中的雨季春耕泡田季节，塌陷作用强烈，塌陷数量多而集中，其他季节塌陷作用减弱，数量减少。在一个轮回中这种波动随着塌

陷发展逐渐向外围扩展，其幅度逐渐减弱以至消失。在引发源发生变化(如排水降深加大)，塌陷作用将再次复活并向外围扩展，开始一个新的轮回，再次出现新的周期性波动，但其波动幅度较前一轮回减弱，呈螺旋式发展。

④塌陷的重复性。对于一个特定的塌陷区来说，由于引发源不断变化，可经历多次轮回的重复塌陷，表现为产生新的塌陷或者是原先塌陷的复活。

(4)岩溶塌陷的伴生与共生现象

1)地面下沉

在岩溶洞隙上由覆盖层厚度较厚但松软的土层组成时，土洞的扩展将引起地面的局部下沉，最终将形成缓发性塌陷。位于建筑物下方的土洞，在其扩展过程中将引起建筑物的不均匀沉降，地面亦将出现局部下沉。

2)地面开裂

在土洞扩展到一定程度而尚未塌陷前，往往首先在地面出现裂隙，这些裂隙大都是弧形断续展布，具有拉张特征，有时有多条裂隙平行交错分布。裂隙进一步发展形成环状裂隙，且宽度加大，有时内侧下错形成小的错台。这些环状裂隙往往是塌陷坑口位置的表征。此外，在塌陷坑外侧周边还可出现弧形的裂隙。在塌陷坑形成后引起坑壁的坍塌。

3)塌陷地震

大规模的塌陷可引起地震，由于其产生地震的能量有限，震源深度很浅，因此强度低，震级小，但烈度偏高。如湖南水口山矿区塌陷产生烈度5度地震，影响范围直径为5 km。1975年1月27日湖北恩施沐抚区大山顶一带，当地群众听到地下有闷雷声，地面见有裂隙，宽1~2 cm，长数十米至数百米，裂隙附近常见有漏斗或新近塌陷的坑洞，多属基岩塌陷，塌陷地震震级为0.5~0.7级，影响范围南北长15~20 km，东西宽2~10 km。

3.岩溶地面塌陷的防治

(1)岩溶塌陷危险性调查

①岩溶塌陷区调查，包括地貌成因类型与形态、可溶岩层岩性与岩溶发育特征、上覆第四系松散覆盖层的厚度、结构与工程地质特征、岩溶地下水类型、水文地质结构和岩溶水的补给径流排泄条件及其动态变化特征。

②岩溶塌陷特征调查，包括分布与规模、形态特征、发育强度与频度、发育过程与发育阶段、塌陷的伴生现象、上覆土层中土洞的发育与分布等。

③岩溶塌陷成因调查，包括自然动力因素与人类工程经济活动对岩溶塌陷发生与发展的影响、确定主要成因与类型，岩溶塌陷危害调查和防治现状及效果调查。

(2)岩溶地面塌陷的监测预报

岩溶地面塌陷的产生在时间上具有突发性，在空间上具有隐蔽性，因此，对岩溶发育地区难以采取地面监测手段进行塌陷监测和时空预报。

近年来，地理信息系统(GIS)技术的应用，使得岩溶地面塌陷危险性预测评价上升到一个新的水平。利用GIS的空间数据管理、分析处理和建模技术，对潜在塌陷危险性进行预测评价，已取得良好效果。但这些预测方法多局限于对研究区潜在塌陷的危险性分区，并没有解决塌陷的发生时间和空间位置的预测预报问题。

某些可引起岩溶水压力发生突变的因素，如振动、气体效应等，有时也可成为直接致塌因素，甚至在通常情况下不会发生塌陷的地区出现岩溶地面塌陷。

（3）房屋选址、修建中避开潜在塌陷区

在房屋地基选址中，为避开塌陷，一般说来应避开下列地段：

①岩溶强烈发育的纯可溶岩分布地带，或沿其与非可溶岩的接触地带。这些地带中隐伏岩溶（漏斗、溶槽等）较发育，且其中多有软土分布，发生塌陷的可能性大。

②沿可溶岩中的断裂带或主要裂隙交汇的破碎带和岩层剧烈转折、破碎的地带，往往容易产生塌陷。

③松散盖层较薄，以砂土为主，其底部黏性土层缺失或甚薄（一般不足 1～2 m）的"天窗"地段，最易于发生塌陷。

④岩溶地下水的主要流经地带或岩溶管道上方，容易发生塌陷。

⑤有潜水和岩溶水含水层分布地带，容易造成塌陷。

⑥岩溶地下水的排泄区，如低洼的泉水流出的地方。

⑦岩溶地下水位在基岩面上、下频繁波动的地带，或受排水影响强烈的降落漏斗中心及近侧地段，如开采强度大、地下水位大幅度变化且剧烈的地方。

⑧临近河、湖、塘地表水体的近岸地带。

⑨岩溶地下水位埋藏较浅的低洼地带。

（4）预防地面塌陷对策

在岩溶区进行工程建设，应采取如下对策预防岩溶塌陷：

①对已有岩溶塌陷发生且稳定性差、尚有活动迹象的地段，尽量避让。

②对已有岩溶塌陷数量较少且稳定性较好、已不再活动的地段，如果人类工程活动比较合理（不再剧烈抽水、采矿采煤或开挖），建设小型建筑问题不大，但建设大型建筑物要特别重视场地的工程勘察。

稳定性较好的已不再活动的塌陷坑一般具有下列特征：

①塌陷坑已受到后期改造；坑口坑壁经后期坍塌后边坡已经稳定呈漏斗状；坑底经后期充填后地面较平滑，参差凹凸的现象已不复见；坑周围的环形裂隙已多自行填塞不显。

②坑底堆积物中未见新的下沉、错移等复活迹象，坑底未见新的裂隙或坑穴。

③植物生长茂密，已遮盖大部分剖面。

④无地表水流汇集注入现象，雨后坑中积水消散较慢。

⑤附近不存在人为因素的强烈影响，如矿坑排水、抽水量大的水井等，且据访问了解，在较长时期以来没有发生过活动。

建筑物应尽量避开有利于岩溶塌陷发育的地段，原则上应使主要建筑物避开塌陷地段：

①岩溶强烈发育的纯可溶岩分布地带，或沿其与非可溶岩的接触地带。这些地带中隐伏岩溶形态（漏斗、溶槽等）较发育，且其中多有土洞分布。

②沿可溶岩中的断裂带或主要裂隙交汇破碎带，岩层剧烈转折、破碎的地带。

③松散盖层较薄区以砂土为主，其底部黏性土层缺失或甚薄（一般不足 1～2 m）的"天窗"地段。

④岩溶地下水的主径流或岩溶管道上。

⑤具有潜水和岩溶水多层含水层分布地带。

⑥岩溶地下水的排泄区。

⑦岩溶地下水位在基岩面上下频繁波动的地带，或受排水影响强烈的降落漏斗中心及近

侧地段。

⑧临近河、湖、塘地表水体的近岸地带。

⑨岩溶地下水位埋藏较浅的低洼地带。

(5)发生地面塌陷时的应急措施

①视险情发展情况将人、物及时撤离险区。在发现前兆时即应制定撤离计划。

②塌陷发生后对临近建筑物的塌陷坑应及时填堵，以免影响建筑物的稳定。其方法是投入片石，上铺砂卵石，再上铺砂，表面用黏土夯实，经一段时间的下沉压密后用黏土夯实补平。

③及时设立警示标志(图 4 – 15)，告知村民和行人，禁止进入该塌陷区。

④对建筑物附近的地面裂隙应及时填塞，应拦截地表水地面的塌陷坑注入。

⑤对严重开裂的建筑物应暂时封闭不许使用，待进行危房鉴定后才确定应采取的措施。

图 4 – 15　岩溶塌陷警示牌

⑥应立项开展调查工作，查清灾害隐患分布范围，以便采取主动防御措施。

(6)岩溶地面塌陷防治工程措施

工程设计和施工中要注意消除或减轻人为因素的影响，可设置完善的排水系统，避免地表水大量渗入，对已有塌陷坑进行填堵处理，防止地表水向其汇聚注入等。

1)控水措施

避免或减少地面塌陷的产生，根本的办法是减少岩溶充填物和第四系松散土层地下水侵蚀、搬运。

①地表水防水措施。在潜在的塌陷区周围修建排水沟，防止地表水进入塌陷区，减少向地下的渗入量。在地势低洼、洪水严重的地区围堤筑坝，防止洪水灌入岩溶孔洞。

②地下水控水措施。根据水资源条件规划地下水开采层位、强度和时间，合理开采地下水。开采地下水时，要加强动态观测工作，以此来指导合理开采地下水，避免产生岩溶地面塌陷。

2)地基处理措施

①填堵法。一般用于塌陷坑较浅小时的处理，当陷坑内有基岩出露时首先在坑内填入块石，碎石做成反滤层，或采用地下岩石爆破回填，然后上覆黏土夯实。当陷坑内未出露基石、塌陷坑危害较小时，可回填块石或用黏土直接回填夯实。

②跨越法。跨越法是用于塌陷坑较大而回填又困难的陷坑的处理方法。一般以梁板跨越两端支承在可靠的岩(土)体上。

③强夯法。通常的强夯法是把几十吨的夯锤起吊到一定高度让其自由落下，造成较大的冲击对土体强力夯实。

④灌注法。把灌注材料通过钻孔或岩溶洞口进行注浆，其目的是强化土洞或洞穴充填物、填充岩溶洞隙、拦截地下水流、加固建筑物地基。

⑤深基础法。对一些深度较大，同时跨越结构又无能为力的塌陷坑，通常是采用柱基，将荷载传递到基岩上。

4.3　地面沉降

4.3.1　地面沉降成因与防治

1.地面沉降概述

（1）地面沉降定义

地面沉降是地壳表面在内力地质作用、外力地质作用与人类活动的作用下，地壳表面某一局部范围内或大面积的、区域性的沉降活动，其垂直位移一般大于水平位移。

地层在各种因素的作用下，造成地层压密变形或下沉，从而引起区域性的地面标高下降。

地面沉降的发展比较缓慢，无仪器观测难以察觉，一旦发生，即使除去地面沉降的原因也难以完全恢复。不同地区由于其地质结构与影响因素不同，导致其地面沉降的范围与沉降速率不同。一般而言，地面沉降的面积较大，沉降速率多在 80 mm/a 以上。

（2）地面沉降的危害

地面沉降是一种累进性地质灾害，会给滨海平原防洪排涝、土地利用、城市规划建设、航运交通等造成严重危害，其破坏和影响是多方面的。

地面沉降会造成地面标高损失，继而造成雨季地表积水，防泄洪能力下降；沿海城市低地面积扩大、海堤高度下降而引起海水倒灌；海港建筑物破坏，装卸能力降低；地面运输线和地下管线扭曲断裂；城市建筑物基础下沉脱空开裂；桥梁净空减小而影响通航；深井井管上升，井台破坏，城市供水及排水系统失效；农村低洼地区洪涝积水使农作物减产等。

世界上有许多沿海城市，如日本的东京市、大阪市和新玛市，美国的长滩市，中国的上海市、天津市、台北市等，由于地面沉降致使部分地区地面标高降低，甚至低于海平面。

地面沉降对环境的危害：防洪能力降低，洪涝危害加剧；雨季地面积水扩大，乃至大面积农田抛荒。例如浙江温岭西部平原，原地面标高为 2.5～3.3 m，目前沉降中心带已降至 2.0 m 以下，局部降至 1.5 m，长期水淹而抛荒的农田面积达 3919 亩①，季节性水淹而抛荒的农田面积达 3936 亩，给城市、交通、水利设施建设及当地居民造成很大的影响，初步估计前几年由此损失达 5 亿元，而在今后仍将继续影响，损失难以估计。

由于地面沉降，矗立于古都西安的唐代建筑大雁塔倾斜已达上千毫米。

2.地面沉降的原因

（1）自然因素引起的地面沉降

新构造运动以及地震、火山活动引起的地面沉降；海平面上升导致地面的相对下降（沿海）；土层的天然固结（次固结土在自重压密下的固结作用）造成地面沉降。

自然因素所形成的地面沉降范围大、速率小。自然因素主要是构造升降运动以及地震、火山活动等。一般情况下，把自然因素引起的地面沉降归属于地壳形变或构造运动的范畴，

---

① 1 亩 = 6.667×10^{-2} hm²

作为一种自然动力现象加以研究。

（2）人为因素引起的地面沉降

抽取地下气、液体引起的地面沉降。抽取地下水而引起的地面沉降，是地面沉降现象中发育最普通、危害性最严重的一类；大面积地面堆载引起的地面沉降；大范围密集建筑群天然地基或桩基持力层大面积整体性沉降——工程性地面沉降。

人为因素引起的地面沉降一般范围较小，但速率和幅度比较大。人为因素主要是开采地下水和油气资源以及局部性增加荷载。将人为因素引起的地面沉降归属于地质灾害现象进行研究和防治。

（3）地面沉降的地质原因

地表松散地层或半松散地层等在重力作用下，在松散层变成致密的、坚硬或半坚硬岩层时，地面会因地层厚度的变小而发生沉降，因地质构造作用导致地面凹陷而发生沉降，地震也会导致地面沉降。

（4）地面沉降的人为原因

近几十年来，人类过度开采石油、天然气、固体矿产、地下水等直接导致了全球范围内的地面沉降。在我国，由于各大中城市都处于巨大的人口压力之下，地下水的过度抽采更为严重，导致大部分城市出现地面沉降，地坪降低后，民房建设需要加大填土工程量。地坪降低，需重新加高，形成"加空层"（图 4 - 16），在沿海地区还造成了海水入侵；地面沉降导致了地表建筑和地下设施的破坏。

图 4 - 16　地面沉降导致基础下沉

据统计，我国每年因地面沉降导致的经济损失达数亿元人民币。值得庆幸的是，我国已开始重视这个问题，控制人口增长、合理开采地下水等一系列政策的出台使我国很多地区的地面沉降现象已经或将得到控制。

（5）地面沉降的地质环境

地质沉降的地质环境主要和近代河流冲积环境模式、近代三角洲平原沉积环境模式、断陷盆地沉积环境模式、临海式断陷盆地和内陆式断陷盆地相关。

（6）地面沉降的产生条件

1）厚层松散细粒土层的存在

厚层松散细粒土层的存在主要是抽采地下流体引起土层压缩而引起的。厚层松散细粒土层的存在构成了地面沉降的物质基础。

易于发生地面沉降的地质结构为砂层、黏土层互层的松散土层结构。随着地下水的抽取，承压水位降低，含水层本身及其上、下相对隔水层中孔隙水压力减小，地层压缩导致地面发生沉降。

2）长期过量开采地下流体

由于抽取地下水，在井孔周围形成水位下降漏斗，承压含水层的水压力下降，即支撑上覆岩层的孔隙水压力减小，这部分压力转移到含水层的颗粒上。因此，含水层因有效应力加大而受压缩，孔隙体积减小，排出部分孔隙水。这就是含水层压缩的机理。

地面沉降与地下水开采量和动态变化有着密切联系：地面沉降中心与地下水开采漏斗中心区呈明显一致性。地面沉降区与地下水集中开采区域大体相吻合。

地面沉降量等值线展布方向与地下水开采漏斗等值线展布方向基本一致，地面沉降的速率与地下液体的开采量和开采速率有良好的对应关系。

地面沉降量及各单层的压密量与承压水位的变化密切相关。

许多地区已经通过人工回灌或限制地下水的开采来恢复和抬高地下水位的办法，控制了地面沉降的发展，有些地区还使地面有所回升。这就更进一步证实了地面沉降与开采地下液体引起水位或液体沉降之间的成因联系。

3）新构造运动的影响

平原、河谷盆地等低洼地貌多是新构造运动的下降区，因此，由新构造运动引起的区域性下沉对地面沉降的持续发展也具有一定的影响。

4）城市建设对地面沉降的影响

城建施工造成的沉降与工程施工进度密切相关，沉降主要集中于浅部工程活动相对频繁和集中的地层中，与开采地下水引起的沉降主要发生在深部含水砂层有根本区别。

3. 地面沉降的特征与分布规律

（1）地面沉降的特征

地面沉降的特点是波及范围广，下沉速率缓慢，往往不易察觉，但对建筑物、城市建设和农田水利危害极大。

地面沉降灾害在全球各地均有发生。由于工农业生产的发展、人口的剧增以及城市规模的扩大，大量抽取地下水引起了强烈的地面沉降，特别是在大型沉积盆地和沿海平原地区，地面沉降灾害更加严重。石油，天然气的开采也可造成大规模的地面沉降灾害。

（2）地面沉降的分布规律

地面沉降主要发生于平原和内陆盆地工业发达的城市以及油气田开采区。

从成因上看，我国地面沉降绝大多数是因地下水超量开采所致。从沉降面积和沉降中心最大累积降深来看，以天津、上海、苏锡常、沧州、西安、阜阳、太原等城市较为严重，最大累积沉降量均在 1 m 以上，我国地面沉降的地域分布具有明显的地带性，主要位于厚层松散堆积物分布地区。我国地面沉降可以分成以下四个区：

①大型河流三角洲及沿海平原区。这些地区的地面沉降首先从城市地下水开采中心开始

形成沉降漏斗，进而向外围扩展，形成以城镇为中心的大面积沉降区。

②小型河流三角洲区。地面沉降范围一般比较小，主要集中于地下水降落漏斗中心附近。

③山前冲洪积扇及倾斜平原区。地面沉降主要发生在地下水集中开采区，沉降范围由开采范围决定。

④山间盆地和河流谷地区。地面沉降范围主要发生在地下水降落漏斗区。

4. 抽水作用引起的地面沉降机理

因抽水而引起地面沉降的地区，地层主要由各含水层及其相对隔水的黏性土层相叠组成，各层间在一定的水压下有着水力联系，抽水使含水层的水头（或水位）下降，并牵动相关的水头下降，导致孔隙水压力减小，有效应力增加。

有效应力的增加，等同于给土层施加一附加压应力，使土层产生压缩变形，各土层的变形叠加，导致地面的整体下沉。

对于开采地下水引起地面沉降的防治，可减少地下水开采量和水位降深；调整开采层次，合理开发地下水资源；当地面沉降发展剧烈时，应禁采；对地下水进行人工补给，回灌时应控制水源的水质标准，以防止地下水被污染。

5. 地面沉降的监测与预测

（1）地面沉降的监测

地面沉降的监测方法主要有大地水准测量、地下水动态监测、地表及地下建筑物设施破坏现象的监测等。根据地面沉降的活动条件和发展趋势，预测地面沉降速度、幅度、范围及可能产生的危害。

监测的基本方法是设置分层标、基岩标、孔隙水压力标、水准点、水动态监测网、水文观测点、海平面预测点等，定期进行水准测量和地下水开采量、地下水位、地下水压力、地下水水质监测及地下水回灌监测，同时开展建筑物和其他设施因地面沉降而破坏的定期监测等。

（2）地面沉降的预测

虽然地面沉降可导致房屋墙壁开裂、楼房地基下沉而脱空和地表积水等灾害，但其发生、发展过程比较缓慢，属于渐进性地质灾害，因此，对地面沉降灾害只能预测其发展趋势。目前地面沉降预测计算模型主要有基于释水压密理论的土水模型和生命旋回模型。

6. 地面沉降防治措施

地面沉降与地下水过量开采紧密相关，只要地下水位以下存在可压缩地层，就会因过量开采地下水而出现地面沉降，而地面沉降一旦出现就很难处理。因此地面沉降主要在于预防，其主要措施包括：

①建立全面地面沉降监测网络，加强地下水动态和地面沉降监测工作。

②开辟新的替代水源，以地表水代替地下水资源；实行一水多用，充分综合利用地下水。

③调整地下水开采布局，控制地下水开采量。

④对地下水开采层位进行人工回灌。上海市自1966年采用了"冬灌夏用"方法，大量人工补给地下水，水位大幅度回升，常年沉降转为"冬升夏沉"。

⑤实行地下水开采总量控制，计划开采和目标管理。地面沉降的主要原因是地下水的集中开采（开采时间集中、地区集中、层次集中），因此适当调整地下水的开采层和合理支配开采时间，可以有效地控制地面沉降。

⑥加强宣传，增强防灾意识。不断提高全民的防灾减灾意识，依法严格管理地下水资源，要合理开发利用地下水资源。除上述措施外，还应查清地下地质构造，对高层建筑物的地基进行防沉降处理。在已发生区域性地面沉降的地区，为减轻海水倒灌和洪涝等灾害损失，还应采取加高固防海堤、防潮提。

4.3.2　地面沉降危险性评估

地面沉降作为地质灾害的一种，在工程建设中需要做好危险性评估，评估采取定量评估和定性评估相结合的方法，本节结合上海市、浙江省地面沉降评估实例介绍地面沉降评估的方法。

1.上海市地面沉降灾害及有关地质灾害危险性评估实例

（1）地面沉降历史概况

上海市第一口深水井开凿于 1860 年；1921 年后随着上海工商业的发展，对地下水的需求逐渐增大，并开始发生地面沉降现象。至 2001 年中心城区平均累积沉降 1.93 m，年均沉降量约 23.9 mm。

地面沉降体积和地下水开采水量体积大致相当，通过基本以 5 年为间隔的全市水准复测，可以全面地了解地面沉降的现状与发展趋势。在 1980 年、1996 年、2001 年一、二等水准测量数据基础上，编制了全市 1980—1995、1996—2001 年地面沉降等值线图。

上海市地面沉降主要发育在中心城区、闵行华漕地区，影响范围不断扩大；受邻近省区地下水开采影响，在金山枫泾、嘉定华亭附近沉降量较大。上海市地面沉降使桥下净空减少，严重影响河道通航能力（图 4-17）。地面沉降对城市防汛（涝）规划、建设与管理产生了十分严重的影响。地面沉降产生水位不断突破历史水位的假象，给潮位分析预报、防汛规划建设与管理等工作都带来了困难。

图 4-17　地面沉降影响桥梁通航

1999 年吴淞、黄浦公园、米市渡等水文测站基面进行了订正，近年来地面沉降对三站的影响分别为 -0.08 m、-0.06 m、-0.06 m。

地面沉降对城市防汛产生了严重和长期的影响：地面沉降对防汛（洪）的影响日益显现，

并表现出长期性特点。地面沉降严重降低市区地面标高，使上海市区域地貌形态发生显著变化，加重了市区的防洪防涝压力。

地面沉降速率在空间上是不均匀的，其对穿越不同地面沉降速率空间的地铁、轻轨、高架等线型市政设施的影响也日益显现。

中心城区每年 9~10 月，以基岩标构成一等水准网，对 660 km² 范围进行一、二等水准测量，取得每年度中心城区地面沉降现状，作为编制"下年度上海市地下水开采、人工回灌实施方案"的主要依据。由于中心城区高楼林立，城市环境变化日新月异，常规地面沉降水准测量仍是中心城区主要的监测手段。

通过整理多年的地面沉降阶段图件，可以清晰地反映地面沉降的发展动态、发展趋势。通过对比上海中心城区地面沉降等值线图，发现 1986—2000 年随着城市大规模建设及中心城区外围地下水开采使地下水位下降，形成了中心城区、闵行华漕地区两个显著的沉降漏斗。同时，中心城区的不均匀地面沉降加剧。

（2）地面沉降规律与影响因素分析

上海市地面沉降监测站以基岩标为基准，由根据水文地质、工程地质条件设置于不同深度土层的分层测量标志、各含水层地下水监测孔、孔隙水压力孔组成。

所取的地下水－土层变形资料，是对定量分析地下水位、土层变形的规律、影响因素及机理的基础。第二、三承压含水层近年来表现为缓慢的水位下降与少量的残余变形，第二、三承压含水层近年来对市区地面沉降贡献率分别约为 4.8%、12.4%。

第四、五承压含水层是上海市主要的地下水开采层次。随着地下水位下降，表现为非线性的变形特征。其中第四含水层变形量占市区地面沉降量的 49.3%。在第五含水层地下水降落漏斗区，其沉降量高达 60 mm/a，占华漕地面沉降中心的 46.7%。

当附加应力增加至含水层的前期固结压力时，含水层通过颗粒产生明显的滑动与滚动来调整含水层颗粒骨架而逐渐形成新的应力平衡。含水层变形表现为由弹性、弹塑性到塑性变形的渐进变化。

（3）地面沉降地质灾害危险性评估技术要求

收集建设项目的规划、设计、前期地质调查等有关技术文件，尤其应注意分析与地质环境变化具有明确要求的设计指标。

充分收集评估区已有的地质环境调查、监测资料，分析已有地面沉降地质灾害发育现状、规律与影响因素。

对评估区地面沉降地质灾害进行现状评估，分析地面沉降发育现状，总结规律与分析原因；分析地面沉降对待建项目是否会产生影响，应尽可能结合已有工程实例进行说明。

预测地面沉降发展趋势，分析地面沉降对建设项目可能产生的影响（结合工程有关的设计指标分析）。地质灾害危险性综合评估及防治措施，评估区危险性分区，结合地质环境条件，针对工程分析可能遭受的影响，及工程建设项目是否会加重、引发地质灾害，得出结论并提出建议。结论应简单、清晰，提出的建议具有可操作性。

地面沉降评估的一般要求：

①查明地面沉降的原因和现状，并预测地面沉降的发展趋势。

②预测拟建项目诱发地面沉降的可能性和工程建设本身遭受地面沉降的可能性。

③提出防治地面沉降的建议和措施。

④评估区内的不均匀沉降应作为评估重点。

（4）地面沉降灾害危险性评估实例

1）轨道交通 8 号线地质灾害危险性评估

M8 线位于上海市区的中部，基本呈南北走向。线路全长 23.286 km，全部为地下线，共设 22 座地下车站及一个车辆段。

由于地铁等线型市政设施穿越不同沉降速率的空间，不可避免地受到不均匀沉降的影响。区域地面沉降是地铁一、二号线隧道变形的主要影响因素。盾构掘进中扰动土体产生的固结变形随时间逐渐趋于稳定后，隧道变形表现出区域地面沉降动态的规律，对工程沿线不同时期进行沉降预测（图 4-18）。

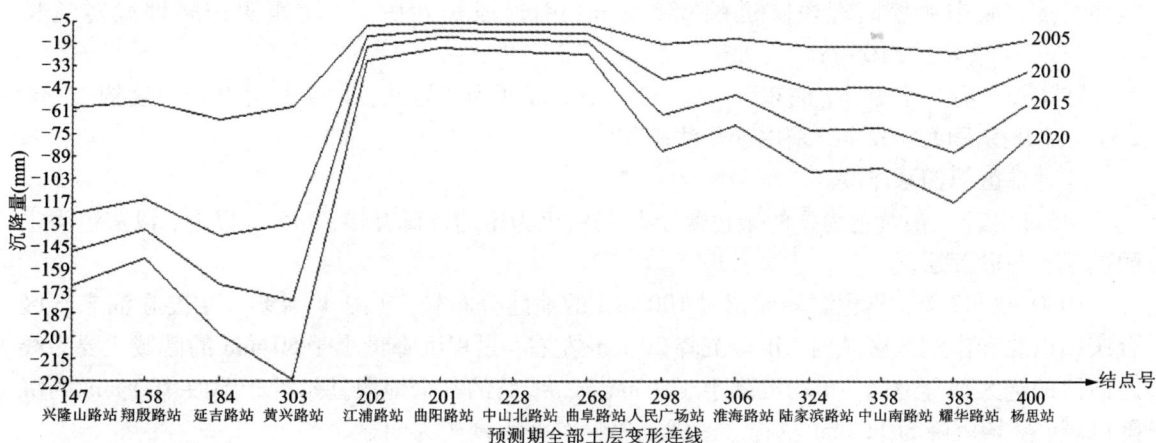

图 4-18　M8 线工程沿线不同时期预测沉降图

地铁隧道顶部平均埋深为 12.5 m，位于可塑—流塑状的软土层。盾构施工引起的地表沉降槽呈准正态曲线形态，地表沉降的横向影响范围在隧道轴线两侧 $H + D$（H 为覆土厚度、D 为盾构外径）范围内，其影响主要分布在距隧道轴线 1.5 倍盾构直径的范围内。

地铁二号线隧道平均累计沉降量为 40.3 mm，东方路—人民广场区间隧道累计沉降量为 59.7 mm。隧道穿越黄浦江段沉降量明显小于相邻区间。隧道差异性变形明显，陆家嘴—黄浦江段、黄浦江段—人民广场、人民广场—石门路段累计差异性变形分别为 74.3 mm/km、131.2 mm/km、91.9 mm/km。M8 线工程设计全线采用地下隧道工程，施工中对土层扰动影响较小。

2）浦东铁路地质灾害危险性评估

作为连接外高桥港区、浦东国际机场、洋山港的铁路枢纽，全线长 117.632 km。

考虑海港新城建设及洋山港枢纽的发展，新建浦东铁路与芦潮港海港新城连接线。线路长 10.55 km。沿线路基均以填方通过，填高 0 ~ 4.5 m。

①路基处理。

a. 软土路堤。

软土路堤的控制工后沉降为 0.3 m，桥头路堤控制工后沉降为 0.15 m，根据稳定和沉降要求，可采用砂垫层、土工格栅、袋装砂井、砂桩等加固措施。

b. 不良地质低路堤。

高度小于基床厚度的低路堤，基床厚度范围内天然地基的土质及其密度应符合规范规定，否则应采取改良、碾压片石或搅拌桩等措施处理。

②桥涵。

全线特大桥 17 座，大桥 1 座，中桥 28 座，公跨铁立交桥 21 座，小桥 76 座，涵洞 520 座。新建涵、小桥均采用打入桩基础。

新建大中桥基础全部采用桩基础。同一座桥应采用同种类型的桩基础，若采用钻孔桩基础，则钻孔桩直径不宜多于两种。

③隧道。

本工程范围内隧道只有一座——黄浦江水底隧道，由盾构隧道段、明挖隧道段、引道段、竖井组成，浦东明挖暗埋段隧道长 683.2 m，引道段长 650 m。浦西明挖暗埋段隧道长 813.2 m，引道段长 1100 m。

隧道设计有 3 个竖井，浦东为 1 号、2 号井，浦西为 3 号井。1、3 号井开挖深度约 20 m，2 号竖井开挖深度约 32 m，采用逆作法施工。

④评估区第四系厚度。

145 m 以下，褐黄色为主的杂色黏土与灰白色为主的砂砾互层；145 m 以上，以灰色为主的黏性土与砂互层。

1980—2002 年，累积沉降量超过 100 mm 的地区分布较广（图 4 - 19），主要在浦东新区合庆镇以北和南汇区区域内，年均沉降 20 mm 左右；累积沉降量小于 50 mm 的区域主要为线路南段的绝大部分地区，年均沉降小于 7 mm/a；线路的其余地段基本处于 50 ~ 100 mm 的沉降区域，年均沉降为 11 mm 左右。区域上差异沉降表现较为明显。

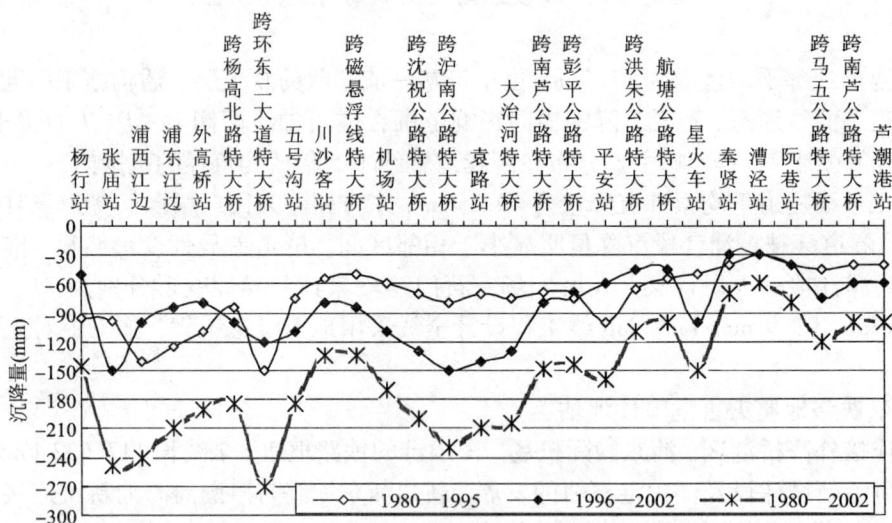

图 4 - 19　1980—2002 年工程沿线地面沉降曲线图

⑤黄浦江隧道及地道段诱发或加剧地面沉降的可能性评估。

深基坑的支护结构产生有较大位移和变形，从而导致基坑周围明显地面沉降的可能性。

a. 工作井开挖时将在基坑外采取降水 + 回灌措施，在水位下降的影响范围内仍将产生一定的地面沉降。

b. 由于设计将采取措施，在深基坑开挖时考虑时空效应，严格控制地表沉降和连续墙的变形，因此，其地面沉降效应一般能控制在设计容许范围内。

⑥黄浦江隧道及地道段诱发或加剧地面沉降的可能性评估。

在深埋段和江中段盾构施工过程中有诱发隧道上方一定范围地面沉降的可能性。

运营后，作用于土体的附加荷载小，一般不存在土层排水固结诱发的地面沉降问题。但由于软土具有流变特征，可能产生一定的次固结沉降；在列车动荷载和振动的长期作用下，有可能加大地道和隧道的变形量，从而诱发地道和隧道上方地面沉降。

⑦桥梁及立交段诱发或加剧地面沉降的可能性评估。

拟建的浦东铁路工程还包括跨磁悬浮线特大桥、跨环东二大道特大桥等多座特大型立交、桥梁工程，桥梁占线路总长的 29.58%。根据设计方案，桥梁采用不同类型的桩基础。

a. 根据上海地区已建桥梁的工程经验，若桩基设计方案合理，在施工过程中保证质量，桥梁桩基础的绝对沉降量一般能得到有效控制，即最终沉降量和差异沉降均可控制在设计容许范围内。因此，因桥梁桩基础沉降而诱发和加剧附近地面沉降的程度较轻、范围有限。

b. 特大桥、大桥两侧填土较高处，以及不良地质低路堤地段，对路堤下的软土或基床厚度范围内不满足规范要求的土层及软土层将进行路基改良或加固处理，因此，虽然在施工过程中和工程运营期间，有由于路基沉降诱发或加剧沿线一定范围地面沉降的可能性，但由于工程设计对路堤工后沉降量按相关规范进行控制，因此因路基沉降而诱发周围地面沉降的范围有限、程度较轻，一般可控制在设计容许范围内。

⑧工程建设本身遭受地面沉降的危险性评估。

根据地下水准三维渗流耦合垂直一维沉降的有限元数学模型进行了 2003—2020 年的地面沉降定量预测，本工程线路在 2003—2020 年的预测时段内，线路上沉降量从 10~300 mm 的区域均有分布，由北至南沉降量有减小趋势。

⑨地质灾害危险性分区。

a. 地质灾害危险性较大区。主要分布于工程川杨河以北段及线路接入站阮巷站等处，基本处于地质环境较复杂区。

b. 地质灾害危险性中等区。主要位于线路中部、南部区域，处于地质环境简单 - 较简单区。

拟建的浦东铁路工程沿线存在明显的地面沉降现象，并且在外高桥站 - 五号沟站等地区沉降量较大，预测年均沉降量约 15 mm，工程建成运营后随着地面沉降的逐渐积累，将可能对上述路段内的建构筑物造成不良影响，因此，在本工程设计时，应采取必要的对策措施，防止地面沉降对工程的可能危害。

2. 浙江省地面沉降情况

浙江省地面沉降均发生于经济较发达的沿海平原，自北而南有杭（州）嘉（兴）湖（州）平原、宁（波）奉（化）平原、温（岭）黄（岩）平原和温（州）瑞（安）平原等地。地面沉降的产生均是由于大规模开采平原区深部孔隙承压淡水体所致。由于大量开采地下水，导致地下水位大幅度下降形成区域地下水下降漏斗，漏斗中心与地面沉降中心基本一致。

从 20 世纪 80 年代起，浙江省水文地质工程地质大队先后在宁波市和嘉兴市建立了较为系统的地面沉降监测网络。嘉兴市及宁波市自 20 世纪 80 年代后期起逐渐压缩地下水开采量，到 2003 年地面沉降速率分别自 42 mm/a、35 mm/a 降至 20 mm/a、10 mm/a 以下，截至 2003 年，各地地面沉降现状见表 4 - 2。

表 4 - 2　浙江省沿海平原地面沉降简况表(截至 2003 年)

地区	杭嘉湖平原	宁奉平原	温黄平原	温瑞平原
沉降中心累计沉降量(mm)	860	489.2	>1300	>200
沉降范围(累计沉降量)(km²/mm)	1020(>200)	53(>50)	308(>200)	不详

思考题

1. 试述地裂隙的形成机理。
2. 如何防治地裂隙？
3. 地面沉降是如何形成的？
4. 试述抽水作用下地面沉降机理。
5. 如何进行地面沉降的防治？
6. 地面塌陷的发育需具备哪些条件？其危害有哪些？
7. 地面沉降、滑坡、泥石流、地面塌陷之间有哪些相关性？
8. 如何防治岩溶地面塌陷？

第 5 章 泥石流

5.1 泥石流特性与成因

5.1.1 概述

1. 定义及特征

泥石流是产生在沟谷中或斜坡面上的一种饱含大量泥沙、石块和巨砾的特殊的山洪，是高浓度的固体和液体的混合颗粒流，其运动过程介于山崩、滑坡和洪水之间，是各种自然因素（地质、地貌、水文、气象等）和人为因素综合作用的结果。

泥石流是介于水流和土石体滑动之间的运动现象。泥砂含量很少的泥石流，与一般的洪水无明显区别；而泥砂含量很多的泥石流，又与土石滑体没有截然的界限。当固体物质含量低，黏度小时，流体显现不规则的紊流状态。当固体物质含量高，黏度大时，流体近似塑性体，流动呈规则的层流状态，流动有阵性。泥石流流体很不稳定，流体性质不仅随固体物质性质、补给量与水体补给量的增减而变化，而且在运动过程中，也随着时间地点的改变而改变。

泥石流是在松散固体物质来源丰富和地形条件有利的前提下，通过暴雨、融雪、冰川、水体溃决等因素的激发而产生的。爆发时，浑浊的泥石流体沿着陡峻的沟谷，前推后拥地奔腾咆哮而下，冲出沟谷进入开阔地势后，其动力减弱，泥石流慢慢地沉积下来。

由于泥石流爆发突然，运动快，能量大，来势凶猛，对山区农业、各类工程设施的破坏性非常强。

2. 我国泥石流的地理分布特征

我国泥石流具有分布广泛、类型多样、活动频繁、危害严重等特点。

泥石流几乎广布于各种气候带和高度带的山区，而其分布密集地带，是从青藏高原西端的帕米尔向东延伸，经喜马拉雅山带，穿越波密—察隅山地向东南呈弧形扩展，经滇西、川西的横断山区，折向东北，沿乌蒙山北转大凉山、邛崃山，过秦岭东折，经黄土高原南缘及太行山，直达长白山山地。这一地带在地势上，是我国台阶地形转折最明显的部位，地面起伏大；在气候上，是湿热的西南季风和东南季风向北、西方向推进遇地形骤然抬流升而易成暴雨的地带；在地质上，是巨大的构造带，新构造差异运动幅度大、现代地震剧烈、山体破碎、松散固体物质富集地带。由于上述三方面的因素，导致泥石流沟成群出现，并常见多沟同时齐发泥石流的情景。此带以东的华东、中南和台湾山地，以西的西北内陆干旱、半干旱山地，泥石流沟呈点状稀疏零星散布。

根据泥石流形成的自然环境、泥石流类型与活动特点的差异，中国泥石流可划为6个分布区：青藏高原边缘山区、横断山区和川滇山区、西北山区、黄土高原山区、华北和东北山区、中国东南部山区。

（1）青藏高原边缘山区

青藏高原南部和东南部边缘山区的泥石流，其形成发展与冰川作用过程密切，是中国冰川类泥石流最发育地区。不论天气晴、阴、雨，冰川泥石流均有发生，且频繁猛烈而规模巨大。

（2）横断山区和川滇山区

本区地处青藏高原东南缘，一系列庞大山体和峡谷深沟紧相并列，南北展布，西南季风和东南季风得以长驱直入，且进退快速，气候干湿季分明，形成泥石流的物质、地形和水源条件俱备，加之人类生产活动扩展迅速，致使本区成为中国降雨类泥石流最发育地区。此外，本区尚有现代冰川分布的高山边缘地带，发育有少量冰川类泥石流。

（3）西北山区

本区包括祁连山、天山和昆仑山山地，地处内陆干旱和半干旱区，水源条件不及前述山区充足，泥石流主要靠夏季冰雪融水和山前区局地暴雨激发而成，固体物质来自古代和现代冰碛物、残积—坡积物或冰缘堆积物。由于本区冰川属大陆性冰川，冰川的积累—消融强度、侵蚀—堆积作用均不如海洋性冰川，因而大大抑制了泥石流的活动，故本区泥石流分布零星，爆发频率低，十几年至几十年才发生一次。

（4）黄土高原山区

中国黄土高原山区，地表为黄土覆盖物，质地疏松，植被稀少，沟壑纵横，谷坡破碎，常出现坍塌滑坡，经暴雨激发而成浓稠的泥流。泥流运动时，向两侧扩散能力较弱，停积时表面平整，其上漂浮有泥球。黄河上游湟水河畔的湟源、西宁、乐都等地，兰州附近的黄河两岸，渭河两岸的天水、社棠、伯阳等地及陕北、陇东、晋西等水土流失严重的山区，都曾发生过泥（石）流灾害。

（5）华北和东北山区

此区包括秦岭东段的华山地区，河北太行山区，北京西山地区，辽西、辽南和吉南山地。由于上述山地紧临华北平原和辽河平原。地势高拔，受东南季风的影响，有丰沛的降雨，常发生凶猛的泥石流。其中有些山地因受岩性条件影响，粉砂、黏土等细粒物质含量少。多形成非黏性的水石质的泥石流，称水石流。由于松散固体物质积累过程缓慢，每年暴雨中心移动性大，故这些山区泥石流活动频率较低，一般是几年至十几年爆发一次。

（6）中国东南部山区

秦岭、大别山以南，云贵高原以东的中国南方山地，降水丰沛，暴雨或台风雨来势猛烈，引起泥石流泛滥成灾，特别是江西、广东、福建、台湾和海南岛一带山地，历史上均曾发生灾害性泥石流。近年来，由于东部山区人类生产活动的加剧，泥石流灾害有加重之势。

5.1.2 泥石流的形成条件

泥石流灾害在世界各国都是主要灾害。世界上泥石流最活跃的地区是北回归线至北纬50°的地区（如阿尔卑斯山—喜马拉雅山系，环太平洋山系，欧亚大陆内部的一些山系等）。

我国是多山之国，山地面积占全国国土总面积的 2/3。由于受断裂和褶皱的影响，山体失稳，岩体破碎，地形陡峻，再加上季风气候和丰富的水源条件，我国成为世界上泥石流分布十分广泛、危害相当严重的国家之一。

泥石流的形成受多种自然因素的影响。丰富的松散固体物来源、有利的地形地貌条件、充足的水源和适当的激发因素是形成泥石流的三个基本条件。人为活动有时对泥石流的发生和发展也有着不可忽视的影响。

1. 松散的固体物质来源

泥石流之所以不同于其他水流，就在于它含有大量固体物质。因此，储存松散固体物的场地就成为泥石流的发源地。固体物的成分、多少和补给方式，决定了泥石流的类型、性质和规模。

2. 有利的地形地貌条件

形成泥石流的地形特征是陡峻和高差大，我国大多数泥石流都发生于高原边缘具有这种特征的陡峻坡面和深切的沟谷内。

3. 充足的水源和适当的激发因素

水是激发泥石流的必要条件，又是泥石流的组成部分和搬运介质。泥石流的水源有暴雨、冰雪融水、地表水体溃决等不同的形式，我国泥石流的水源主要是暴雨。

4. 人为因素的影响

人类活动的不良影响主要是破坏了自然的平衡条件，增加松散固体物质的补给量和水量。山区公路和铁路的建设，日益频繁的生产活动，有时会破坏山体的稳定性，增加泥石流的固体物质来源，促使泥石流的发生和发展。

5.1.3　泥石流的分类

1. 成因分类

(1) 冰川型泥石流

冰川型泥石流指分布于高山冰川积雪区域的泥石流。其形成、发展与冰川发育过程密切相关，是伴随冰川的前进与后退、冰雪的积累与消融，以及与此相伴生的冰崩、雪崩、冰碛湖溃决等动力作用下所产生的。根据形成原因又可细分为冰雪消融型、冰雪消融与降雨混合型、冰崩—雪崩型及冰碛湖溃决型等亚类。

(2) 降雨型泥石流

降雨型泥石流指在非冰川地区，水源主要来源于降雨，以不同的松散堆积物为固体物质补给源的泥石流。根据降雨方式的不同，降雨型泥石流可细分为暴雨型、台风雨型和降雨型三个亚类。

(3) 共生型泥石流

这是一种特殊的成因类型。根据共生作用的方式，可分为滑坡型泥石流、山崩型泥石流、地表水体溃决型泥石流、地震型泥石流和火山型泥石流等亚类。

2. 内流域的沟谷形态分类

(1) 沟谷型泥石流

沟谷型泥石流是发育比较完善的泥石流沟，流域轮廓清晰，多呈瓢形、长条形或树枝形，流域面积一般为 5 ~ 50 km²，能够明显地区分出泥石流的形成区、流通区和堆积区。形成区常沿断裂带和岩层软弱面发育,大型沟谷支流、卡口较多,呈束放相间河段,其内崩、坍塌物堆积较多,或集中或分散;堆积区为扇形或带形,堆积物磨圆度稍好,棱角不明显。

(2)山坡型泥石流

山坡型泥石流指发育于斜坡面上的小型泥石流沟谷。它们的流域面积一般不超过2 km²,流域轮廓呈哑铃形(即上、下两端大,中间段小),沟坡与山坡基本一致,沟浅、坡短,流通区不长,甚至没有明显的流通区,形成区和堆积区往往直接相贯通。堆积物棱角明显,粗大颗粒多搬运在锥体下部。

3.物质组成分类

(1)泥石流

是由浆体和石块共同组成的特殊流体,它的固体成分从粒径小于0.005 mm的黏土颗粒到数米乃至10~20 m的大漂砾,其级配范围之大是其他类型的夹沙水流所无法比拟的。此类泥石流在我国山区的分布范围比较广泛,危害也十分严重。

(2)泥流

指发育在我国黄土高原地区,以细粒泥沙为主要固体成分的泥质流。泥流中黏粒含量大于石质山区的泥石流,黏粒重量比可达15%以上。泥流含有少量碎石、岩屑,黏度大,呈稠泥状,结构比泥石流更为明显。我国黄河中游地区干流和支流中的泥沙,大多来自这些泥流沟。

(3)水石流

指发育于大理岩、白云岩、石灰岩、砾岩或部分花岗岩山区,由水和粗砂、砾石、大漂砾组成的特殊流体,其黏粒含量小于泥石流和泥流。水石流的性质和形成类似于山洪。

4.流体性质分类

(1)黏性泥石流

指呈层流状态,固体和液体物质作整体运动,无垂直交换的高容重(1.6~2.3 t/m³)浓稠浆体。托浮力大,能使比重大于浆体的巨大石块或漂砾呈悬移状(在特殊情况下,人体也可被托浮悬移。1939年7月四川汉源流沙河泥石流,将一人托浮悬运移了1.3 km),有时滚动,流体阵性明显,有堵塞、断流和浪头现象;流体直进性强,转向性弱,遇弯道爬高性强,沿途渗漏不明显,沉积后呈舌状堆积。剖面中一次沉积物的层次不明显,但各层之间层次分明,沉积物分选性差,渗水性弱,洪水后不易干涸。

(2)稀性泥石流

流动过程呈紊流状,固、液两相运动速度不同,有垂直交换,泥浆体中石块有翻滚或跃移前进的特点,其容重为1.2~1.8 t/m³,浆体浑浊,运移过程阵性不明显,与含沙水流性质相近,有股流和散流现象。水与浆体沿途易渗漏、流失。沉积后呈垄岗状或扇状,洪水后短时间即干固通行,沉积物呈松散状,有分选性(图5-1)。

5.发育阶段分类

(1)发展期泥石流

山坡以凸形坡为主,形成区分散并逐步扩大,流通区较短,扇面新鲜,淤积作用逐渐加快。山坡块体运动明显发展,多见新生沟谷,有少量崩塌、滑坡等。塌方面积率为1%~10%。发展期泥石流一般有较大的破坏力。

图 5 - 1　稀性泥石流

（2）旺盛期泥石流

山坡由凸形被转化为凹形，沟槽堆积和堵塞现象严重。形成区扩大，有时比较集中。流通区向上延伸，扇面新鲜，漫流现象严重。山坡块体运动严重，松散固体物质主要来自崩塌、滑坡和错落等，片蚀和侧蚀作用也很发育。塌方面积率在 10% 以上。旺盛期泥石流危害程度最大。

（3）衰退期泥石流

山坡为凹形坡，形成区减小，流通区向上延伸，沟槽逐渐下切，扇面陈旧，有植物生长，植被发育较好。山坡块体运动明显衰退，坍塌渐趋稳定，固体物质以沟槽搬运及侧蚀供给为主。塌方面积率为 1%～10%。处于衰退期的泥石流仍有较大的破坏力。

（4）停歇期泥石流

全沟下切，沟槽稳定，形成区基本消失，泥石流逐渐演变为普通洪流。植被恢复良好。山坡块体运动基本消失，塌方面积率小于 1%。停歇期泥石流破坏力很小。

6. 工程分类

泥石流的工程分类见表 5 - 1。

表 5 – 1 泥石流工程分类表

分类	泥石流特征	流域特征	亚类	严重程度	流域面积（km²）	固体物质一次冲出量（10⁴ m³）	流量（m³s⁻¹）	堆积区面积（km²）
高频率泥石流沟谷 I	基本上每年有泥石流发生，固体物质主要来源于沟谷的滑坡、崩塌。泥石流爆发雨强小于4 mm/10 min。除岩性因素外，滑坡、崩塌严重的沟谷多发生黏性泥石流，规模大，反之多发生稀性泥石流，规模小	多位于强烈抬升区，岩层破碎，风化强烈，山体稳定性差，沟床和扇形地上泥石流堆积新鲜，无植被或只有稀草丛。黏性泥石流沟中，下游沟床坡度大于4%	I 1	严重	>5	>5	>100	>1
			I 2	中等	1～5	1～5	30～100	<1
			I 3	轻微	<1	<1	>100	—
低频率泥石流沟谷 II	泥石流爆发周期一般在 10 a 以上。固体物质主要来源于沟床，泥石流发生时"揭床"现象明显。暴雨时坡面产生的浅层滑坡往往是激发泥石流形成的重要因素。泥石流爆发雨强一般大于4 mm/10 min。泥石流规模一般较大，性质有黏有稀	分布于各类构造区的山地。山体稳定性相对较好，无大型活动性滑坡、崩塌。中、下游沟谷往往切于老台地和扇形地内，沟床和扇形地上巨砾遍布。植被较好，沟床内灌木丛密布，扇形地多已辟为农田。黏性泥石流沟中，下游沟床坡度小于4%	II 1	严重	>10	>5	>100	>1
			II 2	中等	1～10	1～5	30～100	<1
			II 3	轻微	<1	<1	<30	—

5.1.4 泥石流的地貌特征

泥石流地貌一般可以划分为形成区、流通区和堆积区三部分(图 5 – 2)。

1. 形成区

包括汇水动力区和固体物质补给区。形成区的地形特征，是对泥石流进行评价的重要标志。形成区呈树冠状，有利于地表径流和固体物质的聚集；形成区呈羽毛状，则汇流时间长，形成区坡面多、山坡陡、沟壑密度大，则集流快，泥石流迅猛强烈，反之，则集流缓慢，泥石流较弱。固体物质补给区坡面呈凸形的，其冲蚀力大于凹形坡。固体物质补给区在扩大，标志着泥石流在发展；补给区在缩小，则表示泥石流趋向衰退。

泥石流产生在固体补给区上游时，泥石流流量大；两区重叠时，泥石流流量小；水源在固体物质补给区下游时，泥石流甚至可能不会发生。固体物质补给区集中在下游或沟口，则易被上游水源一次搬出，泥石流冲出的力量强。

2. 流通区

泥石流沟谷的中下游，是泥石流搬运通过的区段，称为流通区。流通区纵坡的陡、缓、曲、直和长、短，对泥石流的强度有很大的影响。当纵坡陡而顺直时，泥石流流动通畅而势力强；相反，如果纵坡缓而弯曲，则泥石流容易受到堵塞而产生漫流、改道和淤积。

一般的泥石流沟槽，多属于峡谷地形，比较顺直、稳定，沟槽坡度较大。

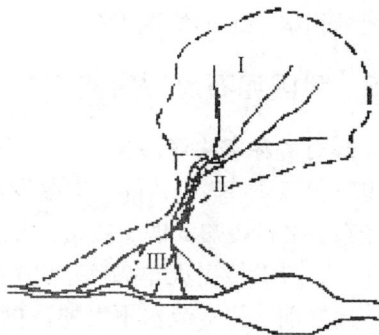

图 5 – 2　泥石流地貌
（Ⅰ形成区；Ⅱ流通区；Ⅲ堆积区）

有的流通区与形成区、堆积区互相穿插，形成宽窄相间的串珠状河段。在泥石流调查时需对泥痕冲高等进行勘察调查（图 5 – 3），山坡型泥石流的流通区通常很短，有时甚至不单独存在。

图 5 – 3　四川省九寨沟县水神沟泥石流泥痕冲高调查

3. 堆积区

堆积区是泥石流固体物质（泥、砂、石）停积的场所，位于流域的下游或山口之外坡度比较平缓之处，呈扇形、锥形或带形。大小石块混杂堆积，地面垄岗起伏，坎坷不平。

有些泥石流沟谷的中下游坡缓槽宽，呈葫芦形或喇叭形，也可成为堆积区。由于山前阶地比较宽阔，山前区泥石流的堆积扇往往发育完整。而山区泥石流的堆积区，受到主河流水切割，堆积扇体不能充分发育，常常不完整。

山坡型泥石流的堆积体近似锥体，规模较小，当泥石流沟陡峻、能直接泻入主河，而主河搬运能力又很强时，泥石流堆积区就可能缺失。泥石流堆积扇的横断面常呈轴部隆起、两翼低洼的拱形，沟槽经常摆动，普遍漫流淤积。

当泥石流发展旺盛时，扇顶的流速、淤积速度和厚度常大于扇缘，促使堆积区向流通区延伸扩展。当泥石流转为衰退期后，在堆积扇上下切成比较稳定的沟槽。受到新的地质构造运动的影响,有些早期堆积扇可以成为固体物质的发源地或流通区,当然,也有新堆积扇掩覆于老堆积扇之上的情况发生。

5.1.5 我国泥石流灾害实例

1.云南省蒋家沟泥石流

1977 年 7 月 27 日,蒋家沟爆发过一次大型的泥石流。7 月 26 日夜间开始,蒋家沟一带乌云密布,次日凌晨 3 时,狂风,大雨倾盆。天亮以后,大雨逐渐转为细雨。6 时 25 分左右,雨还在下,沟里传出火车轰鸣般的巨响震撼着山谷,这种怪声就是泥石流爆发出的响声。在巨响传出之前,往常流水不大的沟槽中,流量很快增大到 3 ~ 4 m^3/s。片刻间,突然出现断流状态。又过了几分钟,随着响声增大,泥石流便滚滚流出。

2.西藏波密县古乡沟泥石流

1953 年 9 月 29 日(藏历蛇年 8 月 24 日),我国西南边陲西藏波密县念青唐古拉山南麓的古乡沟爆发了一次特大泥石流,从晚上九点多钟开始,泥石流持续到次日凌晨一点多钟才停止,其间前后共发生过四次,每次历时一小时左右。

3.四川雅安旱季爆发的泥石流

1979 年 11 月 2 日深夜,四川雅安县园光山的陆王沟和干溪沟,由于大暴雨和冰雹的激发,爆发了百年不遇的大型泥石流。这次泥石流爆发于深秋的旱季,不仅为雅安一带历史上同一时期所罕见,从全国范围看也是极少出现的特殊气候条件下的泥石流。这次泥石流历时仅 30 分钟,但来势凶猛,流速高达 10 m/s,将上游山区的大量土石搬出山外,造成了严重的灾害,直接受灾的两个乡镇的 7 个村、17 个村民小组,中央和地方的工厂四座,冲毁、淤埋农田 840 亩、毁坏房屋 36 间以及大量粮食、牲畜、农具、水利工程设施和输电线路,中断了川藏公路的交通,使青衣江和陇西河淤塞断流。

4.四川利子依达沟泥石流

1981 年 7 月 9 日凌晨 1 时 30 分,四川省凉川彝族自治州甘洛县大渡河的支流利子依达沟爆发了一次大型的灾害性泥石流(图 5 - 4)。这次泥石流是由当地连续降暴雨激发产生的。泥石流的总持续时间约 1 小时,固体物质输移量达 84 万 m^3,其中坠入大渡河中有 60 万 m^3。

图 5 - 4 四川利子依达沟泥石流

5.2　泥石流场地勘察

泥石流虽然有其危害性，但并不是所有的泥石流沟谷都不能作为建筑场地，而决定于泥石流的类型、规模、目前所处的发育阶段、爆发的频繁程度和破坏程度等。对于那些规模小、爆发频率低、破坏性不大的泥石流堆积区等，在采取相应措施后，还是可以作为建筑场地的。因此，在决定其能否作为建筑场地之前，关键就是要做好岩土工程勘察与评价工作。

泥石流能否给工程建设带来危害，与建筑场地的选择和总平面图的布置关系极为密切。因此，泥石流问题不在工程建设的前期工作中解决，必然会给后期工作造成被动，或在经济上造成损失。故泥石流的岩土工程勘察工作应在选址或初勘阶段进行。

5.2.1　勘察目的与任务

对泥石流场地进行勘察的目的与任务主要有：

①判断上游沟谷是否具备产生泥石流的条件，即产生泥石流的可能性；

②预测泥石流的类型、规模、发育阶段、活动规律及其对工程的危害程度；

③评价工程场地的稳定性与适宜性，并提出相应的防治措施。

5.2.2　勘察工作方法与内容

1. 勘察工作方法

勘察工作方法主要以工程地质测绘与调查为主，当测绘资料不能满足设计要求或需对泥石流采取防治措施时，才布置适当的勘探与测试工作。

勘察工作内容主要有工程地质测绘与调查、勘探与测试。

2. 工程地质测绘与调查

（1）工程地质测绘与调查的范围与内容

工程地质测绘与调查的范围应包括沟谷至分水岭的全部地段和可能受泥石流影响的地段。比例尺全流域宜采用 1 : 50000，中、下游可采用（1 : 2000）～（1 : 10000）。

（2）工程地质测绘与调查内容

工程地质测绘与调查的主要内容有：

①冰雪融化、暴雨强度、前期降雨量、一次最大降雨量、平均与最大流量、地下水活动情况。

②地层岩性、地质构造、不良地质现象，松散堆积物的物质组成、分布及储量。

③沟谷的地形地貌特征，包括沟谷的发育程度、切割情况、坡度、弯曲、粗糙程度，划分泥石流的形成区、流通区与堆积区，圈绘整个沟谷的汇水面积。

④形成区的水源类型、水量、汇水条件，山坡坡度、岩层性质及风化程度，断裂、滑坡、崩塌等不良地质作用的发育情况及可能形成泥石流固体物质的分布范围及储量。

⑤流通区的沟床纵、横坡度、跌水、急弯等特征，两侧山坡坡度及稳定程度，沟床的冲淤变化和泥石流的痕迹。

⑥堆积区的堆积扇分布范围、表面形态，纵坡、植被、沟道变迁和冲淤情况，堆积物的性质、层次、厚度、一般及最大粒径、分布规律，判定堆积区的形成历史、堆积速度，估算一次

最大堆积量。

⑦泥石流沟谷的历史，历次泥石流的发生时间、频数、规模、形成过程，爆发前的降水情况和爆发后产生的灾害情况，区分是正常的沟谷还是低频率泥石流沟谷。

⑧开矿弃渣、修路切坡、砍伐森林、陡坡开荒及过度放牧等人类活动情况。

⑨当地防治泥石流的措施及建筑经验等。

3.泥石流的野外综合判定

在测绘与调查过程中，如何判断与识别泥石流是否存在或产生呢？野外工作中可根据以下几个方面进行综合判定：

(1)根据泥石流的形成条件判断——即判断能否产生泥石流

①地形条件：汇水面积小，一般不足数十平方千米；山坡坡度一般在 40°以上，坡面不稳，有大量松散物质堆积，沟的纵坡比降在形成区达 30% 以上，在流通区达 20%。

②物质供给条件：形成区地层多为片岩、千枚岩、板岩、页岩、泥岩、砂岩及黄土等质软易风化岩层。

③水源条件：多由暴雨激发而成。

(2)根据沟谷形态特点判断——可判断沟谷已发生过泥石流

①中游沟身常不对称，参差不齐，往往凹岸发生冲刷，凸岸堆积成延伸不长的"石堤"，或凸岸被冲刷凹岸堆积，有明显的截弯取直现象。

②沟槽经常大段地被大量松散固体物质堵塞，构成跌水。

③由于多次规模不同泥石流的下切淤积，沟的中下游常有多级阶地，在较宽阔地带，常有垅岗状堆积物。

④沟谷内清流水在杂乱无章的大小石块中下切成小沟，沟床有较厚松散堆积物构成的跌水。

⑤沟谷中常有泥石流冲刷碰撞等留下的痕迹。

(3)根据泥石流堆积物的特征判断——可判断沟谷已发生过泥石流

①下游堆积扇的轴部一般较高耸，稠度大的堆积物其扇角小，呈丘状。

②堆积扇上沟槽不固定，扇体上杂乱分布着垅岗状、舌状、岛状堆积物。

③堆积的石块均具尖锐的棱角，无方向性，无明显的分选层次。

④泥石流堆积区的典型堆积扇，一般表面垅岗突起，巨石累累，犹如一片波浪起伏的"石海"。

4.勘探与测试

勘探与测试是为进一步查明泥石流堆积物的性质、结构、厚度、固体物质含量、粒径、流速、流量、冲出量和淤积量等，为泥石流的评估与防治工程提供依据。

①需查明泥石流堆积物的组成与厚度时，可采用钻探、坑探方法，条件合适时也可采用物探。

②为查明泥石流堆积厚度的钻孔，钻入基岩的厚度应超过沟内最大块石直径 3~5 m。

③泥石流试验的取样工作应在测绘调查后进行，应选取流域内的代表性泥石流堆积物土样。

④泥石流流体密度、固体颗粒密度、颗分试验应在现场进行；黏性泥石流要做湿陷性试验及可溶盐试验；稀性泥石流还要取固体物质补给区试样做颗分试验。

⑤对严重危害铁路的大规模泥石流沟谷应配合有关专业建立观测试验站，以取得泥石流

各项特征值的定量指标。

5.3　泥石流危险性评估

5.3.1　概述

泥石流活动是山区常见的地质灾害类型之一。2003 年 7 月 11 日被称为"美人谷"的四川省丹巴县发生特大泥石流灾害（图 5 - 5），致使 51 人死亡和失踪，71 人被困，1230 余人受灾；8 户 88 间房屋倒塌，55 间损坏；冲毁省道 1000 余米，机耕道 38 km，桥梁 6 座，掩埋汽车 2 辆；冲毁耕地 9.2 公顷、河堤千余米。

图 5 - 5　四川省丹巴县特大泥石流

1. 泥石流灾害发生几率

若泥石流活动和人类的生产、生活等经济设施相遭遇时，是否产生灾害、灾变过程可以概括为：

$$灾害发生几率或危险程度(D) = \frac{致灾体(泥石流活动)的外动力(F)}{受灾体的承(抗)灾能力(E)}$$

式中：F——以自然属性为主，可以通过泥石流活动的强度、规模、发生频率等外动力参数进行外动力的综合量化分析；

　　　E——受灾体包括人、财产、建筑物、土地资源等，以社会属性为主；其承(抗)灾能力首先需要进行易损性分析，然后通过计量统计；在进行经济分析时，需要折合成货币单位。

（1）$F/E > 1$

受灾体处于危险工作状态，成灾可能性最大。

（2）$F/E < 1$

受灾体处于安全工作状态，成灾可能性最小。

（3）$F/E = 1$

受灾体处于成灾与不成灾的几率各占 50% 的中间状态，要警惕成灾的可能性部分，要从源头上控制和减少泥石流灾害，就必须先做好评估工作，在规划和设计中约束工程致灾的负面作用，充分发挥工程防灾作用，尽量把灾害防止在规划和设计阶段，变被动防灾为主动防灾。

2. 泥石流活动危险性评估依据与分类

泥石流活动危险性评估是根据我国 2004 年 3 月 1 日起施行的《地质灾害防治条例》（以下简称《条例》）中的规定要求进行的一项从源头上控制和减少泥石流灾害的开创性专业技术工作。

第 21 条中规定："在地质灾害易发区内进行工程建设应当在可行性研究阶段进行地质灾害危险性评估"，规定了工程建设和规划的评估范围和最宜评估的阶段。"编制地质灾害易发区内的城市总体规划、村庄和集镇规划时，应当对规划区进行地质灾害危险性评估"，规定了城镇规划必须先进行地质灾害危险性评估。

第22条中规定："地质灾害危险性评估单位进行评估时，当对建设工程遭受地质灾害危害的可能性和该工程建设中、建设后引发的地质灾害的可能性作出评价，提出具体预防治理措施，并对评估结果负责"，规定了评估的基本内容、评估单位的责任。

（1）评估现状

作为工程建设和规划实施的一项技术内容始于《条例》发布之后。1959年青芷铁路在建设过程中札麻隆峡谷发生特大泥石流后，铁路系统在修建成昆铁路、东川铁路、大秦铁路等干、支线上便开始对可能遭受泥石流危害的山区铁路设计开始了对泥石流活动多发地区、泥石流活动危险性的勘测调查，当时的重点是摸清泥石流类型、活动规模分布、稳定状态、发展趋势和可能对铁路造成的危害，相当于现在的"现状评估"。

（2）评估特点

泥石流活动危险性评估专业性很强，涉及自然科学和社会科学相互影响、相互作用的一些未知领域，既要面对自然环境的动态变化进行评估，还要对规划和工程建设过程中可能造成的危害和社会影响进行分析预测、评估，确定潜在的危险性。

评估责任重大，涉及学科门类多，是技术综合性很强的新兴技术领域，可借鉴的成果较少，只能通过对许多不确定性因素的评估得到一个确定性的结论。评估成果的有效期与工程使用期相同。评估范围除对建设用地范围内进行评估外，还可根据项目的特点与地质环境条件适度扩大。

（3）评估技术支撑

①决定泥石流活动性的技术指标：泥石流活动的地貌形迹、活动史、分布、易发程度、发生几率、发展期识别、主要诱因等。

②泥石流活动危险性指标：危险性＝致灾能力/抗灾能力。

③泥石流灾害调查分析：成灾范围；毁损程度；灾害等级。

④效益：工程效益、环境效益、资源效益。

（4）泥石流活动危险性评估分类

按时段分为现状评估、预测评估和综合评估，按泥石流发生的时间分为灾前评估、灾中评估和灾后评估（见表5-2）。

按评估范围分为单元评估、区域性评估。

按评估内容分为活动性评估、危险性评估、防治工程效益评估和灾损评估。

表5-2　各评估阶段任务

评估名称	任务
现状评估（对已有地质灾害的危险性评估）	灾害类型、规模分布、稳定状态、危险对象的危险性评估
预测评估（对建设可能诱发地质灾害地危险性评估）	建设过程中及建设后可能对地质环境的改变及影响，可能出现的灾种、灾害区及危害的评估
综合评估（根据现状评估与预测评估的结果进行定性、半定量的综合评估）	地质灾害危险性程度评估，对建设作出适宜性评估，提出防治或易地建设的建议

3. 评估内容

①现状评估和发展趋势的分析预测。

②规划实施或工程建设可能诱发、加剧泥石流活动危险性的可能性。

③规划实施或工程建设本身可能遭受泥石流活动的危险性。

4. 评估工作流程

①评估单位接受建设单位的委托。

②收集相关资料和现场踏勘。

③按建设项目确定评估范围。

④按评估要求进行现场详勘，分类收集有关资料分项进行评价和量化处理。

⑤进行现状评估和预测评估。

⑥进行综合评估。

⑦提出防治措施和建议。

⑧编写评估报告。

5.3.2　泥石流活动的识别

1. 泥石流成灾机制

泥石流是山区汛期常见的一种严重的水土流失（泥沙失稳搬运）现象。它是泥沙在水动力作用下失稳后，集中输移的自然演变过程之一，具有严重的灾害性。

某些山区河流在汛期中由于暴雨或其他水动力（如溃坝、冰川、融雪等）作用于流域内不稳定的地表松散土体上，由于松散土体失稳参与洪流运动，因此在流域内形成两种汇流现象，一是水的汇流；二是沙的汇流。这两种不同相的物质在共同的流动空间内混合而形成一种特殊的水、沙混合输移现象。当这种特殊的流体中含沙量超过某一限值后，因其流动特性的变化而形成的一种特殊洪流，它对工程设计及环境的影响与洪水、滑坡不同而称为泥石流。

泥石流按泥石流体中的物质组成不同分为泥流型、水石型和泥石型三种类型，其分类见表 5-3。

表 5-3　按泥石流体中的物质组成分类

泥流型	$r_c \geqslant 1.6 \ t/m^3$，泥沙粒径主要由均匀的粉粒级以下物质组成，多为非牛顿体。多集中分布在黄土及火山灰地区
水石型	$r_c \geqslant 1.3 \ t/m^3$，粉粒及黏粒含量极少，以沙、块石为主，为牛顿体，多见于花岗岩地区
泥石型	$r_c \geqslant 1.3 \ t/m^3$，介于上述两种类型之间多为牛顿体，少部分也可以是非牛顿体。广见于各类地质体地区及堆积体中

在一些植被较好的陡坡面，下伏基岩或不透水层埋藏较浅、前期降水充分，上覆松散土体饱水后，由于土体抗剪强度值降低和对地下水的压力作用，也可能形成坡面泥石流。

2. 泥石流活动三过程

泥石流活动经过形成、输移和堆积三个活动过程。

形成区由条带状向树枝状发展，流通区在发展过程中相对稳定，堆积区由于流域内来沙量的增长而不断扩展，会使下游大河变形。

（1）坡面型泥石流破坏机制

前期降雨充分，松散土层内部饱水，地下水变成有压水流，破坏表层根系网状构造或土体表层硬壳结构。

松散土体由于饱水后，抗剪强度值降低，土体骨架变形、塑化、液化后发生破坏。

易发生坡面泥石流的岩土层有花岗岩、砂岩、灰岩、黄土及红壤等。

（2）坡面泥石流发生时，由于土体结构性破坏，土体在坍滑过程中，形成下铲、上拉，顺坡面下滑，无固定流路，不会在同一部位重复发生。随机性大，可知性低。

流域内山坡面上和沟谷中存在大量的自然形成或人为堆积的松散土体，且处于不稳定状态。受人类活动干扰而失稳的某些在自然条件下属于稳定的土体。

活动空间条件越大，泥石流活动越充分，能认识泥石流的信息也越多。如暴雨、地震、人类活动等影响的程度。

坡面型泥石流泥沙组构变化很大，爆发突然，其搬运能力大，坡面型泥石流特点见表5-4。

表5-4 坡面型泥石流特点

组构性质	极不稳定、极不恒定的固、液两相流体； 泥石流流量、泥石流比重在运动过程中极易变化； 泥沙组构（粒度、级配）变化很大
运动特性	1. 爆发突然，快速向下游运动，全过程历时短暂 2. 堆积特性： 一类：具有整体搬运、整体停积的特性，沙、石、浆体不发生分选。 二类：具有整体搬运、分散堆积的特性。有龙头状和侧向条带状堆积。 泥沙、石块在运动过程中易纳易出，容重及流量呈高度不均衡性和不稳定性。 运动边界不稳定，变形显著。 3. 搬运能力大，惯性大，呈直进性，破坏能力极大

泥石流冲、洪、堆积扇特点见表5-5。

表5-5 泥石流冲、洪、堆积扇特点

冲积扇	洪积扇	堆积扇
由流水堆积作用而成，规模较小	在干旱、半干旱地区，由流水堆积作用而成，规模较大	成整体停积、分散堆积两种，粗大颗粒在扇缘停积，无分选性，常见龙头堆积与侧堤堆积，沟槽绕龙头堆积两侧发展，有明显的受阻绕流特征，流路不稳。
堆积特征： 粗大颗粒堆积在扇面顶部及出山口附近，向边缘逐步变细，有分选性，冲沟内为砾石扇面，上为沙（漫溢所成），扇上冲沟较顺直，垂直等高线发展，流路较稳		扇形的形态不完全符合统计规律，流路呈随机性，堆积扇纵、横坡面不甚连续，常呈锯齿状

3. 泥石流成灾类型及特点

①破坏自然生态环境。灾害沿通过地区展布，随地形变化成带状和片状。

②快速冲毁或淤埋通过地区的生产、生活设施及危及人身和财产安全。

③因堵塞而造成堵塞体上游的淤埋与淹没的灾害，堵塞体下游因堵塞体溃决而突发的冲毁或淤埋的灾害。

④诱发大河上、下游河段的灾害，直接灾害后果严重，具有难以抗御的特点，并易诱发次生灾害。

5.3.3 泥石流活动危险性评估技术分析

1. 地质灾害灾情与灾害损失程度及泥石流危险性分级

（1）地质灾害灾情与灾害损失程度

地质灾害灾情与灾害损失程度按死亡人数、受威胁人数和直接经济损失分成四级，见表5-6。

表5-6 地质灾害灾情与灾害损失程度

灾害程度分级	死亡人数（人）	受威胁人数（人）	直接经济损失（万元）
小型级	<3	<10	<100
中型级	3~10	10~100	100~500
大型级	10~30	100~1000	500~1000
特大型级	>30	>1000	>1000

注：灾情分级按死亡人数及直接经济损失划分。危害程度分级按受威胁人数及直接经济损失划分。

（2）泥石流危险性分级

泥石流危险性按稳定状态、损失情况和危险对象分成危险性特大、危险性大、危险性中、危险性小四级，见表5-7。

表5-7 泥石流危险性分级

分级 \ 要素	稳定状态	损失情况	危险对象
危险性特大	很差	特大	大城市、国家级厂、矿、工程建设、水路交通枢纽和干线、地质遗迹和旅游区，及国家级国土开发和社会经济发展项目
危险性大	差	大	中等城市、省级厂、矿、工程建设、水路交通枢纽和干线、地质遗迹和旅游区，及国家级国土开发和社会经济发展项目
危险性中	中等	中	小城镇和居民，县省级厂、矿、工程建设、水路交通枢纽和干线
危险性小	好	小	农村、村庄、村、乡级企业

(3)泥石流防治工程等级

泥石流防治工程按受保护的人数、直接保护的财产、工程总投资和受保护的对象分为特大型、大型、中型和小型四级,泥石流防治工程等级见表5-8。

表5-8 泥石流防治工程等级

工程等级	划分条件(符合一个条件即可)			
	受保护的人数(人)	受直接保护的财产(万元)	工程总投资(万元)	受保护的对象
特大型	>1000	>20000	>2000	大城市、国家级厂、矿、工程建设、水路交通枢纽和干线、地质遗迹和旅游区,及国家级国土开发和社会经济发展项目
大型	100~1000	10000~20000	500~2000	中等城市、省级厂、矿、工程建设、水路交通枢纽和干线、地质遗迹和旅游区,及国家级国土开发和社会经济发展项目
中型	10~100	1000~10000	100~500	小城镇和居民,县省级厂、矿、工程建设、水路交通枢纽和干线
小型	<10	<1000	<100	农村、村庄、村、乡级企业

(4)泥石流地区地质环境复杂程度分级

泥石流地区地质环境复杂程度分为复杂、中等和简单三级,见表5-9。

表5-9 泥石流地区地质环境复杂程度分级

因素	复杂	中等	简单
地质灾害发育程度	强烈	中等	一般不发育
地形、地貌复杂程度	复杂	地形较复杂、地貌较复杂	地形简单、地貌单一
地质构造	复杂	较复杂	简单
岩性变化	大	较大	单一
工程地质性质	不良	较差	良好
工程水文地质条件	不良	较差	良好
破坏地质环境的人类不合理活动	强烈	较强烈	一般

2.泥石流沟易发程度的数量化评判

(1)泥石流沟易发程度的数量化评判指标

泥石流沟易发程度分为极易发、中等易发、轻度易发和不易发生四级,见表5-10。

表 5 – 10　泥石流沟易发程度的数量化评判

序号	影响因素	量级划分			
		极易发(严重) A(N; M)	中等易发(中) B(N; M)	轻度易发(轻) C(N; M)	不易发生 D(N; M)
1	崩塌、滑坡及水土流失(自然或人为的)的严重程度	崩塌、滑坡等重力侵蚀严重,多深层滑坡和大型崩塌,黄土疏松,冲沟十分发育 (21; 4.62)	崩塌、滑坡发育,多浅层滑坡和中小型崩塌,有零星植被覆盖冲沟发育 (16; 3.52)	有零星崩塌、滑坡和冲沟存在 (12; 2.64)	无或发育轻微崩塌、滑坡冲沟 (1; 0.22)
2	泥沙沿程补给长度(%)	>60 (16; 2.40)	60~30 (12; 1.80)	30~10 (8; 1.20)	<10 (1; 0.15)
3	沟口泥石流堆积活动程度	河形弯曲或堵塞,大河主流受挤压偏移 (14; 0.14)	河形较大变化,仅大河主流受迫偏移 (11; 0.11)	河形无变化,大河主流在高水偏,低水不偏 (7; 0.07)	无河型变化、主流不偏 (1; 0.01)
4	河沟纵坡(‰)	>12°(213) (12; 2.40)	12°~6°(213~105) (9; 1.80)	6°~3°(105~52) (6; 1.20)	<3°(52) (1; 0.20)
5	区域构造影响程度	强抬升区,6级以上地震区,断层破碎带 (9; 0.09)	抬升区,4~6级地震区,有中小支断支或无断层 (7; 0.07)	相对稳定区,4级以下地震区有小断层 (5; 0.05)	沉降区,构造影响小或无影响 (1; 0.01)
6	流域植被覆盖率(%)	<10 (9; 1.08)	10~30 (7; 0.84)	30~60 (5; 0.60)	>60 (1; 0.12)
7	河沟近期一次变幅(m)	2 (8; 0.08)	2~1 (6; 0.06)	1~0.2 (4; 0.04)	0.2 (1; 0.01)
8	岩性影响	软岩、黄土 (6; 0.12)	软硬相间 (5; 0.10)	风化和节理发育的硬岩 (4; 0.08)	硬岩 (1; 0.02)
9	沿沟松散物贮量(10⁴ m³/km)	>10 (6; 0.36)	10~5 (5; 0.30)	5~1 (4; 0.24)	<1 (1; 0.06)
10	沟岸山坡坡度(‰)	>32°(625) (6; 0.24)	32°~25°(625~466) (5; 0.20)	25°~15°(466~268) (4; 0.16)	<15°(268) (1; 0.04)
11	产沙区沟槽横断面	V形谷、谷中谷、U形谷 (5; 0.15)	拓宽U形谷 (4; 0.12)	复式断面 (3; 0.09)	平坦型 (1; 0.03)

续表 5 – 10

序号	影响因素	量级划分			
		极易发(严重) A(N；M)	中等易发(中) B(N；M)	轻度易发(轻) C(N；M)	不易发生 D(N；M)
12	产沙区松散物平均厚度(m)	>10 (5；0.05)	10~5 (4；0.04)	5~1 (3；0.03)	<1 (1；0.01)
13	流域面积(km²)	0.2~0.5 (5；0.50)	5~10 (4；0.40)	10~100 (3；0.30)	>100 (1；0.10)
14	流域相对高差(m)	>500 (4；0.04)	500~300 (3；0.03)	300~100 (2；0.02)	<100 (1；0.01)
15	河沟堵塞程度	严重 (4；0.04)	中等 (3；0.03)	轻微 (2；0.02)	无 (1；0.01)

（2）泥石流堵塞程度

泥石流堵塞程度用泥石流堵塞系数表示，见表 5 – 11。

表 5 –11　泥石流堵塞系数

堵塞程度	特征	堵塞系数 D
严重	沟槽弯曲、河段宽窄不均，卡口、陡坎多。大部分支沟交汇角度大。形成区集中，沟槽堵塞严重	>2.5
中等	沟槽较顺直，河段宽窄较均匀，陡坎、卡口不多。主支沟交角多数小于60°。形成区不太集中，河床堵塞情况一般	1.5~2.5
轻微	沟槽顺直均匀，主支沟交汇角小，基本无卡口、陡坎。形成区分散	1.1~1.5

3. 泥石流沟发展期的识别

（1）暴雨泥石流发生与否的综合判别式：

$$Y = R \cdot M \tag{5-1}$$

式中：Y——泥石流发生与否的综合指标，当 $Y > 35$ 时，发生泥石流的几率约为 85%，当 $Y < 25$ 时，不发生泥石流的几率约为 83%，当 $Y = 25 \sim 35$ 时，而发生的几率约为 64%，即介于泥石流可能发生与不发生之间；

R——降雨条件函数；

M——流域环境动态函数。

（2）泥石流发生的判别模式

泥石流发生的判别模式见图 5 – 6。

各地区限用雨量值见表 5 – 12。

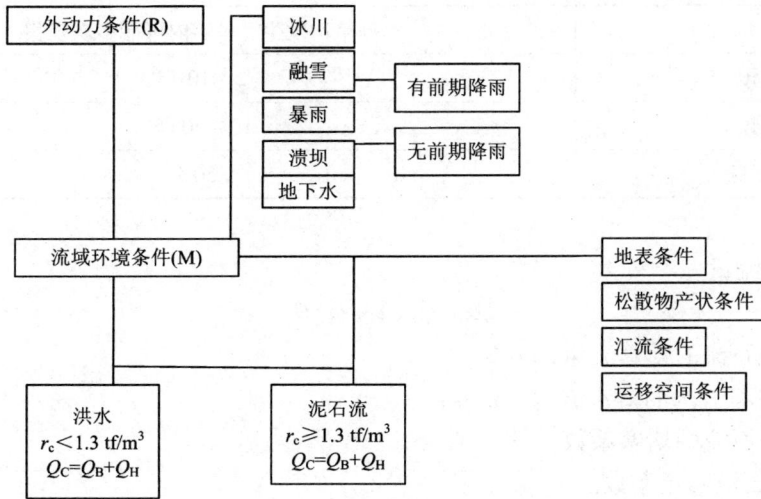

图 5 - 6　泥石流发生的判别模式

表 5 - 12　各地区限用雨量值 (mm)

年降雨分区	$H_{24(D)}$	$H_{1(D)}$	$H_{1/6(D)}$	$H_{o(D)}$	代表地区
>1200	100	40	12	70	浙江、福建、台湾、广东、广西、江西、海南、湖南、湖北、安徽、河南、京郊、辽东及云南西部、西藏东南部等省山区
800~1200	60	20	10	35	四川、贵州、云南东部、陕西南部、河南、山西东部、河北西部、吉林、黑龙江、辽宁西部等省山区
400~800	30	15	6	20	陕西北部、新疆部分、内蒙古、宁夏、山西、甘肃、四川西北部、西藏等省山区
<400	25	15	5	15	西藏、新疆、青海及甘肃、宁夏两省黄河以西地区

（3）泥石流发生周期

泥石流发生频率分为中频、低频和极低频，见表 5 - 13。

第三阶梯内的湿润地区的河沟发生泥石流的周期较长，规模大。

第一阶梯及第二阶梯内干旱少雨地区，因松散固体物源充分，只要降雨诱发条件具备便可发生各种规模的泥石流。这些地区泥石流发生受暴雨周期制约，因暴雨少、周期长故同一条沟泥石流发生周期也长。

第二阶梯内，物源水源条件均充分，故泥石流发生的周期较短，部分泥石流沟年内可连续多次发生，且规模较大。

表 5 – 13　泥石流发生频率表

高频	每年均发生，一年内可能多次发生
中频	2 ~ 10 年
低频	10 ~ 50 年
极低频	> 50 年

（4）泥石流流量

$$Q_c = Q_w(1 + \varphi)D_c \qquad (5-2)$$

式中：Q_c——泥石流的计算流速，m^3/s；

Q_w——泥石流沟的清水流速，m^3/s；

D_c——泥石流的堵塞系数；

φ——泥石流修正系数。

一次泥石流总量

$$Q_N = kTQ_c \qquad (5-3)$$

式中：Q_N——一次泥石流总量，m^3；

T——泥石流历时，s；

Q_c——泥石流流量，m^3/s；

k——与流域面积相关的系数。

式中的 k 有三种取值方法：

$k_1 = \varphi/(1 + \varphi)$

$k_2 = 0.278$

$k_3 = 0.252 \sim 0.151(0.202) \qquad (F < 0.5)$

$\quad = 0.151 \sim 0.0756(0.113) \qquad (F = 5 \sim 10)$

$\quad = 0.0756 \sim 0.0252(0.0378) \qquad (F = 10 \sim 100)$

$\quad < 0.0252 \qquad (F > 100)$

（5）泥石流流速

$$v_c = K_c H_c^{2/3} \cdot I_c^{1/2} \qquad (5-4)$$

式中：v_c——黏性泥石流流速，m/s；

H_c——泥石流深度，m；

I_c——泥石流水力坡度，‰；

K_c——黏性泥石流的流速系数。

4. 泥石流活动规模、强度、危险分区及致灾能力评价

（1）泥石流活动规模

泥石流活动规模分为巨型、大型、中型和小型四类，见表 5 – 14。

表 5-14 泥石流活动规模分类

巨型	泥石流输移总量：> 50 万 m³	$Qc > 300 \ \text{m}^3/\text{s}$
大型	泥石流输移总量：20 万 ~ 50 万 m³	$Qc = 100 ~ 300 \ \text{m}^3/\text{s}$
中型	泥石流输移总量：2 万 ~ 20 万 m³	$Qc = 10 ~ 100 \ \text{m}^3/\text{s}$
小型	泥石流输移总量：< 2 万 m³	$Qc < 10 \ \text{m}^3/\text{s}$

（2）泥石流活动强度分类

泥石流活动强度分为特强、强、中强、弱四级，见表 5-15。

表 5-15 泥石流活动强度分级

特强	沟口堆积扇规模很大，大河河型变化，形成区内松散体体积大，数量多且变形大
强	沟口堆积扇规模较大，大河主流偏移，形成区内松散体体积较大，数量较多且变形较大
中强	沟口堆积扇规模有一定发育，大河不受或少受影响，形成区内松散体体积较小，数量不多且变形较小
弱	沟口堆积扇不发育，大河不受影响，形成区内松散体体积小，数量少且变形小

（3）泥石流危险性分区

泥石流危险性分为极危险区、危险区、影响区和安全区，见表 5-16。

表 5-16 泥石流危险性分区

极危险区	1. 洪水，泥石流能直接到达的地区： ①历史最高水位或最高泥位线以下的地区 ②历史泛滥线以内
	2. 河沟两岸已知的及预测可能发生崩坍、滑坡的地区： ①有变形现象的崩坍、滑坡活动区域内 ②滑坡前缘可能到达的区域内
	3. 大河在泥石流堆积的上下游区域。泥石流汇入大河，因堆积扇发育，而诱发的大河上、下游灾害区： ①因挤压大河后，主流偏移而直接受灾的地区 ②因堵塞造成的上游淹没区，下游因溃坝造成的淹没区
危险区	历史最高水位或最高泥位线以上，因泥石流堵塞上游形成淹没区，在淹没水位以下地区。堵塞坝以下则按溃坝泥石流可能到达的范围内
	河沟两岸崩坍、滑坡后缘裂隙以上 50 ~ 100 m，或按实地地形确定
	大河因泥石流堵江的，在极危险区以外仍可能发生灾害的区域
影响区	与危险区相邻的地区，它不会直接遭受灾害，但仍有可能受到灾害牵连而发生某些次级灾害的地区
安全区	影响区以外的地区为安全区

注：本标准只考虑泥石流流动过程及沟岸崩滑和大河堵塞而形成的危险区域，暂不考虑人工建筑物形成的某些安全因素对危险区圈划的影响。危险区的划定主要是便于防洪抗灾、进行科学管理，有效实施紧急避难，保证人的安全，减少灾害损失。

(4)泥石流活动的综合致灾能力评价

泥石流活动的综合致灾能力分为很强、强、次强、弱四级,见表5-17。

表5-17 泥石流活动的综合致灾能力

分级	很强	16~13	强	12~10	次强	9~7	弱	6~4
活动强度	很强	4	强	3	次强	2	弱	1
活动规模	特大型	4	大型	3	中型	2	小型	1
发生频率	极低频	4	低频	3	中频	2	高频	1
堵塞程度	严重	4	中等	3	轻微	2	无	1

建筑物破坏程度根据受灾体破坏程度分为四级见表5-18,承灾能力见表5-19。

表5-18 建筑物破坏程度(危害强度)分级标准

破坏程度分级(危害强度)	受灾体被破坏程度
严重	处于受灾中心地带,受灾体全部或80%以上被破坏
中等	处于受灾中间地带,受灾体50%~80%被破坏或全部被淤埋
轻微	处于受灾边缘地带,受灾体15%~50%被破坏或大部被淤埋
微小	处于受灾外围地带,受灾体被破坏不足15%或部分被淤埋

表5-19 建筑物承(抗)灾能力分级

级别	很差	4~6	差	7~9	较好	10~12	良好	13~16
设计标准	<5年一遇	1	5~10年一遇	2	10~50年一遇	3	>50年一遇	4
工程质量	较差有严重隐患	1	合格有隐患	2	合格	3	良	4
区位条件	极危险区	1	危险区	2	影响区	3	安全区	4
防治、辅助工程效果	较差、工程失效	1	存在较大问题	2	存在部分问题	3	较好	4

(5)灾害损失计算

灾害损失分为直接经济损失和间接经济损失。

直接经济损失指泥石流活动对现有资产造成毁损的综合总价值,可按资产原值或现值进行统计计算。

间接经济损失指除直接经济损失以外的非现实发生的但却是由泥石流灾害导致且必然会发生的实际损失,如人员伤亡处置费及灾后灾民生活、生产救济费,易地搬迁和人员安置费,灾后生产恢复期中工农业的产值损失,次生灾害的抗灾救灾费用、资源损失。

（6）防灾效益

防灾效益是防灾收益和防灾投入的比值，也即期望损失费用和防治工程费用的比值。

期望损失费用是在泥石流活动危险性和易损性评价基础上核算可能的灾害损失平均值。

5.3.4　泥石流活动危险性评估的实施

1. 评估程序

①根据评估项目的重要性和成灾环境的复杂程度确定评估等级。

②根据评估种类确定评估内容及任务。

③根据泥石流活动危险性评估基础资料调查表开展现场调查和有关资料收集。

④分别计算和确定泥石流沟易发程度（稳定状态）、泥石流容重、发展期、频率、流量、流速、规模、强度等。

⑤划分泥石流活动危险区。

⑥确定泥石流活动的综合致灾能力。

⑦确定建筑物承（抗）灾能力。

⑧灾害损失。

⑨确定泥石流活动的破坏程度。

⑩灾情与灾害分级。

⑪计算防灾效益。

⑫泥石流活动危险性分级。

⑬泥石流活动成灾几率或危险程度。

⑭泥石流活动的预测分析。

⑮编写报告。

2. 评估报告各章内容

第 1 章一般为前言，主要内容包括任务由来及拟建工程概要、地点及范围、项目类型及平面布置图、评估目的和依据、评估工作投入的工作量、评估级别的确定。

第 2 章地质环境条件，主要内容为气象水文、地形地貌、地层岩性、构造与地震、水文地质条件、岩土工程地质特征、人为工程活动影响、小结（主要说明地质环境条件复杂程度的判定）。

第 3 章危险性现状评估（只对评估区范围内的已有地灾评估），主要内容包括地质灾害类型、地质灾害史及资料来源、评估区内地质灾害危险性评估（地灾类型、规模、分布、稳定状态、危害对象、损失）、小结。

第 4 章危险性预测评估（只对拟建工程场地内工程可能诱发的地灾和地灾对工程的影响评估），主要内容包括工程建设中和建成后对环境的改变和影响能否诱发地灾、地灾范围及危害、工程建设会不会遭受地灾危害、小结。

第 5 章危险性综合评估及防治措施，主要内容包括评估区内地灾危险性分区分级、场地使用适宜性评估（自然条件下和防治后条件下的适宜性）、防治措施的建议、结论。

附图件主要为灾害分布图和危险性分区图。

5.4　泥石流防治

泥石流的综合防治，要全面规划、突出重点，具体问题具体分析，远近兼顾、因害设防、讲求实效，可采用坡面防护工程，防治山区、丘陵区、风沙区水土流失，保护、改良与合理利用水土资源，建立良好生态环境，以防治泥石流灾害的发生。

泥石流防治工程措施和生物措施在泥石流沟的全流域可综合采用，从治水措施和治土措施方面防治泥石流的工程可分为四种类型：山坡防护工程、沟道治理工程、河道治理与水土保持工程和泥石流综合防治措施。

5.4.1　山坡防护工程

山坡防护工程的作用在于用改变地形的方法防止坡地水土流失，将雨水及雪水就地拦蓄，使其渗入农地、草地或林地，减少或防止形成坡面径流，增加农作物、牧草以及林木可利用的土壤水分，防止泥石流灾害的发生。在有发生重力侵蚀危险的坡地上，可以修筑排水工程或支撑建筑物起到防止滑坡作用。

山坡防护工程包括坡面集水保水工程、梯田、沟头防护工程。

属于山坡防护工程的措施有：梯田、拦水沟埂、水平沟、水平阶、水簸箕、鱼鳞坑、山坡截留沟、水窖（旱井）、蓄水池以及稳定斜坡下部的挡土墙等。

1. 坡面集水保水工程

集水技术是在干旱地区充分利用降水资源为农业生产和人畜生活用水服务的一种技术措施，同时可以防止泥石流、滑坡的发生。

集水蓄水工程，包括水窖（又名旱井）、涝池（又名蓄水池）、山边沟渠工程、鱼鳞坑、水平沟和水平阶等。

（1）水窖

1）水窖的定义与功能

修建于地面以下并具有一定容积的蓄水建筑物叫作水窖，水窖由水源、管道、沉沙、过滤、窖体等部分组成）。

水窖的功能主要是拦蓄雨水和地表径流，提供人畜饮水和旱地灌溉的水源，减轻水土流失。

水窖可分为井窖（图 5-7、图 5-8）、窑窖、竖井式圆弧形混凝土水窖和隧洞形（或马鞍形）浆砌石窖等形式。可根据实际情况采用修建单窖、多窖串联或并联运行使用，以发挥其调节用水的功能。

井窖在黄河中游地区分布较广。主要由窖筒、旱窖、散盘、水窖、窖底等部分组成。窑窖与西北地区群众居住的窑洞相似，其特点是容积大，占地少，施工安全，取土方便，省工省料。窑窖容积一般为 300~500 m³。窖高 2 m 以上，窖长 6~25 m。上宽 2.0~3.5 m，底宽 0.5~2.5 m，根据其修筑方法不同又可分为挖窑式和屋顶式两种。

图5-7　水窖示意图

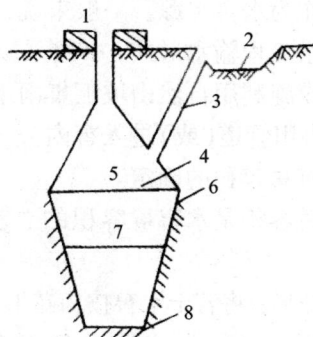

图5-8　井窖各部分名称示意图
1—窖口；2—沉沙池；3—进水管；4—散盘；
5—旱窖；6—胶泥层；7—玛眼；8—水窖

2）水窖的规划与设计

修建水窖要根据年降水量、地形、集雨坪（径流场）面积等条件因地制宜进行合理布局。

水源高于供水区的，采取蓄、引工程措施；水源低于供水区的，采取提、蓄工程措施；无水源的采取建塘库、池窖，分散解决的工程措施。

①水窖的设计。

a. 设计所需材料。

气象资料：附近雨量站（气象站）的多年降雨量（以月为单位），年最大24 h平均降雨量，以及年最低、最高气温，日照天数，最大蒸发量等。

水源的水位资料：包括枯流量、基流量、丰水期流量及最大洪水流量，干旱期实测值和水质化验报告。

水源工程、输水工程及窖体的地质地形图。

当地建材的分布调查。

当地的社会经济情况调查。

1∶10000或1∶50000地形图。

灌溉面积（需水）分布情况及人畜饮用需水调查。

现有水利设施情况。

b. 工程布置原则。

水窖工程布置要以饮用水为主的窖池，应远离污染源，水源地（或调节池）应置于高位点，以便自压供水，应避开不良地质地段。

c. 水源工程。

水窖的水源有雨水、泉水、裂隙水、山沟水、库水以及提水入窖（池）等。

雨水作为水窖水源。可利用现有的房屋、晒坝（坪）、冲沟、道路等集水，也可修建集雨坪、拦山沟等工程拦截雨水，汇流入窖。

库水作为水窖水源时，水库就是水窖的调节池、沉淀池。

泉水、裂隙水、河水作为水窖水源。在水源处修建一集水池或取水口，将水集中起来，通过输水管或暗(明)渠进入水窖。

渠水作为水窖水源。一般来说，渠水水源均能满足水窖对水量的需求。

输配水工程输水形式，一般采取暗渠、陡坡、管道三种形式输水。

净化设施利用自然山坡汇集雨水，必须经沉沙过滤后方能进入水窖。过滤池下方应设一集水沟，再用管道(或)进入窖内。

②水窖总容积的确定。

水窖总容积是水窖群容积的总和，应与其控制面积相适应。水窖群的布置形式有以下几种：

a.梅花形：将若干水窖按梅花形布置成群，用暗管连通，从中心水窖提水灌溉(图5-9)。

b.排子形水窖群：这种水窖群布置在窄长的水平梯田内，顺等高线方向筑成一排水窖群，窖底以暗管连通，在水窖群的下一台梯田地坎上设暗管直通窖内(图5-10)。

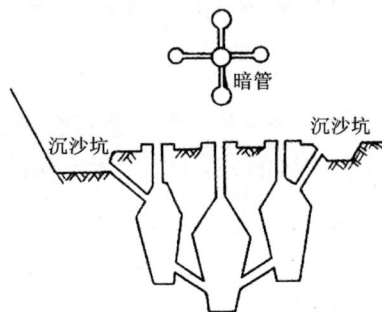

图5-9 梅花形水窖群布置示意图

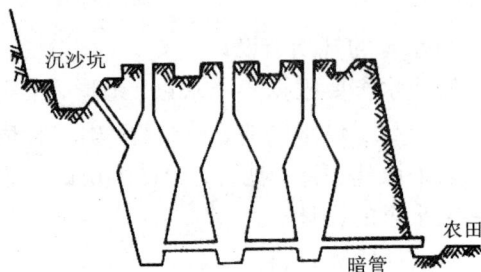

图5-10 排子形水窖群布置示意图

③窖址的选择。

a.有足够的水源。

b.有深厚而坚硬的土层；水窖一般应设在质地均匀的土层上，以黏性土壤最好，黄土次之。

c.在石质山区，多利用现有地形条件，在无泥石流危害的沟道两侧的不透水基岩上，加上修补，做成水窖。

④窖址应便于人畜用水和灌溉农田。

(2)涝池

1)涝池的定义与功能

定义：以拦蓄地表径流为主而修建的，蓄水量在50~1000 m³的蓄水工程(图5-11)。

功能：拦蓄地表径流，充分和合理利用自然降雨或泉水，就近供耕地、经济林、果浇灌和人畜饮水需要，减轻水土流失。

涝池的类型：按材料可分为土池、三合土池、浆砌条石池、浆砌块石池、砖砌池和钢筋混凝土池等；按形式可分为圆形池、矩形池

图5-11 涝池

（图 5 - 12）、椭圆形池等几种类型。此外，蓄水池还可分为封闭型和敞开式两大类。

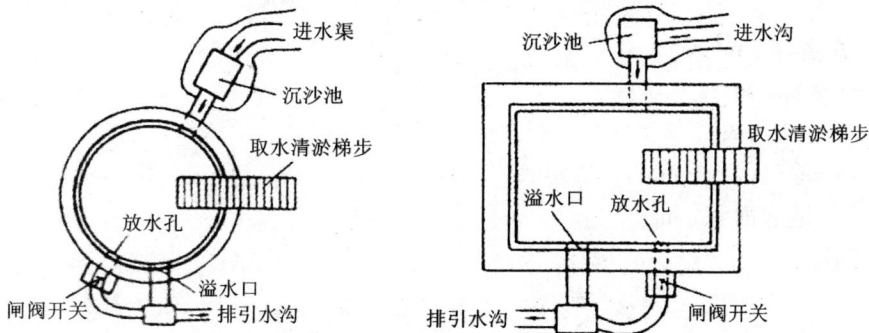

图 5 - 12　圆形与矩形池平面示意图

涝池位置的选择：涝池一般都修在乡村附近、路边、梁峁坡和沟头上部。池址土质应坚实，最好是黏土或粘壤土。此外选择涝池的位置还应注意以下几点：

①有足够的来水量。

②涝池池底稍高于被灌溉的农田地面，以便自流灌溉。不能离沟头、沟边太近，以防渗水引起坍塌。

2）涝池的规划

涝池一般规划布设在坡面水汇流的低凹处，并与排水沟、沉沙池形成水系网络。以满足农、林用水和人畜饮水需要为规划设计依据。规划布设中应尽量考虑少占耕地，来水充足，蓄引方便，造价低，基础稳固等条件。

涝池的配套设施有：引水渠、排水沟、沉沙池、过滤池、进水和取水设施（放水管或梯步）。

房屋前后或道路旁的开敞式涝池还应加栏杆或围坪。人畜饮水用的涝池一般为封闭式，确保用水清洁卫生和安全。

3）涝池的布置形式

①平地涝池：修在平地的低凹处，一般是把凹处再挖深些，将挖出的土培在周围。

②结合沟头防护：在沟头附近适当距离处挖涝池，拦蓄坡面汇集的地表径流，防止沟头前进。

③开挖小渠将地下水引入涝池：沟底坡脚常有地下水渗出，给很多地方造成泥流及滑塌。可在附近挖涝池，并开小渠使地下水引入涝池，用以灌溉或人畜饮用，也可避免塌岸。

④结合山地灌溉，开挖涝池：其布置形式为渠道联结涝池在山地渠道上，每隔适当的距离挖一个涝池，涝池与渠道连接处设立闸门，将多余的水蓄在池内，以备需水时灌溉。

⑤连环涝池：涝池与涝池之间用小水渠连接起来，多修在道路的一侧，以防止道路冲刷，有时也修在坡面上的浅凹地上，一般为方形或长方形，蓄水量可达 $10 \sim 15\ m^3$。

4）涝池容积计算

涝池蓄水量加上超高的容积即为涝池总容量。由总容量及池的形状可以定出池的具体尺寸。池的形状随地形变化而异，其不同形状的涝池总容量计算方法如下所述。

①矩形：

$$V = \frac{1}{2}(h_水 + \Delta h) \times (A_{池口} + A_{池底}) \qquad (5-5)$$

式中：V——总容量，m^3；

$h_水$——水深，m；

Δh——超高，m；

$A_{池口}$——池口面积，m^2；

$A_{池底}$——池底面积，m^2。

②平底圆形：

$$V = \frac{\pi}{2}(R^2_{池口} + R^2_{池底}) \times (h_水 + \Delta h) \qquad (5-6)$$

式中：V——总容量，m^3；

$R_{池口}$——池口半径，m；

$R_{池底}$——池底半径，m；

$h_水$——水深，m；

Δh——超高，m。

③"U"字形：

$$V = \frac{3}{5}\pi(R^2_{池口}) \times (h_水 + \Delta h) \qquad (5-7)$$

式中：V——总容量，m^3；

$R_{池口}$——池口半径，m；

$h_水$——水深，m；

Δh——超高，m。

④椭圆形：

$$V = \frac{2}{3}\pi(R_长 \times r_短) \times (h_水 + \Delta h) \qquad (5-8)$$

式中：V——总容量，m^3；

$R_长$——长半轴，m；

$r_短$——短半轴，m；

$h_水$——水深，m；

Δh——超高，m。

5）涝池的养护

涝池的养护和管理要遵循以下几点原则：

①按谁建设、谁使用、谁管理原则落实养护责任制。

②应尽量避免涝池干涸，以免池底和四周的防渗层干裂而导致其漏水。

③涝池修成后，如果来水量比预先估计的少，应另设法开辟水源，或开挖引水沟。把可能引入沟的水引入涝池，增加来水量，以充分发挥涝池的作用。

④暴雨前后应及时修补养护，及时清淤保持蓄水容积，并对蓄水池上下沉沙池、排水沟进行养护。

（3）山边沟渠工程

1）沟渠工程的定义与功能

①定义。

为防治坡面水土流失而修建的截排水设施，统称坡面沟渠工程。坡面沟渠工程是坡面治理的重要组成部分。

②功能。

沟渠工程的主要功能是拦截坡面径流，引水灌溉；排除多余来水，防止冲刷；减少泥沙下泻，保护坡脚农田，巩固和保护治坡成果。

③沟渠工程的类型。

a.截水沟（水平沟、沿山沟、拦山沟、环山沟、山圳以及梯田内的边沟、背沟）。

b.排水沟（撇水沟、天沟、排洪沟）。

c.蓄水沟（水平竹节沟）。

d.引水渠（堰沟）。

e.灌溉渠。

2）工程规划与设计

①坡面沟渠工程应与梯田、耕作道路、沉沙蓄水工程同时规划，并以沟渠、道路为骨架，合理布设截水沟、排水沟、蓄水沟、引水渠、灌溉渠、沉沙池、蓄水池等工程，形成完整的防御、利用体系。

②根据不同的防治对象，因地制宜确定沟渠工程的类型的数量，并按高水高排或高用、中水中排或中用、低水低排或低用的原则设计。

以修梯田、保土耕作、经果林为主的坡面，应根据降雨和汇流面积合理布设截水沟、排水沟，并结合水源规划引水渠、灌溉渠；以保土耕作为主的坡面还应配合等高种植，规划若干道蓄水沟；以种植林草为主的坡面，沟渠工程应采用均匀分布的蓄水沟，上方有较大来水面积的应规划截水沟或排洪沟。

③在坡面上一般应综合考虑布设截、排、引、灌溉渠工程，截水沟、排水沟可兼做引水渠、灌溉渠。

④截水沟一般应与排水沟相接，并在连接处前后作好沉沙、防冲设施。

⑤梯田区域内承接背沟两端的排水沟，一般垂直等高线布设，并与梯田两端的道路同向，呈路边沟或路代沟（为凹处）状，土质排水沟应分段设置跌水，一般以每台梯面宽为水平段，每台梯坎高为一级跌水，在跌水处作好铺草皮或石方衬砌等防冲消能措施。

⑥截水沟和排水沟、引水渠、灌溉渠在坡面上的比降，应视其截、排、用水去处（蓄水池或天然冲沟及用水地块）的位置而定。当截、排、用水去处的位置在坡面时，截水沟和排水沟可基本沿等高线布设，沟底比降应满足不冲不淤流速；沟底比降过大或与等高线垂直布设时，必须作好防冲措施。

⑦一个坡面面积较小的沟渠工程系统，可视为一个排、引、灌水块。当坡面面积较大，可划分为几个排、引、灌水块或单元，各单元分别布置自己的排、引、灌去处（或蓄水池，或天然冲沟或用水地块）。

⑧坡面沟渠工程规划还应尽量避开滑坡体、危岩等地带，同时注意节约用地，使交叉建筑物（如涵洞等）最少，投资最省。

（4）鱼鳞坑、水平沟和水平阶

1）鱼鳞坑

鱼鳞坑是陡坡地植树造林的整地工程，多挖在石山区较陡的梁毛坡面上，或支离破碎的沟坡上。由于这些地区不便于修筑水平沟，因而采取挖坑的办法分散拦截坡面径流（图5－13）。

鱼鳞坑的布置是从山顶到山脚每隔一定距离成排地挖月牙形坑，每排坑均沿等高线挖，上下两个坑应交叉而又互相搭接，成品字形排列。

2）水平沟

在坡面不平、覆盖层较厚、坡度较大的丘陵坡地，采用水平沟（图5－14）。

图5－13　鱼鳞坑

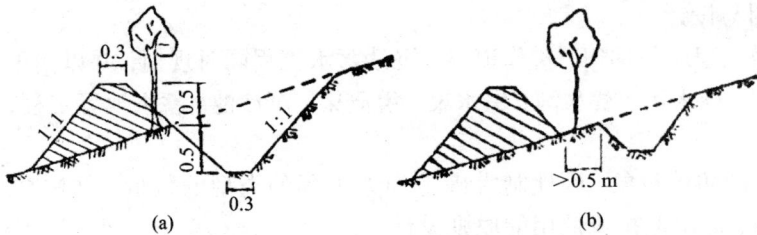

(a)　　　　　　　(b)

图5－14　水平沟示意图

水平沟的设计和修筑原则：水平沟的沟距和断面大小，应以保证设计频率暴雨径流不致引起坡面水土流失。陡坡、土层薄、雨量大，沟距应小些；反之可大些。坡陡，沟深而窄；坡缓，沟浅而宽。一般沟距为3～5 m，沟口宽0.7～1 m，沟深0.5～1.0 m。水平沟容积比鱼鳞坑大，故蓄水量也大。为防止山洪过大冲坏地埂，每隔5～10 m，设置泄洪口，使超量的径流导入山洪沟中。为使雨水在沟中均匀，减少流动，每隔5～10 m，留一道土挡，其高度为沟深的1/3～1/2。

3）水平阶

水平阶是沿等高线自上而下里切外垫，修成一台面，台面外高里低，以尽量蓄水，减少流失，但其效果不如水平沟。在山石多、坡度大坡面上采用。水平阶的设计计算类同梯田，如采用断续水平阶，实际相当于窄式隔坡梯田。阶面面积与坡面面积之比为1:(1～4)。

2. 梯田

梯田是山区、丘陵区常见的一种基本农田，它是由于地块顺坡按等高线排列呈阶梯状而得名。在坡地上沿等高线修成阶台式或坡式断面的田地，梯田可以改变地形坡度，拦蓄雨水。增加土壤水分，防治水土流失，达到保水、保土、保肥目的，同改进农业耕地作技术结合，能大幅度地提高产量，从而为贫困山区退耕陡坡，种草种树，促进农、林、牧、副业全面发展创造了前提条件。

（1）梯田的分类

由于各地的自然地理条件、治理程度、劳动力多少、土地利用方式与耕作习惯等不同，修筑梯田形式各异，其分类方法也有多种。

1）按断面形式分类

按断面形式可分为阶台式梯田和波浪式梯田两类

①阶台式梯田。

在坡地上沿等高线修筑成逐级升高的阶台形的田地。中国、日本、东南亚各国对人多地少地区的梯田一般属于阶台式。阶台式梯田又可分为水平梯田、坡式梯田、反坡梯田、隔坡梯田四种。

a. 水平梯田：田面呈水平，适宜于种植水稻和其他旱作等。

b. 坡式梯田：顺坡向每隔一定间距沿等高线修筑地埂而成的梯田。依靠逐年耕翻、径流冲淤并加高地埂，使田面坡度逐年变缓，终至成水平梯田，所以这也是一种过渡的形式。

c. 反坡梯田：田面微向内侧倾斜，反坡一般可达 2°，能增加田面蓄水量，并使暴雨时过多的径流由梯田内侧安全排走。适于栽植旱作与果树。

d. 隔坡梯田：相邻两水平阶台之间隔一斜坡段的梯田。

②波浪式梯田。

在缓坡地上修筑的断面呈波浪式的梯田。又名软埝或宽埂梯田。

2）按田坎建筑材料分类

按田坎建筑材料分类，可分为土坎梯田、石坎梯田、植物田坎梯田。

黄土高原地区，土层深厚，年降水量少，主要修筑土坎梯田。土石山区，石多土薄，降水量多，主要修筑石坎梯田。陕北黄土丘陵地区，地面广阔平缓，人口稀少，则采用以灌木、牧草为田坎的植物田坎梯田。

3）按土地利用方向分类

按土地利用方向分类，有农田梯田，水稻梯田、果园梯田、林木梯田等。以灌溉与否可分为旱地梯田、灌溉梯田。

4）按施工方法分类

按施工方法分为人工梯田、机修梯田。

（2）梯田的规划与设计

梯田建设是山区水土保持和改变农业生产条件的一项重要措施。因此，梯田规划必须在山、水、田、林、路全面规划的基础上进行。规划中要因地制宜地研究和确定一个经济单位（乡或镇）的农、林、牧用地比例，确定耕作范围，制定建设基本农田规划。

1）梯田的规划

①耕作区的规划。

耕作区的规划，必须以一个经济单位（一个镇或一个乡）农业生产和水土保持全面规划为基础。

在塬川缓坡地区，一般以道路、渠道为骨干划分耕作区。在丘陵陡坡地区，一般按自然地形，以一面坡或峁、梁为单位划分耕作区，每个耕作区面积，一般以 50 ~ 100 亩为宜。

②地块规划。

a. 地块的平面形状，应基本上顺等高线呈长条形、带状布设。一般情况下，应避免梯田施工时远距离运送土方。

b. 当坡面有浅沟等复杂地形时，地块布设必须注意"大弯就势，小弯取直"，不强求一律顺等高线，以免把田面的纵向修成连续的"S"形，不利于机械耕作。

c. 如果梯田有自流灌溉条件，则应使田面纵向保留 1/500 ~ 1/300 的比降，以利行水，在某些特殊情况下，比降可适当加大，但不应大小 1/200。

d. 地块长度规划，有条件的地方可采用 300 ~ 400 m，一般是 150 ~ 200 m，在此范围内，地块越长，机耕时转弯掉头次数越少，工效越高，如有地形限制，地块长度最好不要小于 100 m。

③梯田附属建筑物规划。

梯田区的坡面蓄水拦沙设施的规划内容，包括"引、蓄、灌、排"的坑、函、池、塘、埝等缓流拦沙附属工程。规划时既要做到各设施之间的紧密结合，又要做到与梯田建设的紧密结合。

规划程序上可按"蓄引结合，蓄水为灌，灌余后排"的原则，根据各台梯田的布置情况，由高台到低台逐台规划，做到地（田）地有沟，沟沟有函，分台拦沉，就地利用。其拦蓄量，可按拦蓄区内 5 ~ 10 年一遇的一次最大降雨量的全部径流量加全年土壤可蚀总量为设计依据。

④梯田区的道路规划。

山区道路规划总的要求：一是要保证今后机械化耕作的机具能顺利地进入每一个耕作区和每一地块；二是必须有一定的防冲设施，以保证路面完整与畅通，保证不因路面径流而冲毁农田。

a. 丘陵陡坡地区的道路规划，重点在于解决机械上山问题。西北黄土丘陵沟壑区的地形特点是，上部多为 15° ~ 30° 的坡耕地，下部多为 40° ~ 60° 的荒陡坡，沟道底部比降较小。

因此，机械上山的道路，也应分上、下两部分。下部一般顺沟布设，道路比降大体接近稍大于沟底比降，上部道路，一般应在坡面上呈"S"形盘旋而上。

b. 塬、川缓坡地区的道路规划。由于塬、川地区地面广阔平缓，耕作区的划分主要以道路为骨干划定，因此，相邻的两条顺坡道路的距离，就是梯田地块的长度，相邻的两条横坡道路的方向，可以直接影响到耕作区地块的布设，因此，必须注意以下问题：

根据前述地块长度的要求，确定顺坡道路间的距离，一般是 200 ~ 400 m。

若地块布设基本上顺等高线，横坡道路的方向，也应基本上顺等高线。

因此，在塬、川缓坡地区，通过道路布设划分耕作区时，应根据地面等高线的走向，每一耕作区的平面形状，可以是正方形或矩形，也可以是扇形（图 5 – 15）。这样，耕作区内的每一个地块，都可以基本上顺着等高线布置，机械修筑梯田时省工，修成的梯田又便于机耕，避免了地块呈斜角小块地或梯田施工中的远距离大土方量的搬运。

⑤灌溉排水设施的规划。

梯田建设不仅控制了坡面水土流失，而且为农业进一步发展创造了良好的生态环境，并导致农田熟制和宜种作物的改进，提高梯田效益。在梯田规划的同时必须结合进行梯田区的灌溉排水设施规划。

梯田区灌溉排水设施的规划原则，一方面要根据整个水利建设的情况，把一个完整的灌溉系统所包括的水源和引水建筑、输水配水系统、田间渠道系统、排水泄系统等工程全面规划布置；另一方面，由于梯田分布多在干旱缺水的山坡或山洪汇流的冲沟（古代侵蚀沟道）地带,常处于干旱或洪涝的威胁,因此,梯田区灌排设施规划的另一个原则,就是要充分体现拦蓄和利用当地雨水的原则,围绕梯田建设,合理布设蓄水灌溉和排洪防冲以及冬水梯田的改良工程。

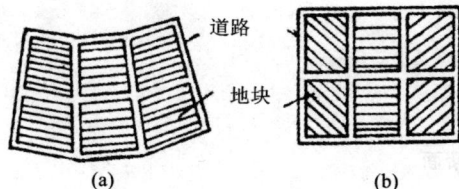

图 5 – 15　塬、川缓坡区道路设置

图 5 – 16　坡耕地综合整治工程

实施坡改梯、坡面水系工程和田间道路相结合的坡面水土综合整治(图 5 – 16)。在小流域综合治理规划的基础上,选择坡度较缓又相对集中的坡耕地修建石坎或土坎梯田;在梯田的上部修筑拦水沟,在梯田间布设蓄水池和沉沙池,通过小型渠系将拦水沟、梯田、沉沙池和蓄水池连通,同时与渠系结合建设农田道路。坡面水系工程可以起到拦、导、蓄、排、灌的作用,降雨时将上游坡面的来水和梯田里多余的水量通过渠系引入蓄水池,蓄水池蓄满后则从下游排出,干旱时则将蓄水池里的水放出,用于灌溉。

2)梯田的断面设计

梯田的断面关系到修筑时的用工量,埂坎的稳定,机械化耕作和灌溉的方便。梯田断面设计的基本任务,是确定在不同条件下梯田的最优断面。所谓“最优”断面,就是同时达到下述三点要求:一是要适应机耕和灌溉要求;二是要保证安全与稳定;三是要最大限度地省工。

最优断面的关键是确定适当的田面宽度和埂坎坡度,由于各地的具体条件不同,最优的田面宽度和埂坎坡度也不相同,但是考虑“最优”的原则和原理,是相同的。

梯田的断面要素主要有田坎高、田面宽、田埂宽、地面坡度、田坎侧坡、斜坡长度等(图 5 – 17)。

一般根据土质和地面坡度选定田坎高和侧坡(指田坎边坡),然后计算田面宽度,也可根据地面坡度、机耕和灌溉需要先定田面宽,然后计算田坎高。如图 5 – 18 所示,田面愈宽,耕作愈方便,但田坎愈高,挖(填)土方量愈大,用工愈多,田坎也不易稳定。在黄土丘陵区一般田面宽以 30 m 左右为宜,缓坡上宽些,陡坡上窄些,最窄不要小于 8 m,田坎高以 1.5 ~ 3 m 为宜,缓坡上低些,陡坡上高些,最高不超过 4 m。

各要素之间具体计算方法分述如下:

田面毛宽(m)

$$B_m = H \cdot \cot\theta \qquad\qquad (5-9)$$

埂坎占地(m)

$$B_n = H \cdot \cot\alpha \qquad\qquad (5-10)$$

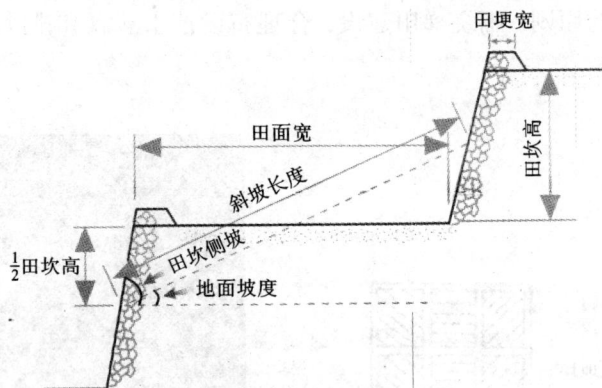

图 5 – 17 梯田断面

田面净宽(m)
$$B_n = B_m - B_n = H(\cot\theta - \cot\alpha) \quad (5-11)$$
埝坎高度(m)
$$H = \frac{B}{\cot\theta - \cot\alpha} \quad (5-12)$$
田面斜宽(m)
$$B_1 = \frac{H}{\sin\theta} \quad (5-13)$$

从上述关系可以看出,埝坎高度(H)是根据田面宽度(B)、埝坎坡度(α)和地面坡度(θ)三个数值计算而得。

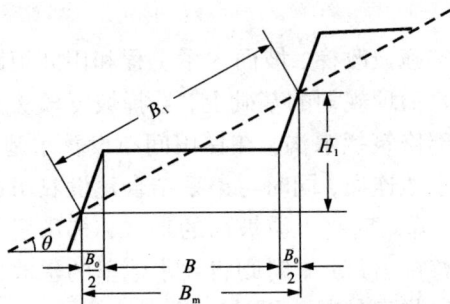

图 5 – 18 梯田断面要素示意图

其余三个要素:田面毛宽(B_m)、埝坎占地(B_n)、田面斜宽(B_1)都可根据 H、α、θ 这 3 个数值计算而得。

对于一个具体地块来说,地面坡度(θ)是个常数,因此,田面宽度(B)和埝坎坡度(α)是断面要素中起决定作用得因素。在梯田断面计算中,主要研究这两个因素。

3. 沟头防护工程

(1)蓄水式沟头防护工程

当沟头上部来水较少时,可采用蓄水式沟头防护工程,即沿沟边修筑一道或数道水平半圆环形沟埝,拦蓄上游坡面径流,防止径流排入沟道。蓄水式沟头防护工程分为沟埝式(图5-19)与埝墙涝池式两种类型。

(2)泄水式沟头防护工程

泄水式沟头防护工程有悬臂跌水式沟头防护、陡坡式沟头防护、台阶式跌水沟头防护三种类型。

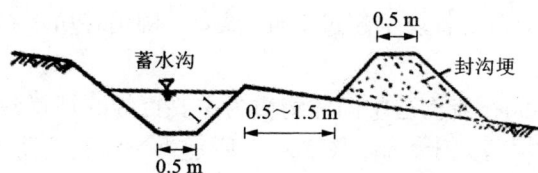

图 5 – 19　封沟埂与蓄水沟断面图

5.4.2　沟道治理工程

1. 谷坊、拦沙坝

（1）谷坊

谷坊又名防冲坝，沙土坝，闸山沟等，是水土流失地区沟道治理的一种主要工程措施，谷坊一般布置在小支沟，冲沟或切沟上，稳定沟床，防止因沟床下切造成的岸坡崩塌和溯源侵蚀，坝高 3 ~ 5 m，拦沙量小于 1000 m^3，以节流固床护坡为主（图 5 – 20）。

1）谷坊的作用

①固定与抬高侵蚀基准面，防止沟床下切。

②抬高沟床，稳定山坡坡脚，防止沟岸扩张及滑坡。

图 5 – 20　谷坊

③减缓沟道纵坡，减小山洪流速，减轻山洪或泥石流灾害。

④使沟道逐渐淤平，形成坝阶地，为发展农林业生产创造条件。

2）谷坊的种类

①根据谷坊所用的建筑材料的不同，可分为以下几类：土谷坊、干砌石谷坊、枝梢（梢柴）谷坊、插柳谷坊（柳桩编篱）、浆砌石谷坊、竹笼装石谷坊、木料谷坊、混凝土谷坊、钢筋混凝土谷坊、钢料谷坊。

②根据使用年限不同，可分为永久性谷坊和临时性谷坊。

③按谷坊的透水性质，可分为透水性谷坊与不透水性谷坊。

3）谷坊位置的选择

谷坊修建的主要目的是固定沟床，防止下切冲刷。因此，在选择谷坊坝时，应考虑以下几方面的条件：谷口狭窄，沟床基岩外露，上游有宽阔平坦的贮砂地方，在有支流汇合的情形下，应在汇合点的下游修建谷坊，谷坊不应设置在天然跌水附近的上下游，但可设在有崩塌危险的山脚下。

4）谷坊设计

①谷坊间距的确定。谷坊间距与谷坊高度及淤积泥沙表面的临界坡度有关。当连续修建谷坊时，上一座谷坊脚与下一座谷坊顶大致水平，或略有坡度。

②谷坊的断面规格。谷坊的高度，应依建筑材料而定，一般情况下，土谷坊不超过 5 m，浆砌石谷坊不超过 4 m，干砌石谷坊不超过 2 m，柴草、柳梢谷坊不超过 1 m。

2. 拦沙坝

拦沙坝是以拦蓄山洪泥石流沟道中固体物质为主要目的的挡拦建筑物。拦沙坝多建在主沟或较大的支沟内，通常坝高大于 5 m，图 5 - 21 所示为一泥石流防治工程拦沙坝布置图。

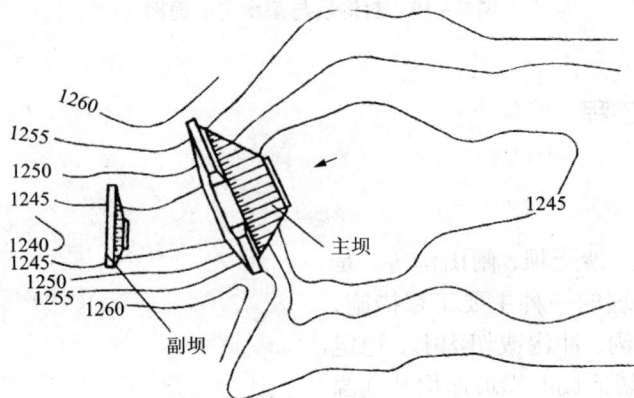

图 5 - 21　泥石流拦沙坝

（1）拦沙坝的作用

①拦蓄泥沙（包括块石）调节沟道内水沙，免除对下游危害，便于下游河道整治。

②提高坝址的侵蚀基准，减缓坝上游淤积段河床比降，加宽河床，减小流速，从而减小了水流侵蚀能力。

③稳定沟岸崩塌及滑坡，减小泥石流的冲刷及冲击力，防止溯源侵蚀，抑制泥石流发育。

（2）坝型分类

1）按结构分

重力坝：依自重在地基上产生的摩擦力来抵抗坝后泥石流产生的推力和冲击力，其优点是：结构简单、施工方便，就地取材，耐久性强（图 5 - 22）。

切口坝：又称缝隙坝，是重力坝的变形。即在坝体上开一个或数个泄流缺口，主要用于稀性泥石流沟，有拦截大砾石、滞洪、调节水位关系等特点（图 5 - 23）。

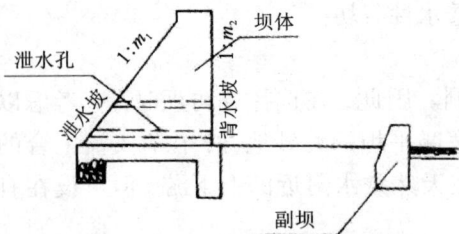

图 5 - 22　重力式拦沙坝结构示意图

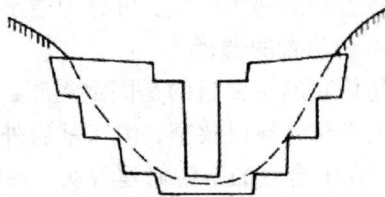

图 5 - 23　切口坝结构示意图

　　格栅坝：格栅坝适于拦蓄含巨石、大漂砾的水石流、稀性泥石流和携带大量推移质的高含沙洪水。格栅坝按受力特性分为刚性格栅坝和柔性格栅坝，按结构形式与构造分为切口坝、缝隙坝、格子坝、网格坝等。格栅坝的特点是拦、排兼备，变实体重力坝的全部拦挡为部分拦挡(图 5 - 24)。

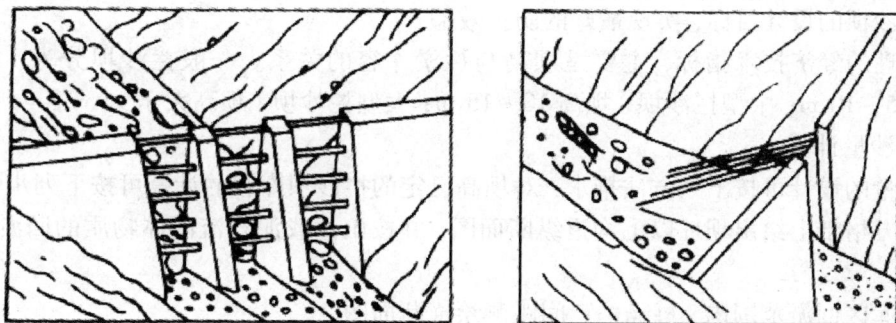

图 5 - 24　格栅坝

2)按建筑材料分

砌石坝(图 5 - 25)、混合坝(图 5 - 26)、铁丝石笼坝(图 5 - 27)等。

图 5 - 25　砌石坝

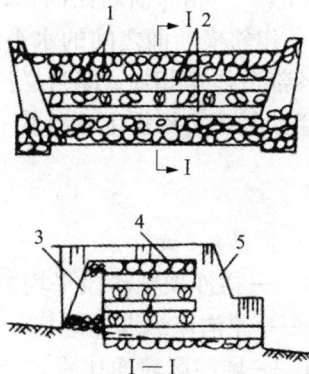

图 5 - 26　木石混合坝结构示意图

1—纵木；2—横木；3—防冲石垛；
4—碎石面层；5—砌石护坡

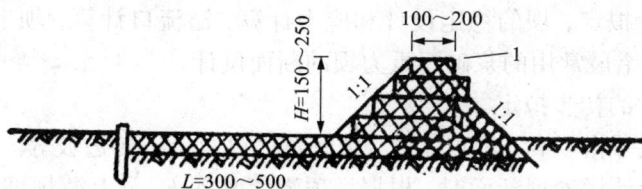

图 5 - 27　铁丝石笼坝结构示意图

（3）坝高与拦沙量的确定

1）拦沙坝坝高的确定

拦沙坝的高度由下列条件决定：

①坝址处地基及岸坡的地质条件。

②坝址处地形条件。

③拦沙坝的设计目标，实现最好的防护效益。

④合理的经济技术指标，主要是坝高与拦淤库容的关系。一般拦沙坝分为：小型拦沙坝，坝高 5～10 m；中型拦沙坝，坝高 10～15 m；大型拦沙坝，坝高大于 15 m。

2）拦沙量计算

拦沙量的设计可按下列方法推求：对坝高已定的拦沙坝库容的计算可按下列步骤进行：

①在方格纸上给出坝址以上沟道纵断面图，并按山洪或泥石流固体物质的回淤特点，画出回淤线。

②在库区回淤范围内，每隔一定间距测绘横断面图。

③根据横断面图的位置及回淤线，求算出每个横断面的淤积面积。

④求出相邻两断面之间的体积，计算公式为：

$$V = \frac{W_1 + W_2}{2} \cdot L \tag{5-14}$$

式中：V——相邻两横断面之间的体积，m^3；

W_1，W_2——相邻横断面面积，m^2；

L——相邻横断面之间的水平距离，m。

⑤将各部分体积相加，即为拦沙坝的拦沙量。

推求拦沙量还可根据下式计算：

$$V = \frac{1}{2} \cdot \frac{mn}{m-n} bh^2 \tag{5-15}$$

式中：V——拦沙量，m^3；

b，h——拦沙坝堆沙段平均宽度，高，m；

$1/n$——原沟床纵坡比降；

$1/m$——堆沙区表面比降。

当堆沙表面比降采用原沟床比降 1/2 时，$m = 2n$，有

$$V = nbh^2 \tag{5-16}$$

（4）拦沙坝的断面设计

拦沙坝的断面设计任务是，确定既符合经济要求又保证安全的断面尺寸，其内容包括：断面轮廓的初步设计拟定，坝的稳定设计和应力计算，溢流口计算，坝下冲刷深度估算，坝下消能，本节主要介绍最常用的浆砌石重力坝的断面设计。

1）断面轮廓尺寸的初步拟定

坝的断面轮廓尺寸指坝高、坝顶宽度、坝底宽度以及上下游边坡等。

日本防沙工程设计拦沙坝断面时，根据坝顶溢流水深 h_1 及上游坝坡系数 m 用经验公式推求坝顶宽度 b：

$$b \geq (0.8 \sim 0.6 \text{ m}) h_1 \tag{5-17}$$

一般也可根据坝高 h 确定坝顶宽度 b。

$h = 3 \sim 5$ m 时，$b = 1.5$ m；

$h = 6 \sim 8$ m 时，$b = 1.8$ m；

$h = 9 \sim 15$ m 时，$b = 2.0$ m。

拦沙坝下游坝坡系数 n 可用下列公式估算：

$$n \leqslant V \sqrt{\frac{2}{gh}} \text{或} \ n \leqslant 0.46V = \frac{1}{\sqrt{h}} \qquad (5-18)$$

式中：n——下游坝坡系数；

V——下游最小石砾的始动流速，m/s；

h——坝高，m。

上游坝坡与坝体稳定性关系密切，m 值愈大，坝体抗滑稳定安全系数愈大，但筑坝成本愈高，因此，m 值应根据稳定计算结果确定。

2）坝的稳定与应力计算

一座拦沙坝在外力作用下遭到破坏，有以下几种情况：①坝基摩擦力不足以抵抗水平推力，因而发生滑动破坏；②在水平推力和坝下渗透压力的作用下，坝体绕下游坝址的倾覆破坏；③坝体强度不足以抵抗相应的应力，发生拉裂或压碎。在设计时，由于不允许坝内产生拉应力，或者只允许产生极小的拉应力，因此对于坝体的倾覆稳定，通常不必进行核算，一般所谓的坝体稳定计算，均指抗滑稳定。

计算时，首先根据初步拟定的断面尺寸，进行作用力计算，然后进行稳定计算和应力计算，以保证坝体在外力作用下不致遭到破坏。

①作用力计算。

作用在单位坝上的力，按其性质不同可分为坝体重力、坝上下游面的淤积物重、坝前水沙压力、泥石流冲击力以及坝基扬压力等，如图 5-28 所示。

a. 坝体重力：

$$G = V \cdot \gamma_d \cdot b \qquad (5-19)$$

式中：G——坝体重力，t；

V——坝体横断面积，m^2；

γ_d——坝体容重，t/m^3；

b——单位宽度（$b = 1$ m）。

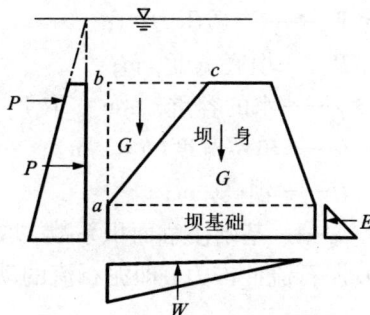

图 5-28 作用力计算示意图

b. 淤积物重量：作用在坝体上游面上的淤积物重量等于淤积体积乘以淤积物容重。

c. 水压力：

$$P = \frac{1}{2}\gamma h^2 b \qquad (5-20)$$

式中：P——静水压力，t；

γ——水的容重，t/m^3，取 1；

h——坝前水深，m。

b——单位宽度（$b = 1$ m）。

d. 泥沙压力：

$$P_泥 = \frac{1}{2} \cdot \gamma_c \cdot H^2 \cdot \tan^2\left(45° - \frac{\varphi}{2}\right) \cdot b \qquad (5-21)$$

式中：$P_泥$——坝前泥沙压力，t；

b——单位宽度（$b = 1$ m）；

γ_c——堆沙容重，t/m³；

H——坝前淤积物的高度，m；

φ——淤积物的内摩擦角，用公式表示为：$\varphi = 7.24(\gamma_c - 1)^{5.82}$。

作用在下游坝基上的泥沙压力为被动土压力：

$$E = \frac{1}{2} \cdot \gamma_c \cdot H_1^2 \cdot \tan^2\left(45° + \frac{\varphi}{2}\right) \cdot b \qquad (5-22)$$

式中：E——动土压力，t；

H_1——坝基础深度，m；

γ_c——堆沙容重，t/m³；

φ——淤积物的内摩擦角，（°）；

b——单位宽度（$b = 1$ m）。

e. 坝基扬压力：

主要为渗透压力。当坝体是实体坝，而又无排水的条件下，下游边缘的渗透压力为零，上游边缘的渗透压力为：

$$W_\varphi = \frac{1}{2} \cdot \gamma \cdot H \cdot B \cdot a_1 \cdot b \qquad (5-23)$$

式中：W_φ——渗透压力，t；

B——坝底宽度，m；

γ——水的容重，t/m³，取 1；

b——单位宽度（$b = 1$ m）；

H——坝高，m；

a_1——基础接触面积系数，取 $a_1 = 1$。

f. 泥石流冲击力：即泥石流的动压力，计算公式如下：

$$P_冲 = K \cdot \rho \cdot v_c^2 \cdot \sin a \qquad (5-24)$$

式中：$P_冲$——泥石流冲击力，t/m²；

K——泥石流动压力系数，决定于龙头特性，一般取 1.3。

ρ 泥石流的密度：$\rho = \dfrac{\gamma_c}{g}$

γ_c——泥石流容重，t/m³；

g——重力加速度（取 9.81 m/s²）；

V_c——泥石流流速，m/s；

a——泥石流流向与坝轴线的交角，（°）。

g. 地震力：

在地震区大型拦沙坝的设计应考虑地震力的作用。地震作用通常有两种力，即地震惯性力及地震泥沙压力。

地震惯性力：

$$S = K_e \cdot \alpha \cdot \beta \cdot G \tag{5-25}$$

式中：S——水平地震惯性力，t；

　　　K——地震系数；

　　　α——建筑物的惯性分布指数；

　　　β——地基对惯性力的影响系数；

　　　G——单位长度坝体重，t。

地震泥沙压力：

$$Q_c = (1 + 2K_e \mathrm{tg}\varphi) P_{泥} \tag{5-26}$$

式中：Q_c——地震作用下的泥沙压力，t；

　　　φ——淤积物的内摩擦角，(°)；

　　　K_e——地震系数；

　　　$P_{泥}$——坝前泥沙压力，t。

②坝体抗滑稳定计算。

坝体是否滑动，主要取决于坝体本身重量压在地面上所产生的摩擦力大小。当坝体属平面滑动时，坝的抗滑稳定计算公式如下：

$$K_s = \frac{f \cdot N}{P} \tag{5-27}$$

式中：K_s——抗滑稳定安全系数(要求 $K_s = 1 \sim 1.05$)；

　　　N——坝体垂直力的总和(向下为正，向上为负)；

　　　P——坝体水平作用力的总和(向下游为正，向上游为负)；

　　　f——坝体与基础的摩擦系数。

如果坝的基础设有齿墙，且齿墙的深度相同，则坝体抗滑稳定计算公式为：

$$K_s = \frac{f_0 N + b'c}{p} \tag{5-28}$$

式中：f_0——摩擦系数，当齿墙较薄，b'较大时，$f_0 = \tan\psi$；

　　　b'——两齿墙间距离，m；

　　　K_s——抗滑稳定安全系数(要求 $K_s = 1 \sim 1.05$)；

　　　N——坝体垂直力的总和，向下为正，向上为负；

　　　P——坝体水平作用力的总和，向下游为正，向上游为负；

　　　c——坝基土的黏结力。

③坝基应力计算。

浆砌石坝设计时，不容许使坝体上游面出现拉应力。如果坝脚上下游垂直应力不超过允许值就认为满足强度要求，计算公式如下：

上游面应力：

$$\sigma_{上} = \frac{N}{b}\left(1 - \frac{6e}{b}\right) \tag{5-29}$$

下游面应力：

$$\sigma_{\text{下}} = \frac{N}{b}\left(1 + \frac{6e}{b}\right) \tag{5-30}$$

式中：$\sigma_{\text{上}}$——上游面坝基应力，当 $\sigma_{\text{上}} > 0$ 时，不产生拉应力，kg/cm^2；

$\sigma_{\text{下}}$——下游面的坝基应力，kg/cm^2；

b——坝底宽，m；

e——合力作用点至坝底中心点的距离，m；

N——坝体垂直力的总和（向下为正，向上为负）。

3）溢流口设计

①确定溢流口形状和两侧边坡。

一般溢流口的形状为梯形（图 5-29），边坡坡度为（1:0.75）~（1:1）。对于含固体物很多的泥石流沟道，可为弧形。

②计算坝址处设计洪峰流量计算。

山洪泥石流的设计洪峰流量可根据观测资料计算，也可用泥痕调查法进行计算。

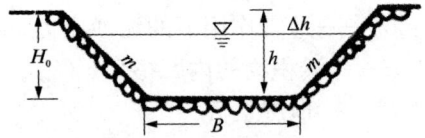

图 5-29　溢流口形状

③选定单宽溢流流量 $q(m^3/s)$，估算溢流口宽度 B：

$$B = \frac{Q_c}{q} \tag{5-31}$$

式中：Q_c——泥石流流量，m^3/s。

④根据选择的溢流口形状、流速及洪峰流量，高含沙山洪的流速 v_c 可采用下列公式计算：

$$v_c = R^{2/3}I^{3/8} \tag{5-32}$$

式中：R、I——水力半径及水面纵坡，%。

改正系数采用下列公式计算：

$$\varphi = \frac{\gamma_c - 1}{\gamma_H - \gamma_c} \tag{5-33}$$

式中：φ——改正系数；

γ_H——山洪中固体物质容重，一般为 $2.4 \sim 2.7$ t/m^3；

γ_c——山洪容重。

⑤计算溢流口高度 $h = h_0 + \Delta h$，Δh 为超高，一般采用 $0.5 \sim 1.0$ m。考虑超高后，高含沙山洪的流速 v_c 可采用下列公式计算：

$$v_c = \frac{15.3}{a}R^{2/3}I^{3/8} \tag{5-34}$$

式中：R、I——水力半径及水面纵坡，%；

a——阻力系数，$a = [\varphi/\gamma_H + 1]^{1/2}$。

4）坝下消能与冲刷深度计算

①坝下消能。

拦沙坝坝下消能措施常见的有子坝消能、护坦消能等。

a. 子坝（副坝）消能。

子坝消能适用于大中型山洪或泥石流荒溪。这种消能设施的构造是，在主坝的下游设置一座子坝，形成消力池，以消减过坝山洪或泥石流的能量（图 5 - 30）。

子坝的坝顶应高出原沟床 0.5 ~ 1.0 m，以保证子坝回淤线高于主坝基础顶面。子坝与主坝间的距离，可取 2 ~ 3 倍主坝坝高。在沟内修成坝系的情况下，只要保证下一座坝的回淤线高于上一座坝的基础顶面，便可达到防冲要求。

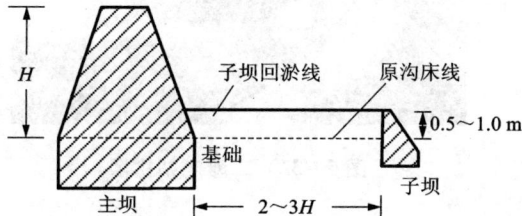

图 5 - 30　子坝消能　　　　　　　　　图 5 - 31　护坦消能

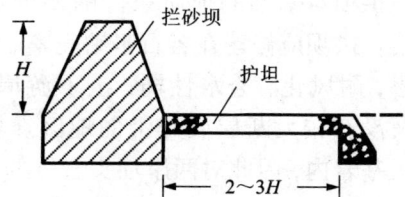

b. 护坦消能。

这种消能措施仅适用于小型沟道（图 5 - 31）。

护坦多用浆砌块石砌筑，其长度为 2 ~ 3 倍主坝高。护坦厚度可用下列经验公式估算：

$$b = \sigma \sqrt{q \sqrt{z}} \tag{5-35}$$

式中：b——护坦厚度，m；

　　　q——单宽流量，$\mathrm{m^3/s}$；

　　　z——上下游水位差，m；

　　　σ——经验系数，取值为 0.175 ~ 0.2。

②坝下冲刷深度计算。

坝下冲刷深度估算的目的在于合理确定坝基的埋设深度。

决定冲刷深度需要考虑建筑物的形式、泄流状态以及河床的地形、地质等条件，是一个相当复杂的问题。通常只有采用模型试验以及对比实际工程资料，才能得到较为可靠的结果。除此之外，在初步设计时也可参照过坝水流的公式进行粗略的估算：

$$T = 3.9 q^{0.5} \left(\frac{z}{d_\mathrm{m}} \right)^{0.25} - h_\mathrm{t} \tag{5-36}$$

式中：T——从坝下原沟床面起算的最大冲刷深度，m；

　　　q——单宽流量，$\mathrm{m^3/s}$；

　　　h_t——坝下沟床水深，m；

　　　d_m——坝下沟床的标准粒径，mm，一般可用泥石流固体物质的 d_{90} 代替。以重量计，有 90% 的颗粒粒径比 d_{90} 小；

　　　z——上下游水位差，m。

Schoklitsch 经验公式：

$$T = \frac{4.75}{d_\mathrm{m}^{0.32}} Z^{0.2} q^{0.57} \tag{5-37}$$

3. 拱坝

拱坝在平面上成拱形,可由混凝土和浆砌石筑成,其荷载主要借助拱的作用转给两岸。具有工程量小,投资少、工期短,见效快等优点,二滩电站采用拱坝形式(图 5 - 32)。

图 5 - 32　二滩电站拱坝

(1)拱坝的修建特点及修建条件

1)拱坝对坝基及坝头的要求

拱坝对基础的地质条件的要求比重力坝严格。拱坝应修建在岩石坚硬完整、均匀、变形小,耐风化、透水性弱,上下游岸坡稳定,以及没有较大断层破碎带的地区。坝的两端潜入基岩内,因此对两岸坝头岩体的稳定性要求较高。

2)拱坝对地形的要求

拱坝受的荷载大部分靠拱的作用传给两岸,还有一部分由垂直方向的悬臂梁的作用传给河底。通常用 L/H 来判断是否适宜修建拱坝,L/H 代表地形特点,L 为坝顶高程处河谷宽度,H 为最大坝高。

$L/H < 2.0 \sim 3.0$ 时,可修建拱坝;

$L/H = 3.0 \sim 3.5$ 时,可修建重力拱坝;

$L/H > 3.5 \sim 4.0$ 时,修建拱坝不经济,但也不是绝对的。

河谷形状不同,拱所发挥的作用也不同。三角形河谷最佳,梯形次之,矩形最差。

当天然地形不够理想时,可进行人工处理:重力墩、垫座。

3)拱坝的分类

按拱和悬臂梁分摊的荷载的比例来分类可分为薄拱坝、拱坝、重力拱坝。

(2)拱坝的平面布置

1)确定坝顶拱圈的位置和坝顶高程

在地形图上确定坝顶两端的位置,选取适当中心角,定出圆心,得外半径,画出外圆弧;选取坝顶厚度,求出内半径,画出内圆弧。

2)剖面的拟定

拱坝的基本剖面采用上游垂直,下游有一定坡度的形式。坝基处最大断面拱圈厚度可按圆筒公式计算。

3)其他拱圈的布置

将坝沿高度 n 等分。得 $n + 1$ 个拱圈,对每个拱圈(除坝顶),用同一圆心和外半径绘制上游圆弧,据相应位置的坝厚度确定内半径,绘下游面圆弧。中心角由图上量出。

4)绘制拱坝的平面图

将各高程拱圈的下游端点连接起来,就得到拱圈平面图。

上述步骤仅仅是初步结果,需再进行应力分析。如果不合适,还需要修改剖面和平面布置

（3）坝身构造和坝基处理

1）坝顶与坝面

坝顶构造与其用途有关，没有交通要求的非溢流拱坝，顶宽一般采用 2.0～4.0 m，有交通要求时，可用悬臂加宽坝顶，并按公路级别确定宽度。溢流拱坝的头部应按水流作成流线型，如图 5－33 所示。

砌石拱坝应注意上游面的防渗问题，可用水泥砂浆勾缝防渗。

2）排水设备

由于渗透压力对拱坝的稳定影响很小，一般可不考虑排水设备，但重力拱坝则需设置排水设备。

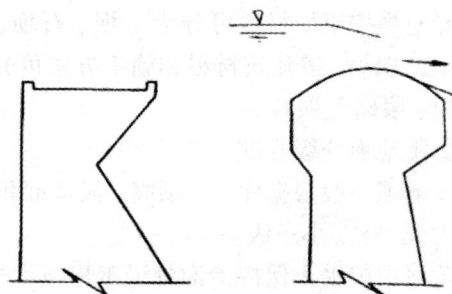

图 5－33　坝顶结构示意图

3）坝与地基及两岸的连接

在地基及与两岸相接的地方，应将所有破碎的岩石挖除，对坚固岩石中的裂隙应加以灌浆。为了防止基础渗漏在上游面应设置截水齿墙，并在其下作帷幕灌浆。拱端支撑处的河岸岩石要很好处理，为满足坝头稳定的要求，圈拱轴线与地形等高线的夹角一般不小于 30°，拱端与岩石接触面应作成半径方向一致，使拱能支撑在垂直的径向平面上[图 5－34(a)]。同时，为减少岩石的开挖量，宜将拱端支撑处的岩石作成阶梯形[图 5－34(b)]。

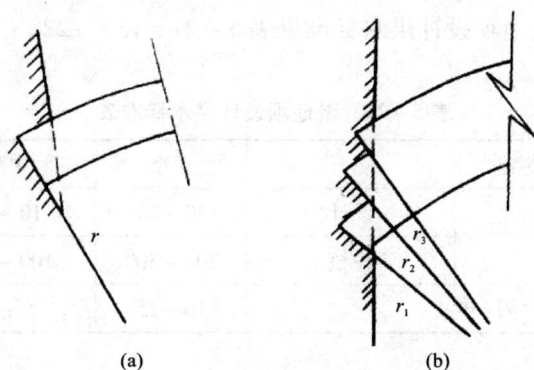

（a）　　　　　　　　　　（b）

图 5－34　拱圈与岩石接触面角度

拱坝坝址河谷狭窄。不宜开挖溢洪道，多采用坝顶溢洪。坝为避免下泄水流冲刷坝基，应对坝基附近岩石进行保护。

4. 淤地坝

（1）淤地坝分类与作用

淤地坝指在沟道里为了拦泥、淤地所建的坝，坝内所淤成的土地称为坝地。

1）淤地坝的组成

淤地坝主要目的在于拦泥淤地，一般不长期蓄水，其下游也无灌溉要求，实际上坝体可以看作是一个重力式挡泥（土）墙。一般淤地坝由坝体、溢洪道、放水建筑物三部分组成。

2) 淤地坝的分类和分级标准

① 淤地坝的分类。

淤地坝按筑坝材料可分为土坝、石坝、土石混合坝等，按坝的用途可分为缓洪骨干坝、拦泥生产坝等，按建筑材料和施工方法可分为夯碾坝、水力冲填坝、定向爆破坝、堆石坝、干砌石坝、浆砌石坝等。

② 淤地坝分级标准。

淤地坝一般根据库容、坝高、淤地面积、控制流域面积等因素分级。参考水库分级标准，可分为大、中、小三级。

黄河中游水土保持治沟骨干工程技术规范所列分级标准见表 5 - 20。

表 5 - 20　淤地坝分级标准

分级标准	库容(万 m³)	坝　高(m)	单坝淤地面积(亩)	控制流域面积(km²)
大型	100 ~ 500	> 30	> 150	> 15
中型	10 ~ 100	15 ~ 30	30 ~ 150	1 ~ 15
小型	< 10	< 15	< 30	< 1

3) 淤地坝设计洪水标准

一般采用 10 年一遇或 20 年一遇。目前我国还没有统一标准，黄河中游水土保持治沟骨干工程技术规范提出的淤地坝设计洪水标准见表 5 - 21、表 5 - 22。

表 5 - 21　淤地坝设计洪水标准表

分级标准		大型	中型	小型
洪水重现期(年)	设计	20 ~ 30	10 ~ 20	10
	校核	200 ~ 300	100 ~ 200	50 ~ 100
设计淤积年限(年)		10 ~ 15	5 ~ 10	2 ~ 5

表 5 - 22　拦洪坝设计洪水标准表

总库容(万 m³)		100 ~ 500	50 ~ 1050
洪水重现期(年)	设计	30 ~ 50	20 ~ 30
	校核	300 ~ 500	200 ~ 300
设计淤积年限(年)		20 ~ 30	10 ~ 20

4) 淤地坝的作用

淤地坝是小流域综合治理中一项重要的工程措施，也是最后一道防线，它在控制水土流失，发展农业生产等方面具有极大的优越性。淤地坝的具体作用：

① 稳定和抬高侵蚀基点，防止沟底下切和沟岸坍塌，控制沟头前进和沟壁扩张。

②蓄洪、拦泥、削峰，减少入河、入库泥沙，减轻下游洪沙灾害。

③拦泥、落淤、造地，变荒沟为良田，可为山区农林牧业发展创造有利条件。

（2）淤地坝工程规划

1）坝系规划和布局

①坝系布设。

坝系布设要做到上淤下种，淤种结合；上坝生产，下坝拦淤；轮蓄轮种，蓄种结合；支沟滞洪、干沟生产；多漫少排，漫排兼顾；以排为主，漫淤滩地；高线排洪、保库灌田；隔山凿洞，邻沟分洪；坝库相间，清洪分治。

②坝系形成和建坝顺序。

a. 坝系形成的顺序。流域坝系形成的顺序根据其控制流域面积的大小和人力、财力等条件合理安排，一般有以下三种。

先支后干：符合先易后难、工程安全和见效快的原则。

先干后支：干沟宽阔成地多，群支汇干淤地快，但工程设计标准高，需投入较多的财力和人力。

以干分段：按支分片，段片分治；当流域面积较大、乡村多时，可以按坝系的整体规划，分段划片实行包干治理。

b. 坝系中建坝的顺序。坝系中建坝的顺序有以下两种。

自下而上：从下游向上游逐座兴建，形成坝系。这种顺序可集中全部泥沙于一坝，淤地快，收益早；淤成一坝，上游始终有一个一定库容的拦洪坝，确保下游坝地安全生产，并能供水灌溉；同时上坝可修在下坝末端的淤积面上，有利于减少坝高和节省工程量，但采用这种顺序打坝，初期工程量较大，需要的投工，投资也多。

自上而下：从上游向下游逐座修建，上坝修成时，再修下坝，依次形成坝系。这种顺序，单坝控制流域面积小，来洪少，可节节拦蓄，工程安全可靠，且规模不大，易于实施。但坝系成地较慢，上游无坝拦蓄洪水，坝地防洪保收不可靠，初期防洪能力较差。

c. 流域建坝密度。流域建坝密度应根据降雨情况，沟道比降，沟壑密度，建坝淤地条件，按梯级开发利用原则，因地制宜的规划确定。据各地经验，在沟壑密度 5 ~ 7 km/km²，沟道比降 2% ~ 3%，适宜建坝的黄土丘陵沟壑区，每平方公里可建坝 3 ~ 5 座；在沟壑密度 3 ~ 5 km/km²，适宜建坝的残垣沟壑区，每平方公里建坝 2 ~ 4 座；沟道比较大的土石山区，每平方公里建坝 5 ~ 8 座比较适宜。

2）坝址选择

坝址选择一般应考虑以下几点：

①坝址在地形上要求河谷狭窄、坝轴线短，库区宽阔容量大，沟底比较平缓。

②坝址附近应有宜于开挖溢洪道的地形和地质条件。最好有鞍形岩石山凹或红黏土山坡。还应注意到大坝分期加高时，放、泄水建筑物的布设位置。

③坝址附近应有良好的筑坝材料（土、砂、石料），取用容易，施工方便，因为建筑材料的种类、储量、质量和分布情况，影响到坝的类型和造价。

④坝址地质构造稳定，两岸无疏松的坍土、滑坡体，断面完整，岸坡不大于60°。坝基应有较好的均匀性，其压缩性不宜过大。岩层要避免活断层和较大裂隙，尤其要避免有可能造成坝基滑动的软弱层。

⑤坝址应避开沟岔、弯道、泉眼，遇有跌水应选在跌水上方。坝扇不能有冲沟，以免洪水冲刷坝身。

⑥库区淹没损失要小，应尽量避免村庄、大片耕地、交通要道和矿井等被淹没。有些地形和地质条件都很好的坝址，就是因为淹没损失过大而被放弃，或者降低坝高，改变资源利用方式，这样的先例并不少见。

⑦坝址还必须结合坝系规划统一考虑。有时单从坝址本身考虑比较优越，但从整体衔接、梯级开发上看不一定有利，这种情况需要注意。

（3）土坝设计

1）土坝枢纽布置与坝型选择

①土坝枢纽布置。

土坝枢纽布置是根据综合利用的要求，把各项建筑物有机地、互相关联地妥当安排，各得其所。既要安全可靠，又要经济合理，要尽可能避免施工干扰，还要考虑运行管理方便。在高山深谷地带，河谷窄山坡陡，建筑物不易分散布置，只能紧凑一起，如岸坡溢洪道常与土坝连接。丘陵地带河谷宽山坡平缓，而且常有垭口可布置溢洪道，建筑物可分散布置，施工方便。

总之，应根据地形地质条件合理安排。

②土坝坝型选择。

土坝是由土料填筑而成的挡水建筑物，它是淤地坝和小型水库采用最多的一种坝型。

a.均质土坝。用一种土料筑成的坝称为均质土坝。这种坝型的优点是就地取材，施工简单，投资也少，对坝地基条件要求较低。缺点是由于透水性大，抗渗透破坏的能力弱。需要平缓坝坡，因而工程量较大。

b.心墙土坝。在坝体中用透水性小的黏性土作防渗心墙，置于坝体中部，构成不透水心墙，而心墙两侧的坝体则用透水性较强的土料（砾石或风化土料等）填筑而成，这种坝体称为心墙土坝。

c.斜心墙土坝。对于土石坝，用斜心墙较好。

d.多种土质坝。有的坝址，储藏着多种土质，例如黏土、轻沙壤土、风化岩等，本着就地取材、因材设计的精神，把各种土料合理地配置在适当部位，就形成了多种土质坝。

e.土石坝。土石组合坝简称土石坝，采用土石坝可以充分利用坝址附近的土石料，可以充分利用基坑开挖、溢道开挖的弃渣筑坝，这对于山谷地址尤其重要。

f.水力冲填坝。水力冲填坝是利用丘陵沟壑区的天然地形，用水将沟壑两岸高处的泥土冲成泥浆，通过较陡的输泥沟送到两边筑有围埂的坝面沉淀池中，泥浆经脱水固结，形成均匀密实的坝体。

不均匀系数小的砂、粉制壤土、砂壤土等形成均质坝。不均匀系数大的砾砂、风化碎屑土、含砾土形成心墙坝。沉淀池宽则形成的心墙较宽，沉淀池窄形成的心墙较窄，但心墙与边棱没有明确的分界线，如图5-35所示。

2）土坝断面尺寸的拟定

①坝顶宽度。

坝顶的宽度与坝高有关，坝体愈高则坝顶也应愈高，可参考表5-23选定。当坝顶有交通要求时，应根据交通部门有关公路等级规定来确定其宽度，一般单车道为5 m，双车道为7 m。

图 5-35　土坝和土石坝坝型
1—碾压式填筑；2—碾压边埂；3—心墙

表 5-23　坝顶宽度参考表

坝高(m)	<10	10~20	20~30	>30
坝顶宽(m)	2	2~3	3~4	4~6

②土坝坝坡。

土坝坝坡的陡缓是决定坝体稳定的主要条件之一，可根据坝高、土料、施工方法和坝前是否经常蓄水等条件，参考已建成的同类土坝等拟定。

水坠坝的坝坡还应考虑冲填泥浆浓度、冲填速度和围埂宽度等施工条件确定。水坠坝的坝坡应满足在施工期间的坝体稳定，不发生滑坡事故，其坝坡应比夯碾坝要缓些。

对坝高超过 15 m 的土坝，背水坡应加设马道，以增加坝身稳定和减少暴雨对坝坡的冲刷，马道宽为 1.5~2.0 m。一般在马道处变坡，上陡下缓。

③最大铺底宽度的计算。

坝体沟床的最大铺底宽度，可按下式计算：

$$B_{\mathrm{m}} = b + (m_1 + m_2)H + nb' \tag{5-38}$$

式中：B_{m}——土坝最大铺底宽，m；

　　　b——坝顶宽；

　　　n——上下游坝坡马道总数；

　　　m_1——上游坡比；

　　　m_2——下游坡比；

　　　H——最大坝高，m；

　　　b_1——马道高。

（4）放水建筑物设计

1）放水建筑物

放水建筑物主要由取水和输水两部分组成。取水建筑物的形式有卧管和竖井；对水头较高，流量较大或兼有排沙要求的水库可采用放水塔。输水建筑物有输水涵洞，它与卧管或竖井连接，埋在坝下，与坝轴线基本垂直。

放水建筑物是淤地坝工程不可少的组成部分。它的主要作用：

a. 对于未淤满的淤地坝，能排泄小型洪水，放空库容，蓄洪落淤，拦蓄连续洪水，保证坝体安全。

b. 对于淤满或计划淤种的淤地坝，能及时排泄沟道常流水和坝内积水，及早利用坝地，发展生产。

c. 对于暂作蓄水防洪坝使用时，可对下游土地放水灌溉。

2）放水建筑物的位置选择

应考虑以下几方面：

a. 在地质上，应最好修筑在岩石或坚硬的地基上，以免发生不均匀沉陷，引起漏水，影响坝体安全。

b. 涵洞的放水高程应按淤地面积大小决定，哪个高程能较快地淤出一定面积可供利用的耕地，就可放在哪个高程，而不同于小型水库按"寿命"决定。如果下游有引用坝内排水灌溉时，还应满足下游自流灌溉的要求。

c. 在平面布置上，尽可能放在沟道一侧，使水流沿坡脚流动，防止切割坝地，同时对坝地安全生产也是有利的。

3）竖井设计

竖井是淤地坝放水建筑物经常采用的一种形式。其结构简单，易掌握。

竖井一般采用浆砌石修筑，布置在坝体上游坡脚，其断面形状多采用圆环形，也有方形的。其内圆直径（d）为 0.5~2.0 m。壁厚随竖井的高度而异，一般为 0.3~0.6 m。

4）分级卧管设计

卧管是修筑在坝体上游山坡上的浆砌石或混凝土放水管。卧管的构造简单，管理运用方便，不易漏水，而且卧管可使用砖、石等材料建筑，不需金属闸门和启闭设备等，因此在淤地坝和小型水库中应用比较广泛。卧管适用于 5~25 cm 水头，放水流量为 0.1~4.0 m³/s。

5）输水涵洞设计

水流经卧管或竖井消能后，即通过埋设在坝下的涵洞输入坝体下游，输水涵洞常用的断面形式有圆形、矩形和拱顶矩形三种。根据其水流状态的不同，又可分为有压和无压输水涵洞两种。在淤地坝和小型水库中多采用无压输水涵洞，其中方形涵洞是采用较多的一种，构造简单，用块石砌筑洞底和两边侧墙，用条石盖板或混凝土盖板，它适用于流量较小、洞身填土较低的中小型淤地坝。拱形涵洞，多适用于流量较大，洞身填土较高的大型淤地坝，一般多采用等截面半圆型砌拱涵。

①涵洞断面尺寸的确定。

水流在涵洞内同样要求保持无压状态，洞内水深不应超过涵洞净高的75%。涵洞断面开头确定后，其尺寸的大小，一般按明渠均匀流公式试算确定。

对方形涵洞，其水力要素可按简化方法确定，当充水度（即水深与涵洞高的比值）为 3/4（即75%）时，方涵过水断面，水力半径 $R=0.3B$（B 为涵洞宽度）。

②涵洞的结构设计。

坝下涵洞主要承受填土压力，在外力作用下，洞身将产生弯矩及轴向力，如果涵洞的材料强度不够，则会引起涵洞的破坏。因此结构计算的目的，就是根据外力的大小和组合，确定涵洞各部分的尺寸及材料等，使涵洞的设计符合经济、安全的原则。

5.4.3 河道治理与水土保持工程

1. 河道治理工程

各种类型的河段，在自然情况或受人工控制的条件下，由于水流与河床的相互作用，常造成河岸崩塌而改变河势，危及农田及城镇村庄的安全，破坏水利工程的正常运用，给国民经济带来不利影响。修筑护岸与治河工程的目的，就是为了抵抗水流冲刷，变水害为水利，为农业生产服务。

（1）河道横向侵蚀

横向侵蚀一般指在河（沟）道中与流向垂直的向两侧方向的侵蚀，如河（沟）岸崩塌，沟道被冲刷而变宽等现象。

发生横向侵蚀原因：一是河（沟）床纵向侵蚀影响，由于河床下切而使河床失去稳定；二是山洪、泥石流流动时水流弯起引起横向冲刷所造成的。影响水流弯曲的因素很多，如河（沟）床上的突出岩石、沉积的泥沙堆、两岸的不对称地形等等，都可能引起水流的弯曲。

1）河道演变的机理

①基本原理。

河道的演变形式，可分为两种：其一是河道沿流程纵深方向上发生的变形，称为纵向变形。其二是河道与流向垂直的两侧方向上之变形，称为横向变形。

河道的纵向变形，反映在河床的抬高和刷深，而横向变形的总趋势是：河道不断向右岸冲刷发展，而左岸则不断淤积。

河道演变的原因极其复杂，千差万别，但其根本的原因是输沙的不平衡。

②影响河道演变的因素。

a. 河段的来水量及其变化过程。

b. 河段来沙量、来沙组成及其变化过程。

c. 河段比降。

d. 河段的河床形态及地质情况。

其中，第 1、3 两个因素决定河段水流挟带泥沙的能力；第 2 个因素决定河段的来沙数量及其泥沙组成，在一定的水流条件下，如果河段的来沙量大，泥沙组成粗，则有利于使河道产生淤积；如果来沙量小，泥沙组成细，则将有利于使河道产生冲刷。

2）横向侵蚀的防治

一般说来，在山洪流经的途径上，可有以下几种防治方法：

①将沟槽部分裁弯取直，控制凹岸发展。但在沟道裁弯取直后，由于比降增大，可能使山洪的流速增大，使纵向侵蚀加剧，因而必须考虑河（沟）床的稳定性问题。

②沉积泥沙堆山洪流经障碍物时，必然要改变方向，从而发生弯曲导致横向侵蚀，清除障碍物后并辅以适当的导流工程则可防止横向冲刷。

③设置护岸工程与整治建筑物，以控制河岸发展和改善弯道，这是防止横向侵蚀的主要办法。

（2）护岸工程

1）护岸工程的目的及种类

①护岸工程的目的。

沟道中设置护岸工程，主要用于下列情况：

a. 由于山洪、泥石流冲击使山脚遭受冲刷而有山坡崩坍危险的地方。

b. 在有滑坡的山脚下，设置护岸工程兼起挡土墙的作用，以防止滑坡及横向侵蚀。

c. 用于保护谷坊、拦沙坝等建筑物。

d. 沟道纵坡陡急，两岸土质不佳的地段，除修谷坊防止下切外，还应修护岸工程。

②护岸工程的种类。

护岸工程一般可分为护坡与护基(或护脚)两种工程。

枯水位以下称为护基工程,枯水位以上称为护坡工程。根据其所用材料的不同,又可分为:干砌片石、浆砌片石、混凝土板、铁丝石笼等几类。

2)护岸工程的设计与施工

①护岸工程的设计原则。

a. 在进行护岸工程设计之前,应对上下游沟道情况进行调查研究,分析在修建护岸工程之后,下游或对岸是否会发生新的冲刷,确保沟道安全。

b. 为减少水流冲毁基础,护岸工程应大致按地形设置,并力求形状没有急剧的弯曲。

c. 护岸工程的设计高度,一方面要保证山洪不致漫过护岸工程,另一方面应考虑护岸工程之背后有无崩塌之可能。

d. 在弯道段凹岸水位较凸岸水位高,因此,凹岸护岸工程的高度应更高一些。

②护基(脚)工程。

a. 抛石护脚工程。设计抛石护脚工程应考虑块石规格,稳定坡度,抛护范围和厚度等几个方面的问题。

b. 石笼护脚工程。石笼护脚多用于流速大,边坡陡的地区。石笼系用铅丝、铁丝、荆条等材料做成各种网格的笼状物体,内填块石、砾石或卵石。

③护坡工程。

a. 干砌块石护坡。干砌块石护坡主要由脚槽、坡面、封顶三部分组成,其中脚槽主要用于阻止砌石坡面下滑,起到稳定坡面之作用,其形式有矩形和梯形两种,其下端与护脚工程衔接。

b. 浆砌石护坡。浆砌石护岸堤可用75号水泥砂浆砌筑,在严寒地区使用100号水泥,其结构形式基本上与干砌石护坡相同,一般也设垫层。

④护岸堤修筑时,需注意的几个问题:

a. 基础要挖深,慎重处理,防止掏空。

b. 沟岸必须事先平整,达到规定坡度后再进行砌石。

c. 护岸片石必须全部丁砌,并垂直于坡面。

(3)整治建筑物

整治建筑物按其性能和外形,可分为丁坝、顺坝等几种。

1)丁坝

①丁坝的作用种类。

a. 丁坝的作用。丁坝的主要作用如下:改变山洪流向,防止横向侵蚀;缓和山洪流势,使泥沙沉积,并能将水流导向对岸,保护下游的护岸工程和堤岸;调整沟宽,防止山洪乱流和偏流,阻止沟道宽度发展。

b. 丁坝的种类。

丁坝可按建筑材料、高度、长度、透水性能及与流水所形成的角度进行分类:

按建筑材料不同,可分为石笼丁坝、梢捆丁坝、砌石丁坝、混凝土丁坝、木框丁坝、石柳坝及柳盘头等;按高度不同,即山洪是否能漫过丁坝,可分为淹没和非淹没两种;按长度不同可分为短丁坝与长丁坝;按丁坝与水流所成角度不同,可分为垂直布置形式(即正交丁坝)、下挑布置形式(即下挑丁坝)、上挑布置形式(即上挑丁坝);按透水性能不同可分为不透水与透水丁坝。

2）丁坝的设计与施工

由于荒溪纵坡陡，山洪流速大，挟带泥沙多，丁坝的作用比较复杂，建筑不当不仅不能发挥作用，有时还会引起一些危害，因此在丁坝的设计与施工中应注意以下几个问题。

①丁坝的布置。

a.丁坝的间距。

丁坝的间距与淤积效果有密切的关系。间距过大，丁坝群就和单个丁坝一样，不能起到互相掩护的作用，间距过小，丁坝的数量就多，造成浪费。

b.丁坝的布置形式。

对崩塌延续很长范围的地段，为促使泥沙淤积，多做成上挑丁坝组，以加速淤沙保护崩塌段的坡脚；在崩塌段的上游起点附近，则修筑非淹没丁坝。丁坝的高度，在靠山一面宜高，缓缓向下游倾斜到丁坝头部。

②丁坝的结构。

a.石丁坝：其坝心用乱抛堆或用块石砌筑。表面用干砌、浆砌石修平或用较大的块石抛护，其范围是上游伸出坝脚 4 m，下游伸出 8 m，坝头伸出 12 m，其断面较小，顶宽一般为 1.5 ~ 2.0 m。

b.土心丁坝：此丁坝采用沙土或黏性土料作坝体，用块石护脚护坡。

c.石柳坝和柳盘头：在石料较少的地区，可采用石柳坝和柳盘头等结构形式。

③丁坝的高度和长度。

丁坝坝顶高程视整治的目的而定。在山洪沟道中，以修筑不漫流丁坝为宜，坝顶高程一般高出设计水位 1 m 左右。

丁坝坝身长度和坝顶高程有一定的联系，淹没丁坝，可采用较长的坝身，而非淹没丁坝，坝身都是短的。

④丁坝坝头冲刷坑深度的估算。

影响丁坝坝头冲刷深度的主要因素有：

a.丁坝坝头附近的流速及水流与坝轴线的交角。流速大，折向沟底的水流速度也大；交角愈接近 90°，冲击坝身的水流愈强，折向沟底的水流冲刷力也愈强。

b.坝身的长度。坝身愈长，束窄沟床的能力愈强，坝头的流速也愈大，冲刷坑愈深。

c.沟床的土质组成和来沙情况。黏性土愈多，抗冲能力愈强，冲刷坑就愈浅，上游来沙愈多，遭冲刷的可能性也愈小。

d.坝头的边坡。坝坡愈陡，环流向下之切应力愈大，冲刷坑也愈深。

⑤丁坝的防护。

在河床组成较好的情况下，可用抛石护脚，它的宽度应不小于由漫流和绕流而引起的坝头和坝身附近河床的掏刷范围，在黄河流域，一般向上游延护 12 ~ 20 m，向下游延护 15 ~ 25 m。坝头水流紊乱，应特别加固，可采用加大头部护底工程面积或加大边坡系数两种方式进行。

⑥丁坝的施工。

丁坝施工中须注意的几个问题：

a.施工顺序：选择流势较缓和的地点先行施工，然后再推向流势较急之地点，以保证工程安全。

　　b.在施工中应注意观测研究已修丁坝对上、下游及对岸之影响。

　　c.应考虑按照现有沟道之冲淤变化，不能简单地将丁坝基础按照现有沟底一律向下挖一定深度。

　　d.在丁坝开挖坑内回填大石，以抵抗冲刷。

　　3）顺坝

　　顺坝是一种纵向整治建筑物，由坝头、坝身和坝根三部分组成，坝身一般较长，与水流方向接近平行或略有微小交角，直接布置在整治线上，具有导引水流、调整河岸等作用。

　　顺坝有淹没与非淹没两种，淹没顺坝用于整治枯水河槽，顺坝高程由整治水位而定，自坝根到坝头，沿水流方向略有倾斜；非淹没顺坝在河道整治中采用较少。

　　（4）治滩造田工程

　　治滩造田就是通过工程措施，将河床缩窄、改道、裁弯取直，在治好的河滩上，用引洪放淤的办法，淤垫出能耕种的土地，以防止河道冲刷，变滩地为良田。

　　治滩造田是小流域综合治理的一个组成部分，而流域治理的好坏，又直接影响治滩造田工程的标准和效益，因此，治滩造田工程不能脱离流域治理规划单独进行。

　　1）治滩造田的类型

　　①束河造田：在宽阔的河滩上，修建顺河堤等治河工程束窄河床，将腾出来的河滩改造成耕（图5-36）地。

　　②改河造田：在条件适宜的地方开挖新河道，将原河改道，在老河床上造田。

　　③裁弯造田：过分弯曲的河道往往形成河环，在河环狭劲处开挖新河道，将河道裁弯取直，在老河弯内造田。

　　④堵叉造田：在河道分叉处，选留一叉，堵塞某条支叉，并将其改造为农田。

　　⑤箍洞造田：在小流域的支沟内顺着河道方向砌筑涵洞，渲泄地面来水，在涵洞上填土造田。

　　2）整治线的规划

　　整治线（又称治导线）指河道经过整治以后，在设计流量下的平面轮廓，它是布置整治建筑物的重要依据，因此，

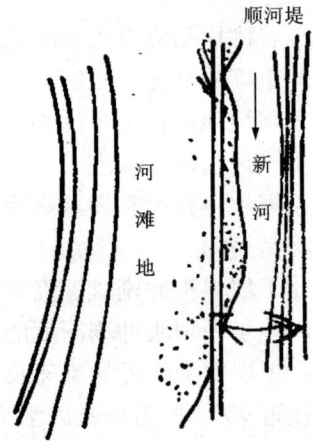

图5-36　束河造田示意图

整治线规划设计得是否合理，往往决定着工程量和工程效益的大小，甚至决定工程的成败。

　　①整治线的布置原则。

　　a.多造地和造好地，新河应力求不占耕地或少占耕地，造出的地耕种条件应较好。

　　b.因势利导。充分研究水流，泥沙运动的规律及河床演变的趋势，顺其势、尽其利。

　　c.应照顾原有的渠口、桥梁等建筑物，不要危及村镇、厂矿、公路等安全。

　　②整治线的形式。

　　a.蜿蜒式。整治线一般都是圆滑的曲线。

　　b.直线式：这种整治线基本上把新河槽设计成直线，根据河势和地形，自上游到下游分段取直。

　　c."绕山转"式，这种整治线是将新河槽挤向山脚一侧，河道环绕山脚走向流动。

③整治建筑物设计。

在整治线确定之后，根据不同类型的整治线的要求，可采用不同类型的整治建筑物，以保证整治线的实施，整治建筑物的类型很多，治滩造地工程中常用的有丁坝，顺河坝等。

3)河滩造田的方法

①修筑格坝。

根据滩地园田化的规划，首先应当在河滩上用砂卵石或土料修成与顺河坝相垂直的，把滩地分成若干条块的横坝，叫做格坝，它是河滩造地中的一项重要工程。

格坝的主要作用是：由于格坝地与原有滩地分划若干小块，形成许多造田单元，可以使平整土地及垫土之工程量大幅减小，当顺河坝局部被冲毁时，格坝可发挥减轻洪灾之作用。

②引洪漫淤造地。

在洪水季节，把河流中含有大量泥沙的洪水引进河滩，使泥沙沉积下来后再排走清水，这种造地方法叫作引洪漫淤造地或引洪淤灌。

a.引洪淤灌的好处：充分利用山洪中的水、肥、土资源，变“害”为“利”；为洪水和泥沙找到了出路，有效地保持了水土，大大减轻输入水库的泥沙量。

b.引洪淤灌之建筑物特点：引洪干渠的比降一般用 1/500 ~ 1/300 为宜，断面尺寸大小应根据引洪流量的大小而定；与清水灌溉相同，渠口设置进水闸与泄水闸，对于无坝引水之渠口还需设引水坝，有坝引水之渠口，则多用滚水坝代替引水坝。

引水坝的布置常分成软硬二部分，以适应大小不同洪水情况，具体做法是“根硬头尖腰子软，保证坝口不出险”。

坝梢：要求结构坚固，一般用河卵石干砌，并用铅丝笼护脚，坝梢高度基本与设计引洪流量的水面平齐。

薄弱段：薄弱段迎水面一般用卵石干砌，背面用沙砾石堆积而成。

坝身：常用浆砌块石做成，或卵石干砌，用卵石时一般内坡为 1:1，外坡为 1:2，顶宽 2 ~ 4 m，坝身高度与坝梢高度确定方法相同，但应增加超高 0.5 ~ 1.0 m。

坝根：与泄水闸外边墩直接相连，多用浆砌石筑成，坝根内坡多为 1:0.5，外坡为 1:1，顶宽为 2 ~ 4 m，其高度及基础深与泄水闸外边墩相同。

③引洪漫淤的方法。

“畦畦清”漫淤法：在地形平坦的河滩上，每块畦田设进、退水口，直接由引洪渠引洪入畦田，水流呈斜线形，每畦自引自排互不干扰。

“一串串”漫淤法：在比降较大的河滩上引洪漫淤，多采用此种方法，洪水入畦后，呈“S”形流动，一串到头，进、出口呈对角线布置。

万字漫淤法：适用于比降大，面积较大的河滩，作法是：设上下两条排水渠，中间一条引洪渠，三渠平行，由中间引洪渠开口，从两侧分水入畦漫淤造地，每畦内进、出口呈对角线布置，畦之形状呈万字形。

2.水土保持工程施工

1)地基处理

中小型砌石坝地基的要求主要有以下几个方面：

①稳定要求。

在各种荷载可能组合情况下，坝体及地基必须是稳定的。荷载要考虑长期作用以及反复作用对地基的不利影响。坝的抗滑稳定问题可分为两种类型：沿坝体与基础接触面的滑动和基岩内的深层滑动。各种坝型的稳定分析方法及稳定安全系数要求，都有具体规定。

②防渗要求。

包括库、坝区渗漏量和地基渗漏稳定两方面。前者要求库、坝区渗漏量在允许范围之内，一般应根据工程规模、等级、来水量、运用情况以及地基渗透性和处理难易程度、耗费多少等综合考虑而定。如工程等级不高、来水量较丰的，允许渗漏量可稍大些；反之则小。一般中小型工程要求年总渗漏量不超过来水量的3%~5%。

防渗须注意的地方有：岩溶地区、含易溶盐（如石膏）或岩基裂隙发育的沉积岩、充填物胶结不好的沉积岩、砌石坝坝基为结构疏松、强度较低的半岩质沉积岩（砂质较重的泥岩、粉质细砂岩、页岩等）、坚硬岩层中含有软弱夹层等。

③强度要求。

在正常、非常荷载组合作用下，基岩强度指标必须满足设计规定的要求。强度要求与工程规模、等级、坝型、坝高、荷载组合情况、具体部位等都有关。

2）淤地坝工程

①土坝施工放线。

土坝施工放线步骤包括定坝轴线、定坝坡脚线和校坡。

a. 定坝轴线。根据设计图定出沟底坝轴线，并沿沟底坝轴线每隔10 m打断面中心桩，测出高程，与此同时在沟坡两岸按设计坝高定出沟坡坝轴线桩，将它们连成直线，即为坝轴线。

b. 定坝坡脚线。坝坡脚线就是坝面和地面的交线，即坝面和地面同高各点的连线。

c. 校坡方法。为了保证坝体按设计要求填筑成型，在其施工过程中必须经常校核坝坡。

②碾压坝的填筑。

a. 确定料场。验证土料质量、数量能否满足筑坝要求。土场开挖顺序要坚持先低后高、先近后远的原则。最终坝高以下的坝端严禁取土，防止挖后再填。取土前应将耕作表土、草皮、树根等清除干净。

b. 铺土。黏性土应先采取措施，再铺土压实。铺土方向最好沿着坝轴延伸，沿坝轴方向应尽量平起填筑，每次铺土前应适当洒水湿润刨毛。

c. 土料压实。有机械碾压和人工夯实两种方式。

③冲填坝的填筑。

a. 应掌握早、稠、坚、排、匀五个要求。

b. 蓄积冲填用水。提前做好用水方案。

c. 泵站设置。确定泵站装机型号。

d. 冲填料场。尽量选在坝址附近。

e. 造泥沟和输泥渠布设。多采用斜交布置，先从土场地处冲土，随坝体升高而提高。

f. 划畦与筑埂。

g. 造泥冲填。松土造泥的方法有人工挖土、水枪冲土、爆破松土、推土机推土等。

④涵洞、溢洪道的施工。

a. 涵洞的施工。

涵洞的放样：根据涵洞的位置定出中心线，再根据涵洞的进口基础高程和开挖边坡，定出边坡桩，即得涵洞位置。

涵洞的基础处理：涵洞基础应选在土坝两岸老土或岩基上。

涵洞的砌筑应注意几点：

砌筑石料必须质地坚硬、形状方正、无裂隙。砂浆要调匀，不可过稠或过稀。

砌筑时上下两层竖缝必须错开。外露灰缝，在灰浆未凝固前，应将虚浆挖出。冬季砌筑时要有防冻设备。灰浆未干时不能填土、震动。

消力池施工：基础要特别坚固，砌筑完毕要勾缝。

回填：涵洞灰浆硬化后即可开始填土。

b. 溢洪道施工。溢洪道的放样和砌筑基本与涵洞相同，其过水断面必须按设计的宽度和深度施工，不能缩小，同时应严格掌握溢洪道底的高程，不得太高或降低。

3）坝体砌筑与质量控制

①坝体砌筑。

我国砌石坝的砌筑主要有三种类型：一类是浆砌料石（条石、方正石），一类是浆砌块石（乱毛石），另一类是细骨料混凝土砌块石。

a. 砌石操作要求：筑坝材料质量要合格；为利于石料与胶结材料结合，石料表面要粗糙，土坝前在坝外冲洗干净，砌筑时呈饱和而不带水状；基底在开砌之前应使润湿，然后铺水泥砂浆或混凝土、安砌合格石料；砌石，一般先铺浆（座浆）后安放石块再灌浆，并用插钎或振捣器捣实砌，使灰浆饱满。铺浆厚度一般为 2 ~ 3 cm，细骨料混凝土铺 5 ~ 10 cm；石料放置平稳后要用铁锤敲击。竖缝灌满浆后在缝隙间填塞小块石并稍加敲击，达到缝隙满浆和结合紧密的要求；砌体砌缝应互相错开，避免形成通缝。砌缝宽度，一般砂浆砌缝控制在 2 cm 左右，细骨料混凝土砌缝控制在 6 ~ 8 cm。如用插入式振捣器捣实，则缝宽应以满足震捣为度；面石要丁砌或丁砌顺砌相间，并力求与内部同时上升；坝体上升的层面尽量保持向上游大致呈（1∶30）~（1∶20）的倾斜坡，即迎水面比背水面略低。分段砌筑的高差不宜过大，一般控制在 1 m 以下。坝体在砌筑过程中应及时作好防暑、防冻、防冲等工作；新砌体的防震、保温、保湿等养护工作，可参照混凝土的要求处理。养护期一般不少于一周。

总之，坝体砌石的施工要领是"平、稳、满、紧"四个字。

b. 拱坝倒悬部分的砌筑。

砌石双曲线倒悬坡的砌筑方式一般有三种：

第一种是水平逐层挑出形成倒阶梯状。这种砌筑方式施工方便，但是表面勾缝困难，质量不能保证。

第二种方式是石面斜砌形成倒悬坡面。不少工程采用这种砌筑方式。根据经验，倒悬度在 0.3 以内时，一般施工不太困难，而当倒悬度较大时，则需要临时支撑。对于浆砌条石坝，面石斜砌与内部砌体不好搭接。

第三种方式是将石料一端加工成设计斜面，水平砌筑。这种方式从工程质量和砌筑操作来讲都比较理想，其缺点是要对石料进行斜面加工。

砌筑时对倒悬坡的校核与控制，可采用埋标钎的办法。

②砌筑质量控制与检查。

在土坝整个施工期间，为保证工程质量符合设计要求，在工地要设专职的施工技术员和质量检查员，建立岗位责任制，实行定期的质量检查。

a. 质量检查范围包括：

清基和基础处理是否符合要求；坝头结合、接缝、削坡是否符合要求；是否在规定料区范围内开采，是否已将草皮、腐质土等清除干净；上坝土料含水量、土块大小、土料性质是否符合规定；压实干容量是否符合标准；冲填坝泥浆浓度是否符合设计要求；观测坝坡水平位移量是否超过规定标准。

b. 对几项主要质量指标的要求：

压实干容重要符合设计要求，在一般情况下黄土必须大于 1.55 g/cm³；红黏土必须大于 1.6 g/cm³；冲填坝泥浆浓度，当土料为轻、中粉质壤土时，土水体积比要求为 2.2 ~ 2.6；重粉质壤土要求为 2.0 ~ 2.4；日平均冲填速度，对于轻、中粉质壤土，不能超过 0.25 m；重粉质壤土不能超过 0.2 m；坝体水平日位移量，轻、中粉质壤土一般不大于 1 cm/d；重粉质壤土不大于 1 ~ 1.5 cm/d。

c. 干容重检查：

每层土压实后，必须取样测定含水量和干容量。要求每 200 ~ 400 m² 的填土范围内至少取样检查一次，对碾压死角和施工薄弱处应加密取样。

取样要有代表性，各层土样位置要错开，应取在上下层结合处，包括上层2/3，下层1/3。此处还须特别注意检查坝端结合处的干容量。

压实干容重不合格的样品，不得超过全样品的 10%，且不得在坝内集中，其干容重不得小于设计干容重的 0.05 g/cm³。

d. 关于密实度的检查，一般在现场进行，方法有：

敲击听声：用铁锤敲打砌石表面，如座浆不满则声音空响。但立缝灌浆不满则敲听不出。

砌体掘坑：在砌好的坝体中掘试坑检查并作容重测验，计算石块与胶结材料的比例。试坑面积一般 1.5 m × 1.5 m，深 1 m。

插钎灌水试验：每 10 m² 新砌体中用 φ30 mm 钢钎在砌缝中捣插一个浓度不小于2/3砌层厚度的孔洞，向孔内灌水。

如不漏水，则表示砌体内部已被砂浆充满，质量合格。

钻孔压水试验：在砌体中钻孔，分层进行压水试验，测定单位吸水量 ω 值。同时也可以从钻取的岩芯上直接观察砌体的密实程度和胶结情况。

③拱坝施工放样。

放样是建筑物施工能否准确地实现工程设计、保证工程质量的很重要的一个环节。

a. 控制点的布设。放样控制分平面和水准两项。控制点的布设最好与坝址的地形测量、坝的运行观测结合起来。

b. 放样施测方法。

放样可用经纬仪、全站仪等设备施测，也可用简易放样方法：直接画圆法、切线支距法、矢高定点法、固定三角形法。

(4)建筑材料的选择与设计

1)土料

①碾压式土坝土料的选择。

不同性质的土料有其不同的适用条件，一般根据以下各种条件来衡量选择优良的筑坝材料：有机混合物及水溶性盐类含量、颗粒组成、可塑性、不透水性。

②水力冲填坝土料的选择。

冲填坝所用土料应根据下列条件来选择：

有机混合物和水溶性盐类含量与碾压式土坝相同；颗粒组成；湿化性；渗透固结和压缩性；土料的塑性及矿物化学成分。

2）石料

常用的石料有花岗岩、正长岩、玄武岩、片麻岩、砂岩、石灰岩等。

石料按开采和加工程度分为：片石（乱毛石）、块石、粗料石、细料石（样石）等。

3）水泥砂浆

水泥的品种、特性及适用范围，水泥的标号及其主要技术特性，水泥的保管和受潮后的处理。

4）混凝土

①混凝土的强度。

混凝土的强度与水泥标号、水灰比、施工质量、养护条件和混凝土的龄期有关，一般由试验得出。

②混凝土配合的选择。

在同样施工条件和采用相同水泥标号的情况下，混凝土的强度取决于水灰比（水与水泥的重量比），水灰比越大，混凝土的强度越低。

5.4.4 泥石流综合防治措施

1. 泥石流防治的原则

泥石流防治工作要采取全面规划、除害兴利、综合治理相结合的原则。

要根据泥石流发生、发展及运动的规律，坚持沟坡兼治和以生物治理为主的办法，有计划、有步骤地开展整治工作，在整治过程中要不断地观察治理效果和所发生的变化，注意总结经验。

泥石流三个地形区段特征决定防治原则：上、中、下游全面规划；各区段分别有所侧重；生物措施与工程措施并重。

上游水源区选水源涵养林，修建调洪水库和引水工程等削弱水动力措施。

流通区以修建减缓纵坡和拦截固体物质的拦沙坝、谷坊等构筑物为主。

堆积区主要修建导流体、急流槽、排导沟、停淤场，以改变泥石流流动路径并疏排泥石流。

对稀性泥石流以导流为主，黏性泥石流以拦挡为主。

2. 泥石流防治的生物措施

生物措施：保护与培育森林、灌丛和草本植物，高技术的农牧业技术，科学合理的山区土地资源开发管理措施。

泥石流生物防治的目的：维持优化的生态平衡，减少水土流失，削减地表径流和松散固体物质补给量，获得生物资源的同时控制泥石流的发生。

营造森林：水源涵养林、水土保持林、护床防冲林和护堤固滩林四类。

水源涵养林：一般设置于泥石流形成区，旨在改良土壤，削减固体物质流失量，保护农田水利设施，以及调节气候、美化环境和促进生态良性循环。

水土保持林：宜在泥石流形成区、流通区营造。它可以增加地面覆盖、调节地表径流、利用树根和草根两层根系网增强土层的稳定性，减弱崩塌、滑坡的活动性，防止沟道侵蚀，减少泥石流的固、液体补给量。

护床防冲林：加速泥沙淤积，减缓沟底纵坡坡度，进而稳定河床、沟坡土体。

营造林地时配合使用柳石谷坊等小型生物水保工程。

护堤固滩林：营造在堆积滩地的防护林带（图5-37）。

图 5 - 37　护堤固滩林

2. 泥石流防治的工程措施

（1）治水工程

治水工程修建于泥石流形成区上游，类型：调洪水库、截水沟、蓄水池、泄洪隧洞和引水渠等。

治水工程可调节洪水，拦截部分或大部分洪水，削减洪峰，减弱泥石流爆发的水动力条件。利用这类工程还可灌溉农田、发电或供给生活用水。

引排水工程多修建于泥石流形成区的上方或侧方：

渠首应修建矮小稳固且有足够泄洪能力的截流坝，坝体应具有防渗、防溃决能力，渠身避免经过崩滑地段。

山区矿山的尾矿、废石堆积区：在其上游修建排水隧洞，避免上游洪水导入堆积区内。

（2）治土工程

治水工程目的是减弱松散固体物质来量，促使泥石流衰退并走向衰亡。

1）拦挡工程

拦挡工程通常称为拦沙坝、谷坊坝。将建于主沟内规模较大的拦挡坝称为拦沙坝，无常流水支沟内规模较小的拦挡工程称为谷坊坝。在综合治理中多属于主要工程或骨干工程。

拦沙坝、谷坊坝的种类：

　　按建筑结构分：实体坝和格栅坝。

　　按坝高和保护对象分：低矮的挡坝群和单独高坝。

　　按建筑材料分：砌石、土质、圬工、混凝土和预制金属构件等，如浆砌块石坝、砌块石坝、混凝土坝、土坝、钢筋石笼坝、钢索坝、木质坝、木石混合坝、竹石笼坝、砖砌坝等。

　　挡坝群：沿沟修筑一系列高 5～10 m 的低坝或石墙，坝(墙)身上应留有排水孔以宜泄水流，坝顶留有溢流口以宜泄洪水。

　　预制钢筋混凝土构件的格栅坝：拦截小型稀性泥石流。这类坝体易于安装，具有很高的抗冲击性能，已广泛应用。可以拦截 50%～70% 的泥石流固体物质，也可以拦截直径达 2 m 的漂砾。

　　若具有潜在的大规模泥石流威胁下游大型建筑场地或居民点时，则应修筑高坝。

　　2) 支挡工程

　　对于沟坡、谷坡、山坡上常常存在的个别活动性滑坡、崩塌体，可采用挡土墙、护坡等支挡工程。

　　挡土墙：修筑于坡脚，防止水流、泥石流冲刷坡脚。

　　护坡工程：适用于长期受到水流、泥石流冲蚀，而不断发生片状、碎块状剥落，或逐渐失稳的软弱岩体边坡。

　　可在泥石流形成区上方山坡上修建能够削减坡面径流冲刷的变坡工程，稳定大范围内的山坡稳定。

　　3) 潜坝工程

　　暴雨型泥石流：在遇暴雨情况下，特大洪水掏蚀沟床底部沉积物而形成。

　　潜坝工程针对这一类泥石流防治的系列化、梯级化治土工程。多建于泥石流形成区和流通区的沟床中，坝基嵌入基岩，坝顶与沟床齐平。

　　潜坝工程的另一辅助作用是消能，利用坝内侧的砂石垫层，消耗泥石流过坝后的动能。

　　(3) 排导工程

　　直接保护下方特定的工程场地、设施或某些建筑群落。

　　类型：排导沟、渡槽、急流槽、导流堤、明硐

　　作用：调整流向、防止漫流。建于流通区和堆积区。

　　排导沟：以沟道形式引导泥石流顺利通过防护区段并将其排入下游主河道的常见防护工程。多修建于山口外位于堆积区的开阔地带。

　　当山区公路、铁路跨越泥石流沟道时，如果泥石流规模不大，又有合适的地形，在交叉跨越处便可修建泥石流渡槽或泥石流急流槽工程。

　　设于交通线路下方、坡度相对较陡的称为急流槽。设于交通线路上方，坡度相对较缓的称为渡槽(图 5-38)。

　　交通线路通过泥石流严重堆积区时，可以采用明硐形式通过，或用将泥石流的出口改向相邻的沟道或另辟一出口的改沟工程。

　　导流堤：可控制泥石流的流向。它多为连续性的构筑物，包括土堤、石堤、砂石堤或混凝土堤等。

　　顺水坝：则多建于沟内，常呈不连续状，或为浆砌块石或为混凝土构筑物。它的主要作用是控制主流线，保护山坡坡脚免遭洪水和泥石流冲刷。

图 5 – 38　渡槽

图 5 – 39　泥石流沟治理工程

（4）储淤工程

储淤工程包括拦泥库和储淤场两类。

拦泥库：拦截并存放泥石流，多设置于流通区。

储淤场：一般设置于堆积区的后缘。利用天然有利的地形条件，采用简易工程措施如导流堤、拦淤堤、挡泥坝、溢流堰改沟工程等（图 5 – 39）。

泥石流防治要全面规划、突出重点，具体问题具体分析，远近兼顾，两类措施相结合，因害设防、讲求实效。工程措施和生物措施在泥石流沟的全流域可综合采用。在实际工作中，要注意两大类措施各自的特点。

思考题

1. 泥石流按成因分为哪几类？
2. 我国泥石流的分布有何特点？
3. 泥石流的活动强度与哪些因素有关？
4. 泥石流危险性评估的工作步骤有哪些？
5. 试述控制、削弱产生泥石流的水动力条件的工程措施。
6. 试述泥石流防治中控制土源的治理方法。
7. 泥石流治理的排导方法有哪些？
8. 试述泥石流灾害的防治措施。
9. 泥石流的形成条件？如何防治暴雨型泥石流？

第6章　滑坡

6.1　边坡工程概述

6.1.1　边坡的定义与分类

1.边坡的定义

边坡是自然或人工形成的斜坡,是人类工程活动中最基本的地质环境之一,也是工程建设中最常见的工程形式。

2.边坡的分类

(1)按照边坡的成因分类

按照边坡的成因可分为天然边坡和人工边坡。天然边坡是自然形成的山坡和江河湖海的岸坡。人工边坡是经人工开挖或改造了形状的斜坡。

(2)按照构成边坡坡体材料的性质分类

按照构成边坡坡体材料的性质可分为土质边坡和岩质边坡。

(3)按照边坡的稳定性程度分类

按照边坡的稳定性程度可分为稳定性边坡、基本稳定边坡、欠稳定边坡和不稳定边坡。这种分类方法一般根据边坡的稳定性系数的大小进行划分,但无严格的规定。

(4)按照边坡的高度分类

按照边坡的高度可分为高边坡和一般边坡。边坡高度大于 15 m 称为高边坡,小于 l5 m 称为一般边坡。

(5)按照边坡的断面形式分类

按照边坡的断面形式可分为直立式边坡、倾斜式边坡、台阶形边坡和复合形边坡。

(6)按照边坡的使用年限分类

按照边坡的使用年限可分为临时性边坡和永久性边坡。

临时性边坡指工作年限不超过两年的边坡。永久性边坡指工作年限超过两年的边坡。

6.1.2　影响边坡稳定的因素

①岩石性质的影响,包括岩石的坚硬程度、抗风化能力、抗软化能力、强度、组成、透水性等。

②岩体结构的影响,表现在节理裂隙的发育程度及其分布规律、结构面的胶结情况、软

弱面和破碎带的分布与边坡的关系、下伏岩石界面的形态以及坡向坡角等。

③水文地质条件的影响，包括地下水的埋藏条件、流动及动态变化等。

④地貌的影响，如边坡的高度、坡度和形态等。

⑤风化作用的影响，主要体现为风化作用将减弱岩石的强度，改变地下水的动态。

⑥气候作用的影响，气候引起岩土风化速度、风化厚度以及岩石风化后的机械、化学变化，同时引起地下水（降水）作用的变化。

⑦地震作用的影响，除了使岩体增加下滑力外，还常常引起孔隙水压力的增加和岩体的强度的降低。

⑧人类活动的影响，如开挖、填筑和堆载等人为因素同样可能造成边坡的失稳。

6.1.3 边坡的破坏形式

边坡的破坏形式主要有松弛张裂、崩塌、蠕动、滑坡、倾倒破坏。

1. 松弛张裂

在边坡的形成过程中，由于在河谷部位的岩体被冲刷侵蚀或人工开挖，使边坡岩体失去约束，应力重新调整分布，从而使岸坡岩体发生向临空面方向的回弹变形及产生近平行于边坡的拉张裂隙，一般称为边坡卸荷裂隙。

2. 崩塌

由结构面被切割而形成块体，突然脱离母体以垂直运动为主、翻滚跌跃而下的现象与过程（图6-1）。

图6-1 崩塌形成机理示意图

3. 蠕动变形

边坡岩体主要在重力作用下向临空方向发生长期缓慢的塑性变形的现象，有表层蠕动和深层蠕动（图6-2）两种类型。

4. 滑坡

岩体沿着贯通的剪切破坏面（带）产生以水平运动为主的现象，称为滑坡（图6-3）。

图6-2 蠕动变形

1—表层蠕动；2—深层蠕动

5.倾倒破坏

由陡倾或直立板状岩体组成的斜坡，当岩层走向与坡面走向近平行时，在自重应力的长期作用下，由前缘开始向临空方向弯曲、折裂，并逐渐向坡内发展的现象称为倾倒破坏(弯曲倾倒)。

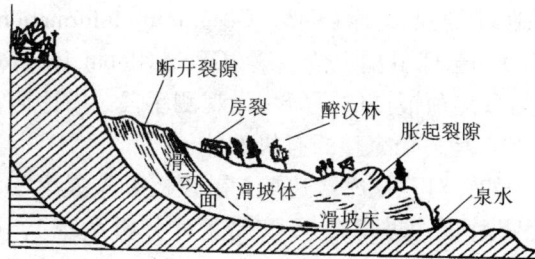

图 6-3 滑坡

6.1.4 边坡工程理论

边坡工程研究的理论基础需要多种学科的相互结合、相互渗透，不仅包括工程数学、工程力学、工程地质学、岩土力学，还应结合计算机仿真技术、岩土工程测试技术等手段。边坡工程经过 100 多年的研究和发展，从边坡的规律性分析，到边坡的变形破坏机制的研究，以及边坡稳定性评价和预测预报，均取得了令人瞩目的成果，已初步形成边坡工程独立的学科体系。这一体系包括四大部分：边坡(或滑坡)的区域分布规律性研究、边坡的变形破坏机制研究、边坡的稳定性评价和预测预报、边坡工程治理。

1.边坡工程中的岩体结构控制理论

岩土力学的发展为边坡工程的研究奠定了基础，特别是岩质边坡结构十分复杂，其稳定性取决于边坡的各类结构面的特征。

中科院地质所孙广忠先生提出了"岩体结构控制论"，并出版了专著《岩体结构力学》，孙玉科先生等将赤平投影法和实体比例投影法应用于边坡工程。美国学者石根华提出了"关键块体理论"，主要解决被多个地质结构面、开挖面所切割的边坡或硐室之稳定性问题。南京大学罗国煜教授等提出了岩坡优势面控制论，认为岩坡的变形破坏受岩坡内的优势面所控制。上述理论的共同的特点是注重岩体结构研究，各类地质结构面对边坡的变形破坏起着控制作用。

2.边坡工程中的分形理论

分形理论是美国数学家(B. B. Mandelbort)于 1973 年首次提出来的，主要是研究自然界中一些具有自相似但没有特征长度的图形或现象，其研究方法是通过确定图形或现象的分维数，以揭示该现象或图形的内在本质和规律。

分形理论被广泛地应用于物理学、生物学、材料科学、岩石力学等学科中，近年来，边坡工程中开始应用分形理论进行有意义的探索。

边坡岩体结构常呈不规则分形状态，可以用分维来表征，利用分维可以定量地描述断层、层理、节理、泥化夹层等宏观结构面的形态特征、分布、产状及粗糙度等。同样，岩体的微观结构面或破坏面也呈不规则的分形状态，这种不规则反应了岩体破坏时的能量耗散及微观结构效应，也可用分维来表示。分维数是岩体变形破坏的某一统计特征量，分维数可以充当岩体变形破坏变量的角色进行岩体的强度和稳定性演化过程的分析。

分形理论在边坡工程的应用有广阔的前景，目前，在三峡库区、西北黄土地区及一些典型的滑坡体均有所应用，在分布规律研究、机制分析和预测预报方面取得了较好成果。

3.边坡工程中的 3S 理论

在信息社会中，全球是一个开放系统，3S 系统已在地学领域取得初步尝试，在 1996 年国际岩石力学学会年会上，充分利用 3S 技术在岩土工程建设中的作用已引起极大注意。3S 系统指地理信息系统（GIS，Geography Information System）、遥感系统（RS，Remote Sensing System）和全球卫星定位系统（GPS，Global Positioning System）。三者融为一体为边坡工程的防治与预测预报提供了新一代观测手段、描述语言和思维工具。集 GIS、GPS 和 RS 为一体的 3S 系统，是一个完整的有机整体。

例如针对三峡库区边坡，崔政权率先提出"3S 工程"的概念和设想，从 1997 年着手建立了"三峡库区边坡稳态 3S 实时工程分析系统"，并给出了系统的框图；何满潮将该系统按功能分为三大部分，即 3S 接收处理系统、GIS 地理信息系统和工程分析专家系统。

4. 边坡工程中的人工神经网络方法

人工神经网络指由大量简单神经元经广泛互联构成的一种计算结构，是一种广义的并行处理系统。

人脑的认知模式被认为是一种并行的分布式模式，神经网络采用类似于人大脑的神经网络的体系结构来构造模型仿真人大脑的功能，即把对信息的储存和计算推理同时储存在一个单元里。因此，在某种程度上神经网络被认为可以模拟生物神经系统的工作过程。特别是通过抽象、简化和模拟手段，神经网络部分反映了人脑的某些功能特征，且具有高度非线性、自组织、自学习、动态处理、联想记忆、容错性等特征。

近年来，人工神经网络开始应用于边坡工程的稳定性分析和评价，对于解决复杂的边坡系统工程的稳定性问题提供了一条新的途径。

5. 边坡工程中的数值计算和仿真

从 20 世纪 70 年代开始，数值计算被广泛地应用于边坡工程，比较成熟的三大数值方法是有限单元法、边界单元法和离散单元法。有限单元法是通过离散化，建立近似函数把有界区域内的无限问题简化为有限问题，并通过求解联立方程对工程问题进行应力位移分析的数值模拟方法，它假定工程岩体是连续的力学介质，在许多重大工程中应用。

边界单元法是采用在区域内部满足控制条件但不满足边界条件的近似函数逼近原问题解的数值方法，它与有限单元法相比，具有方程个数少，所需数据量小等特点。

由于岩坡的地质构造复杂，一些边坡呈碎裂结构和层状碎裂结构，构成非连续性力学介质，利用有限单元法和边界单元法求解遇到了困难，取而代之的是离散单元法，一些学者称其为散体元法。

离散单元法由 Cundall 于 1971 年提出，该方法充分考虑了节理岩体的非连续性，以分离的块体为出发点，将岩块假定为刚体的移动或转动，并允许块体有较大的位移，甚至脱离母体而自由下落，特别适用于节理化岩体或碎裂结构的岩质边坡。由于其原理明了，并且容易结合 CAD 技术仿真边坡变形破坏的演变过程，因此备受人们的青睐。

6. 边坡工程中的可靠性分析理论

可靠性分析最早主要应用于宇航、电子工业界，之后逐渐推广到机械工程，可靠性分析方法从 20 世纪 70 年代开始应用于边坡工程领域，它基于对边坡岩体性质、荷载、工程地质条件等的不确定性认识，借鉴结构工程可靠性理论方法，结合边坡工程的具体情况，用可靠指标或破坏概率描述边坡工程质量的理论体系，它较传统的确定性理论能更好地反映边坡工程实际状态，概率模型有助于形成新的考虑风险与可靠性的观念。

6.2 滑坡分类与成因

滑坡又称为地滑，我国一些地方形象地把滑坡称为"走山"，斜坡上的土体或岩体受河流冲刷、地下水活动、自然风化、地震及人工切坡等因素的影响，在重力的作用下沿着一定的软弱面或软弱带，整体地或分散地顺坡向下滑动的现象。

规模大的滑坡一般是缓慢的、长期的往下滑动，有些滑坡滑动速度也很快，其过程分为蠕动变形和滑动破坏阶段，但也有一些滑坡表现为急剧的滑动，下滑速度从每秒几米到几十米不等。滑坡多发生在山地的山坡、丘陵地区的斜坡、岸边、路堤或基坑等地带。

滑坡对工程建设的危害很大，轻则影响施工，重则破坏建筑；滑坡常使交通中断，影响公路的正常运输；大规模的滑坡，可以堵塞河道，摧毁公路，破坏厂房，掩埋村庄，对山区建设和交通设施危害很大。

6.2.1 滑坡的定义、滑坡要素

1. 滑坡的定义

滑坡指斜坡上的岩体由于种种原因在重力作用下沿一定的软弱面（或软弱带）整体地向下滑动的现象。

出于不同的研究目的，不同的研究者对滑坡有不同的定义。但总的讲来，基本上都包括了以下一些主要内容：滑坡的组成物质，具有可能滑动的空间，一个相对稳定的滑动界面（滑面），一定的水平位移，是一种外动力作用下的地质现象。故而，将滑坡定义为"斜坡上的岩土体沿某一界面发生剪切破坏向坡下运动的地质现象"是比较恰当的。

2. 滑坡要素

滑坡的要素包括：滑坡体、滑坡周界、滑坡壁、滑坡台阶、滑动面（带）、滑坡床、滑坡舌、主滑线、拉张裂隙、羽状裂隙、鼓张裂隙、扇形张裂隙、封闭洼地（滑坡湖）等（图6-4、图6-5）。

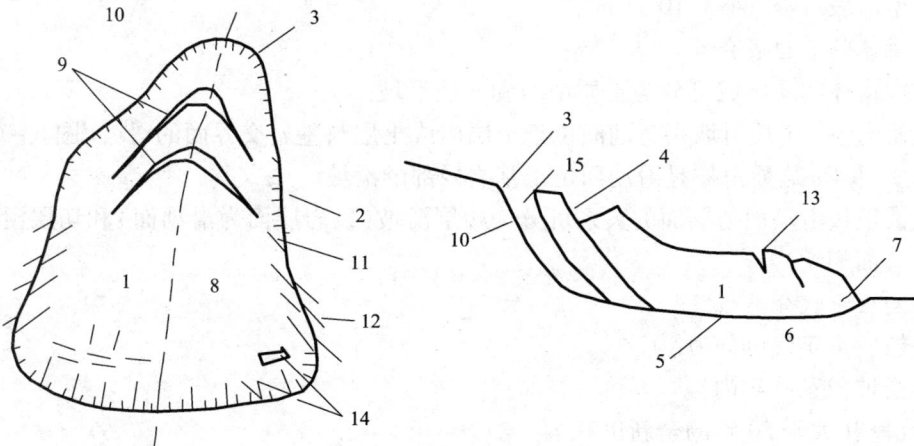

图6-4 滑坡要素平剖面示意图

1—滑坡体；2—滑坡周界；3—滑坡壁；4—滑坡台阶；5—滑动面（带）；6—滑坡床；7—滑坡舌；8—主滑线；
9—拉张裂隙；10—主裂隙；11—剪切裂隙；12—羽毛状裂隙；13—鼓张裂隙；14—扇形张裂隙；15—封闭洼地

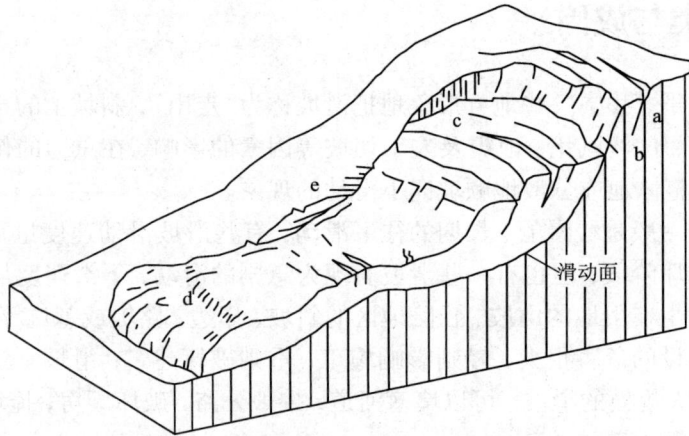

图 6 – 5　滑坡地貌及滑坡几何要素侧视图
a—后缘环状拉裂隙；b—滑坡断壁；c—横向裂隙及滑坡台阶；
d—滑坡舌及隆张裂隙；e—滑坡侧壁及羽状裂隙

6.2.2　滑坡的分类

出于不同的研究目的，滑坡有不同的分类。

与滑坡防治工程有关的分类可以按规模、滑体物质组成、发生年代、滑动方式、具体厚度、古老滑动面被利用情况、引发因素和纵横长度比进行分类。

1. 按规模分类

①特大型滑坡：体积大于 1000 万 m^3。

②大型滑坡：体积为（100～1000）万 m^3。

③中型滑坡：体积为（10～100）万 m^3。

④小型滑坡：体积小于 10 万 m^3。

2. 按滑体物质组成分类

滑坡按滑体物质组成可分为土质滑坡和岩质滑坡。

①土质滑坡：土质滑坡是滑动面位于土层内或土层与基岩交界面的滑坡（图 6 – 6）。

②岩质滑坡：岩质滑坡是滑动面位于基岩内部的滑坡。

岩质滑坡按滑动面与层面的关系可分为顺层滑坡（以岩层面为滑动面）和切层滑坡（滑动面与岩层层面相切）。

3. 按发生年代分类

滑坡按发生年代可分为：

①新滑坡（近 50 年内）。

②老滑坡（大于 50 年的全新世）。

③古滑坡（晚更新世及其以前）。

4. 按滑动方式分类

滑坡按滑动方式可分为：

①松脱式滑坡(前部先滑动,逐次向后发展),松脱式滑坡即多数人习惯称谓的"牵引式"滑坡。

②推移式滑坡(先滑坡,推动前部发生滑动)。

5.按具体厚度分类

滑坡按具体厚度可分为:

①浅层滑坡(滑体厚度 $h \leqslant 10$ m)。

②中层滑坡(10 m $< h \leqslant 25$ m)。

③深层滑坡(25 m $< h \leqslant 50$ m)。

④超深层滑坡($h > 50$ m)。

6.按古老滑动面被利用的情况分类

滑坡按古老滑动面被利用的情况可分为:

①复合型滑坡(古、老滑坡滑动面被新滑坡全面利用)。

②部分复活型滑坡(古、老滑坡滑动面被新滑坡部分利用)。

③非复合型滑坡(古、老滑坡滑动面未被新滑坡利用)。

图 6-6 土质滑坡
(2017 年 7 月江西宁都青塘)

7.按引发因素分类

滑坡按引发因素可分为:

①工程滑坡:由在滑坡或潜在滑坡体上及边缘附近进行的工程活动引发。

②非工程滑坡:由自然因素和其他人为因素引发。

8.按纵横长度比分类

滑坡按纵横长度比可分为:

①纵长式滑坡(纵横长度比 $k \geqslant 1.5$)。

②等长式滑坡($1.5 > k \geqslant 0.5$)。

③横长式滑坡($k < 0.5$)。

6.2.3 滑坡产生的主要条件

1.地质条件和地貌条件

(1)岩土类型

岩、土体是产生滑坡的物质基础。通常,各类岩、土都有可能构成滑坡体,其中结构松软,抗剪强度和抗风化能力较低,在水的作用下其性质易发生变化的岩、土,如松散覆盖层、黄土、红黏土、页岩、泥岩、煤系地层、凝灰岩、片岩、板岩、千枚岩等及软硬相间的岩层所构成的斜坡易发生滑坡。

(2)地质构造

斜坡岩、土只有被各种构造面切割分离成不连续状态时,才可能具备向下滑动的条件。同时,构造面又为降雨等进入斜坡提供了通道。故各种节理、裂隙、层理面、岩性界面、断层发育的斜坡，特别是当平行和垂直斜坡的陡倾构造面及顺坡缓倾的构造面发育时，最易发生滑坡。

（3）地形地貌

只有处于一定地貌部位、具备一定坡度的斜坡才可能发生滑坡。一般江、河、湖（水库）、海、沟的岸坡，前缘开阔的山坡、铁路、公路和工程建筑物边坡等都是易发生滑坡的地貌部位。坡度大于 10°、小于 45°、下陡中缓上陡、上部成环状的坡形是产生滑坡的有利地形。

（4）水文地质条件

地下水活动在滑坡形成中起着重要的作用。它的作用主要表现在：软化岩、土，降低岩、土体强度，产生动水压力和孔隙水压力，潜蚀岩、土，增大岩、土容重，对透水岩石产生浮托力等，尤其是对滑坡（带）的软化作用和降低强度作用最突出。

2. 内外营力和人为作用的影响

在现今地壳运动的地区和人类工程活动的频繁地区是滑坡多发区，外界因素和作用可以使产生滑坡的基本条件发生变化，从而引发滑坡，主要引发因素有：地震；降雨和融雪；地表水的冲刷浸泡，河流等地表水体对斜坡坡脚的不断冲刷；不合理的人类活动，如开挖坡脚、坡体堆载、爆破、水库蓄（泄）水、矿山开采等都可引发滑坡。此外，还有如海啸、风暴潮、冻融等许多作用也可引发滑坡。

3. 滑坡发育阶段划分及其特征

滑坡在不同阶段会有各种特征，如井泉水质变浑（图 6-7）、出现地裂隙（图 6-8）、房屋拉裂（图 6-9）、井水位下降（图 6-10）、醉汉林（图 6-11）、地面下沉（图 6-12）等。

图 6-7 井泉水质变浑（丰都柏木塘滑坡）

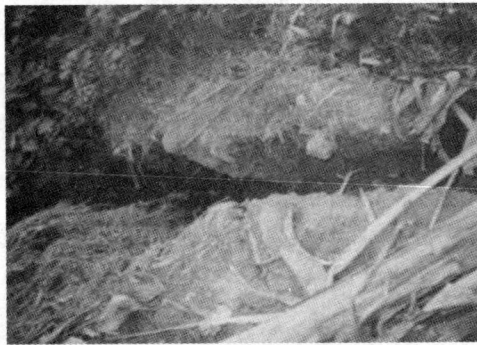

图 6-8 地裂隙（丰都回龙湾东滑坡）

图 6-9 房屋拉裂（忠县挖断山变形体）

图 6-10 井水位下降（忠县王河变形体）

图 6 – 11 醉汉林(万州红火村滑坡)

图 6 – 12 地面下沉(忠县吕家沟变形体)

6.2.4 我国滑坡灾害分布

1. 滑坡灾情

我国滑坡灾害之严重和分布范围之广是世界上少有的几个国家之一。历史上每年都有滑坡灾害发生,而近十年来我国的滑坡更是规模大,速度快,给人们造成的灾难更大。

2. 我国滑坡的区域发育特点

(1)极密集区

主要是川滇南北带,该地区滑坡类型多、规模大、频率高、分布广泛、危害严重。

(2)密集区

主要是黄土高原地区、秦岭—大巴山地区和东南、中南等省山地和丘陵地区。

①黄土高原地区:面积达 60 余万平方千米,连续覆盖五省(区)。以黄土滑坡广泛分布为其显著特征。

②秦岭—大巴山地区:是我国主要滑坡分布地区之一。堆积层滑坡大量出现。变质岩、页岩地区容易产生岩石顺层滑坡。

③东南、中南等省山地和丘陵地区:滑坡也较多,规模较小,以堆积层滑坡、风化带破碎岩石滑坡及岩质滑坡为主。滑坡的形成与人类工程经济活动密切相关。

(3)中等发育区

在西藏、青海、黑龙江北部的冻土地区,分布有与冻融有关,规模较小的冻融堆积层滑坡。

3. 我国的典型滑坡

(1)三穗县平溪特大桥山体滑坡

2003 年 5 月 11 日 1 时 55 分,三穗县城东南约 20 km 处的台烈镇寨头村平溪村民组境内的 320 国道旁,三穗—凯里高速公路第三合同段 K73 ~ K80 施工路段的平溪特大桥Ⅲ号桥墩处发生山体滑坡(图 6 – 13),淹埋施工棚 16 间,造成 35 人死亡,1 人受伤。

(2)纳雍岩脚崩塌

2004 年 12 月 3 日凌晨 3 时 40 分,贵州省纳雍县中岭镇左家营村岩脚组后山发生岩体崩塌,崩塌体带动大面积山体下滑,造成 44 人死亡。

图6-13 三穗县平溪特大桥山体滑坡

（3）巫山登龙街滑坡

1999年8月巫山老县城城墙内的登龙街道滑坡，滑坡体达50万 m^3，造成3600人无家可归。

（4）重庆武隆滑坡

2001年5月1日20时30分左右，武隆县城江北西段发生了体积约1.6万 m^3 的边坡垮塌，致使一幢建筑面积为4061 m^2 的9层楼房被滑坡体摧毁掩埋，造成79人死亡、7人受伤（图6-14）。

滑坡现场

图6-14 重庆武隆滑坡

（5）四川宜宾滑坡

1997年7月24日，四川宜宾兴文暴雨引发滑坡，死亡48人（图6-15）。

（6）陇海线吴庄滑坡

2003年10月11日，陇海线吴庄发生滑坡，造成由西宁开往郑州的客运列车的机车及前部5节车厢脱轨，3名旅客受伤，致使陇海线上、下行列车中断行车约13 h（图6-16）。

图6-15　四川宜宾滑坡

图6-16　陇海线吴庄滑坡

（7）新源县别斯托别乡恰普河牧业村滑坡

2003年5月4日凌晨3时，新源县别斯托别乡恰普河牧业村别拉西地段发生大面积山体滑坡，造成2人死亡，1人失踪，8间房屋、6个棚圈被毁。

（8）云阳县西城后山滑坡

2001年1月17日凌晨1时左右，重庆市云阳县西城后山五峰岭发生顺层基岩滑坡。滑坡高差400余米，总体积5万余立方米，该滑坡单个块体大（多为数吨至数十吨），具有落差大（400余米）、冲击破坏力极强、危害极大的特点。

（9）西藏易贡高速巨型滑坡及滑坡堰塞湖

2000年4月9日晚8时左右，西藏林芝地区波密县易贡藏布河扎木弄沟发生大规模山体滑坡，历时约10 min，滑程约8 km，高差约3330 m，截断了易贡藏布河（河床高程2190 m），形成长约2500 m、宽约2500 m的滑坡堆积体，最厚达100 m，平均厚60 m，体积（2.8~3.0）亿 m^3。山体滑坡产生的主要原因是由于气温转暖，冰雪融化，使位于扎木弄沟高达5520 m以上雪峰的上亿方滑坡体饱水失稳所致。

（10）印江岩口滑坡

1996年9月18日暴雨（56.4 mm），1996年9月19日凌晨1时发生。260万 m^3 岩石阻断印江河（图6-17），坝高50余米，死亡3人，淹没朗溪镇（8000余人无家可归），直接威胁印江县城。滑前公路出现垮塌、开裂。

图 6 – 17　印江岩口滑坡形成的堆石坝和堰塞湖

6.3　滑坡危险性评估

6.3.1　滑坡危险性评价的基本要求

1. 滑坡危险性评估执行的技术标准和评估程序

（1）滑坡危险性评估执行的技术标准

滑坡的地质测绘与调查（勘察）及评价是滑坡危险性评价必不可少的工作内容，应选择恰当的技术标准作为依据。

国土资源部国土资发［2004］69 号文《国土资源部关于加强地质灾害危险性评估工作的通告》中的附件 1《地质灾害危险性评估技术要求（试行）》是滑坡危险性评估工作中应该执行的主要技术标准之一，其他主要技术规程与规定如下：

《建设用地地质灾害危险性评估技术要求》（国土资源部 2004）。

《县（市）地质灾害调查与区划基本要求》（国土资源部地质环境司，2000）。

ZB D 14003—89《1∶2.5 万 ~ 1∶5 万工程地质调查规范》。

GB/T 14158—93《1∶5 万区域水文地质工程地质综合勘察规范》。

ZB D 14001—89《工程地质编图规范》［（1∶50 万）~（1∶100 万）］。

《地质灾害分类分级标准》（国土资源部，1999）。

DZ/T 0286—2015 地质灾害危险性评估规范。

（2）滑坡危险性评估程序

滑坡危险性评估的工作程序：在初步查明滑坡地质环境和滑坡的地质背景的基础上，通过滑坡危险性现状评估、预测评估和综合评估，对评估区征地范围内的建设适宜性作出结论并提出防治措施建议等。

具体的工作则是在充分收集已有资料和现场调查与地质测绘（必要时可辅以少量的勘察和测试工作）的基础上进行的。根据收集、调查及勘察结果对滑坡的稳定性进行以定性为主，定量为辅的综合评价。按照滑坡稳定性的差别可以得出滑坡失稳可能性的大小，根据滑坡发生后的损失大小就可以确定危险性大小，再依据地质灾害危险性大小，结合防治费用就可以对适宜性作出结论。并应根据滑坡的规模、类型、变形特征及稳定性等提出防治措施建议。

2. 滑坡危险性评价总体技术要求与基本任务

滑坡危险性评价评估等级分为一级评估、二级评估和三级评估，滑坡危险性评价总体技术要求见表6-1。

表6-1 滑坡危险性评价总体技术要求

评估等级	技术要求
一级评估	滑坡的评价必须查明评估区内地质环境条件、滑坡的构成要素及变形的空间组合特征，确定其规模、类型、主要引发因素、对工程的危害。在斜坡地区的工程建设必须评价工程施工引发滑坡的可能性及其危害，对变形迹象明显的，应提出进一步的建议
二级评估	应将滑坡对建设项目的影响或危害以及建设项目是否会引发滑坡进行分析或专项分析。应基本查明评估区内存在滑坡的类型、分布、规模以及对拟建项目可能产生的危害及影响。预测评价工程建设可能引发滑坡的危险性
三级评估	对建设工程范围内是否存在滑坡灾害及其危险性进行定性分析确定。初步查明评估区滑坡分布与特性；工程建设可能引发滑坡的性质、规模、危害以及对评估区地质环境的影响

滑坡危险性评价基本任务见表6-2。

表6-2 滑坡危险性评价基本任务

基本任务	基本内容
查明地质环境条件	1.气象、水文；2.地形地貌；3.地层岩性；4.地质构造与区域地壳稳定性；5.工程地质条件；6.水文地质条件；7.工程活动对地质环境影响
现状评估	现状评估是对已有滑坡的危险性评估。任务是根据评估区滑坡类型、规模、分布、稳定状态、危害对象进行危险性评价；对稳定性或危险性起决定性作用的因素作较深入的分析，判断其性质、变化、危害对象和损失情况
预测评估	预测评估指对工程建设可能引发的滑坡的危险性评估。任务是依据工程项目类型、规模，预测工程项目在建设过程中和建成后，对地质环境的改变及影响，评价是否会引发滑坡灾害及其范围、危害
综合评估	综合评估任务是根据现状评估和预测评估的情况，采用定性、半定量的方法综合评估滑坡危险性程度，对土地的适宜性作出评估，并提出防治引发滑坡和另选场地的建议

6.3.2 滑坡调查要求

滑坡调查一般包括滑坡的形成背景调查、滑坡体特征的地质测绘与调查，引发滑坡的因素调查、滑坡危害性调查和当地防治经验调查。

滑坡地质测绘与调查的范围应包括滑坡及其邻区。后部分包括滑坡后壁以上一定范围的斜坡，不超过第一斜坡带或一级分水岭或积水洼地；前部分包括剪出口以下稳定地段，两侧应达滑坡体以外一定距离或邻近沟谷。涉水滑坡尚应包括河(库)心或对岸。

当采用地质测绘手段时，成图比例尺不应过小，可根据滑坡面积、滑坡地质环境复杂程度和评估级别分别选择，一般不宜小于1∶2000。

1. 滑坡调查的主要内容

（1）地质环境条件调查

搜集当地滑坡史、易滑地层分布、水文气象、工程地质图和地质构造图等资料，并调查分析山体地质构造。

调查微地貌形态及其演变过程，沟谷发育情况，河流冲刷、堆积物及地表水汇聚情况和植被发育情况，滑坡发生与地层、岩性、断裂构造、水土地质条件、地震和人类活动因素的关系，找出引起滑坡或滑坡复活的主导因素。

（2）滑坡基本特征调查

调查微地貌形态及其演变过程；圈定滑坡周界、滑坡壁、滑坡平台、滑坡舌、滑坡裂隙、滑坡鼓丘等要素表部特征并用地质测绘方法将其标注在平面图上。

查明滑动带部位、滑痕指向、倾角，滑带的组成和岩土状态，裂隙的位置、方向、深度、宽度、产生时间、切割关系和力学属性。

（3）水文地质条件调查

调查滑带水和地下水的情况，泉水出露地点及流量，地表水体、湿地分布及变迁情况。气象水文资料主要应收集河流的水位变化，常年及重现期20年、50年的最高、最低水位，常年的水位高度（重点是水位降的高度和时间垮度）；年均降水量和降水强度，重现期20年、50年的最大降水量和降水强度。

（4）稳定性调查

调查滑坡带内外建筑物、树木等的变形、位移及其破坏的时间和过程；残留滑体的稳定状况，滑体后缘壁、两侧壁有无不稳定的牵引块体及其危险性等。分析滑坡一旦失稳的最大规模、危害范围和损失，以及可能产生的派生的灾害类型与范围等。

必要时应通过少量勘察及测试工作，确定滑坡的内部特征（主要包括滑面埋深、滑面层数、连通性，滑石产状和滑体物质组成和状态）及滑面特征（包括形态、力学性质等）。为滑坡稳定性、定量评价提供依据。

（5）引发滑坡的因素调查

调查滑坡的发生及发展与地震、降雨、侵蚀、崩坡积加载等自然因素的关系和人类活动（如森林植被的破坏、不合理开垦、建筑加载、不合理的切坡、渠道渗漏和水库蓄水等）对滑坡的发生及发展的影响。

（6）灾情调查

调查了解滑坡危害及成灾情况。包括历史情况和近期活动造成的损失，当地地面工程及环境工程或人员伤亡、经济损失情况；以及堵河、涌浪等作用造成的远程损失和次生灾害损失，并对滑坡失稳可能造成的范围及损失进行预测。

（7）滑坡防治调查

滑坡防治调查包括已采取的应急预防减灾措施、防治工程及其投资金额与效果、经验；当地整治滑坡的经验教训等。

2. 滑坡调查的范围与观察点布置

①滑坡评价范围。滑坡评价范围应以第一斜坡带为限。

②滑坡调查采用观察点、观察线控制法。观察点的布置应重点控制下列内容：

a.滑坡周(边)界和滑坡要素。

b.滑体及其影响带的地质特征和界线。

c.与滑体形成有关的自然与地质环境条件，包括地形地貌和地层岩(土)性界线、地质构造线(各类结构面)和地下水露头等。

d.与评价滑体形成与稳定性有关的其他现象。

③观察线路应采用横穿地质体和界限追索相结合的全面测绘与调查法，观察点密度见表6-3。与滑体形成及稳定性有重要意义的地质现象，如滑坡要素、软弱层、结构面等的观察点应加密。

表6-3 滑坡调查观察点密度

评估等级	观察点在图上的距离(cm)
Ⅰ级	1.5~3.0
Ⅱ级	2.0~3.5
Ⅲ级	2.5~4.0

④滑坡调查应充分利用天然露头和已有人工露头，当露头较少时，可布置一定数量的坑、槽探。

⑤图上宽度大于2 mm的地质现象应测绘到图上，对评价滑体形成和稳定性有重要意义的地质现象，如崩滑体要素、各类结构面等，在图上宽度不足2 mm时，应扩大比例尺表示，并注明实际数据。

⑥观察点记录应认真、全面，重要地质现象应素描、照相和录像。

3.滑坡灾害危害程度

滑坡灾害危害程度指滑坡灾害造成的人员伤亡、经济损失与生态环境破坏的程度。一般划分为以下四个等级。

特大：威胁人数在1000人以上，或者可能造成的经济损失在1亿元以上的。

大：威胁人数在500人以上1000人以下，或者可能造成的经济损失在5000万元以上1亿元以下的。

较大：威胁人数在100人以上500人以下，或者可能造成的经济损失在500万元以上5000万元以下的。

小：威胁人数在100人以下，或者可能造成的经济损失在500万元以下的。

4.综合评估

(1)综合评估

综合评估是在现状评估和预测评估基础上，对建筑场地的不同区段(功能区或自然单元)的滑坡危险性和建设工程适宜性作出逐一评判。

(2)评估方法

确定判别区段危险性的量化指标时，应根据"区内相似，区际相异""就大不就小""分区相对独立、完整"的原则，采用定性或半定量分析方法进行危险性和建筑适宜性评判。

（3）常用的半定量方法

常用的半定量方法包括综合指数法、参数叠加法、模糊数学评判法、信息量法和人工神经网络法等。

（4）防治措施建议原则

①前提性：立足于减轻灾害，服务于工程建设。

②针对性：既要考虑滑坡现状和发展趋势，又要充分考虑到各种措施可能会带给工程建设的影响，尽力降低负面影响。

③有效性：充分考虑各种方法的局限性，使提出的措施不仅具有抢险性，更具有长期安全性。

④经济性：在确保安全的前提下，经济实用的措施应该首先加以考虑。

5.滑坡边界的野外圈定方法

①崩滑体边界：滑动面与地面的交线。多级滑动时，为最外围滑面与地面的交线。

②滑面的确定是崩滑体周界确定的前提。滑面多为控制性结构面，但结构面不等于滑面。野外调查时，可采用排除法进行滑面识别，技术路线为：找结构面→找控制性结构面→找具有非构造滑动的特征→确定滑面。

③崩滑面发育完善时，多有明显的剪切面（带）或岩土体挤压（前部）或拉张痕迹（后缘）、泥化夹层、岩体摩擦镜面、擦痕等形迹，这种情况下滑面及其周界位置可以据此直接圈定。

④通常情况下，先期形成的滑面多遭受后期改造或处于滑动初期并无明显变形，这时，滑面的地表发育迹象十分模糊，找不到明确的滑面，因此，崩滑体的周界只能借助于如下现象加以综合的判定。

后缘：后缘往往发育有陡坎，整体上呈座椅状或新月状，坡面植被较少，坡度比前后坡为大，可见顺坡擦痕；后壁可见近于平行坡面的拉张裂隙；地表水常沿陡坎坡脚渗入地下。崩滑体边界应圈定于陡坎的下界。

前缘：前缘常呈陡坎状、鼓丘状或舌丘状。剪出口（带）常位于阶地的下缘，且岩土体呈挤压或挤出状态，显示剪切变形特征。地表树木、植物、地物等可有撕裂、向下歪斜等迹象。岩石产状或岩性可与下部存在较大差异，并常伴有柔皱、褶曲或断裂等现象。可见地下水溢出或成泉井），上下岩土体的含水程度差异较大。若无明显的剪出口（带），可以陡坎或阶地的下界为崩滑体的前缘边界。

两侧：往往沿冲沟或陡坎发育，常有双谷沟同源现象。也可能沿岩层界线或密集裂隙带发育。边界附近往往有泥化层、羽裂状剪裂隙，边界两侧地物、树木等可发育剪性裂隙或出现剪断现象；两侧植被发育状况有所差异，内侧树木可有倾斜现象。沿途可有地表水渗入或渗出现象，两侧岩土体产状、岩性、含水性差异较明显。

6.滑坡厚度的估测方法

①崩滑运动多沿软弱层或裂隙、层面等结构面进行，这是确定滑面及其厚度（深度）的一条基本原则。

②一般情况下，坚硬岩质崩滑体厚度的确定要符合如下一些原则：

a.顺向时，滑面多沿岩层面展布，其厚度可由后缘或前缘被剪岩层的倾角加以估计，即为该地层层面埋深。

b.反向坡或切向坡时，主要受控制性结构面制约。可由该结构面的产状加以估算。

c. 主滑带两侧厚、中部应比前后缘厚；两侧及前后缘厚度的推测应根据推测的滑面产状，成比例(减少)来确定。

③对于风化岩质滑坡或岩土质滑坡(即上部为松散土体、下部为岩体者)，滑动面常发育于土体与岩体之界面处。当岩、土界面不够清楚时，可以中风化带的上界为滑面位置。崩滑体厚度可根据出露岩土界线及其变化趋势加以估计。

④对于厚层土体滑坡，其滑面一般可按圆弧形处理，其半径最大可取坡长的1/2，两侧应成比例的减少。

7. 滑坡滑面(带)判识

(1)滑面的定义及其判识的意义

1)滑面定义

滑坡是斜坡上岩土体沿着内在的软弱结构面(层)或最大剪应力带产生的剪切破坏，并向斜坡倾斜方向产生较大的水平位移的滑移现象，该剪切滑移面(带)称为滑面(带)。

2)滑面判识的意义

滑面(带)的存在与否是滑坡存在与否的极其重要的依据。

滑面(带)的埋深位置、形态、规模、贯穿程度以及土石的物质组成、结构特性、物理性质及其力学强度等是评价滑坡稳定性的重要因素，也是防治方案选择和治理工程设计的重要依据。不存在滑面(带)或将其他的结构面(层)误判为滑面(带)，而采取防治措施，将导致极大的浪费；而漏判滑面(带)将可能导致滑坡灾害，危害人民生命财产，造成重大的经济损失。

(2)滑面的主要类型

1)岩质滑坡滑面(带)

滑面(带)多追踪和沿着斜坡岩体中软弱结构面(层)或软弱结构面(层)组合面(层)发育，形成单一平面滑面(带)或折线形滑面(带)。

2)堆积体下伏基岩面滑面(带)

滑面(带)追踪和沿着堆积体与下伏基岩界面发育，形成以该界面形态为主的非线形的滑面(带)。

3)土质滑面(带)

在厚层似均质土层或全强风化层的斜坡中，沿最大剪应力带产生圆弧形滑面(带)。

在厚层破碎岩斜坡中，可能沿最大剪应力带产生追踪破碎裂隙似圆弧形滑面(带)。

在斜坡土层中赋存有软弱夹泥层和其他明显结构面时，其滑面(带)也可能追踪夹层(面)发育。

(3)滑面的识别方法

1)地质认别方法

通过取样或现场原位测试，以滑坡形成的力学原理为基础，以地质力学和工程地质学的方法，对滑面(带)的滑动形迹和滑动现象进行定性定量的宏观观察和微观鉴定，以确定其滑面(带)的存在和赋存状态，通过地层滑坡的变形形迹，分析推测滑面(带)的分布位置和形态。

2)力学判识方法

在分析确定了斜坡力学边界条件基础上，采用库仑强度理论为基础的力学判别方法，确定可能的滑面(带)。

3)钻探、井、槽、洞探和地球物理方法

在滑面(带)特征和特性确定基础上,采用钻探,井、槽、洞探和地球物理方法,确定滑面(带)的存在及其分布高程、位置、形态和厚度。

4)位移观测方法

通过对滑坡位移观测,尤其对滑坡地下位移观测资料来分析确定滑面(带)的存在、分布高程、位置和形态。

5)数值模拟方法

通过数值反演和搜索,推测和复核滑面(带)的分布高程和形态。

在上述诸多判识方法中,地质判识方法和位移观测方法属于确定性方法,可以较准确的确定滑面(带)存在,其余方法均属于可能性方法,只能确定相对软弱夹层(面),或可能的潜在滑面(带);只有在采用确定性方法在对滑面(带)的确定基础上,确定滑面(带)的特征或与滑面(带)相匹配的相应于各种可能性方法的技术指标和技术标准后,这些可能性方法,就转化为确定性方法,才能正确的判识滑面(带)的存在、分布高程、位置、形态和厚度。

(4)钻孔和试坑中滑面的鉴定

确定滑动面是滑坡勘探中最主要的任务,但因滑带一般很薄(2~10 cm),在钻孔中不易觉察。因此,在钻探过程中(尤其取样时)要仔细地观察各有关特征的变化,随时分析比较。一般可根据以下几方面进行分析鉴定:

1)滑动面预测

根据不同类型的滑坡,预测滑动面的可能位置。如堆积土滑坡,其滑面大都位于堆积物和基岩的分界面上;破碎岩石滑坡其滑面大多位于破碎岩体与完整基岩的交界面上;层状地层常沿某些泥化夹层分布;当黏土与砂层互层时,黏土常被泥化成软弱夹层,易于形成滑面。除此,某些渗透性明显不同的界面,如黄土层中的古土壤层面;黄土与其他黏土的交界面等,均易于构成滑动面。

2)滑动面的主要特征是滑动擦痕和滑动带,并常有地下水和过湿带

擦痕所指的方向(走向)即滑坡的滑动方向,滑带一般不厚,常由软黏土组成。滑带附近常有地下水或含水量逐渐增大,又逐渐变小的过湿带,含水量最大处一般就是滑面位置。一般可根据这些特征判断滑面的位置,但要特别注意以下两方面问题:

①区分滑坡擦痕和构造擦痕。一般都认为找到擦痕就是滑坡滑动面的明显证据,这对土质滑坡多数是对的。而对岩石滑坡和破碎岩石滑坡,则要慎重区别是滑坡擦痕还是构造擦痕。前者擦痕面新鲜,条痕松软,倾角较缓;后者倾角较陡,条痕坚硬,已石化,并常附有铁锈色薄膜。

②区分滑动带或软弱夹层。滑坡的滑带是软层,但软层不一定就是滑带,两者肉眼不易区分。尤其越松软的滑带,擦痕越不易找到。因此,野外工作要根据预测滑面位置和相邻钻探资料进行综合分析。

3)在试坑或基坑中鉴定滑动面,能取得准确的滑面位置、滑动方向和滑面产状。但鉴定过程要注意以下几个问题

①在试坑、探槽或基坑中找到滑动擦痕才能确定出滑面的准确位置。当滑面位于松软土层中时,擦痕不易保存,这时可先找到湿度最大的部位,用小刀扒开,仔细观察。有时滑面

上可看到两组擦痕互相交叉,它代表两个时期的滑动形迹,此时就应注意区分新、老滑动擦痕;一般新擦痕不胶结,老擦痕微胶结。新擦痕压在老擦痕之上比较明显,代表新近滑动形迹,近期滑动方向应以新擦痕为准。在探坑中量测擦痕方向和滑面深度时,应同时量测坑的四角或四壁。

②注意区分滑动面与滑带中的张裂面。当滑带较厚时,由于滑带上下受到力偶的作用,而使滑带产生一组发育的张裂面。其特征为坡度陡于滑面,夹角小于45°,裂面表面平滑无擦痕。探坑中遇到此类结构面时,表示已接近滑面,但不是主滑面。只有见到有明显滑坡擦痕的面,才是真正的滑动面。

6.3.3 滑坡稳定性的野外评价

1. 评价方法

判定的方法采用定性的地质分析法,即根据调查取得的主要地质环境要素、主要动力因素,结合滑体宏观变形形迹,建立稳定性地质判别指标,进行初步判定。

2. 主要评价要素

(1)主要地质环境要素

该要素包括坡面平均坡度、斜坡类型、前缘临空状况、沟谷切割程度、岩土体结构、结构面特征、岩土性质等。

(2)主要动力因素

该要素包括地下水作用、河流作用及淹没情况、后缘加载、暴雨强度及降雨过程、地震影响、人为工程活动强度与方式等。水库水位变化对崩滑体稳定性的影响,应作为重点加以考虑。

(3)滑体宏观变形形迹

该要素主要包括裂隙、位错、陷落、膨胀等,是其不稳定的直接标志,应充分重视。

3. 定性分级

稳定性分为稳定、基本稳定、潜在不稳定和不稳定四级。

(1)稳定

稳定指在一般条件(自重)和特殊工况条件(地震、暴雨、库水)下均是稳定的。

(2)基本稳定

基本稳定指在一般条件下是稳定的,在特殊工况条件下其稳定性有所降低,有可能局部产生变形,但整体仍是稳定的,但安全储备不高。

(3)潜在不稳定

潜在不稳定指在目前状态下是稳定的,但安全储备不高,略高于临界状态。在一般条件下其向不稳定方向发展,在特殊工况条件下有可能整体失稳。

(4)不稳定

不稳定指在目前状态下即近于临界状态,且向不稳定发展。在特殊工况下将整体失稳,且失稳引发临界值较低。

边坡稳定等级的差别指标见表6-4。

表6-4 边坡稳定等级的差别指标

代码	稳定等级	稳定性判别指标
A	稳定	崩滑体外貌特征后期改造很大，滑坡洼地基本难以辨认，滑体地面坡度平缓（一般小于或等于10°），前缘临空低缓（高度一般小于或等于5 m，坡度小于15°），滑体内冲沟切割已至滑床。滑面起伏较大，且倾角平缓（小于10°），滑坡残体透水性良好，剪出口一带泉群分布且流量较大，滑距较远，能量已经充分释放，残体处于稳定状态，滑坡周边没有新的堆积体加载来源，滑坡前缘已形成河流侵蚀的稳定坡型和有河流堆积。无导致整体复活的主要动力因素，人为动力因素很弱或不存在
B	基本稳定	崩滑体外貌特征后期改造较大，滑坡洼地能辨认但不明显或略有封闭，滑体地面坡度较缓（10°~20°），前缘临空较低缓（高度15~30 m，坡度15°~20°），滑体内冲沟已切至滑床。滑面形态起伏，滑面平均倾角小于或等于20°，滑坡残体透水性良好，滑距较远，能量已充分释放。滑坡周边无新的堆积体加载来源，前缘已形成河流侵蚀的稳定坡型。在特殊工况下其整体稳定性有所降低，但仅可能产生局部变形破坏
C	潜在不稳定	崩滑体外貌特征后期改造不大，后缘滑坡洼地封闭或半封闭，滑体平均坡度中等（20°~30°），滑体内冲沟切割中等。滑面形态为靠椅状或平面状，平均倾角20°~30°，滑体残体透水性一般，滑距不太远，能量释放不充分。滑坡后缘有加载堆积或一定数量的危岩体为加载来源，滑坡前缘受冲刷尚未形成稳定坡型，有局部坍塌，整体尚无明显变形迹象。在一般工况下是稳定的，但安全储备不高，在特殊工况下有可能整体失稳
D	不稳定	崩滑体外貌特征明显，滑坡洼地一般封闭明显，滑体平均坡度较陡（大于30°），前缘临空较陡（高度大于50 m，坡度大于30°），滑体内冲沟切割较浅。滑面呈靠椅状或平面状，滑面平均倾角大于30°，滑体结构松散、透水性差，滑距短、滑坡残体保留较多，剪出口以下脱离滑床的体积较少。变形迹象为滑坡变形配套产物：后缘弧形裂隙或塌陷，两翼羽状开裂，前缘鼓胀、鼓丘等。滑体目前处于临界状态，且正在向不稳定方向发展，在特殊工况下将整体失稳，且失稳引发临界值很小

6.4 滑坡推力与稳定性分析

6.4.1 滑坡推力

1. 滑坡推力的特征

作用在抗滑挡土墙上的侧压力为滑坡推力，它不同于普通挡土墙上的土压力，主要表现在力的大小、方向、分布和合力作用点等方面。

（1）大小

作用在普通挡土墙上的土压力，是按库伦理论或朗金理论来计算的，其破裂面与土压力的大小均随墙高和墙背形状的变化而变化。

作用在抗滑挡土墙上的滑坡推力则在已知滑动面（如直线、折线或圆弧滑动面等）的情况下按剩余下滑力法来计算。一般情况下，滑坡推力远大于作用在普通挡土墙上的土压力。

（2）方向

普通土压力的方向与墙背法线成 δ 角（墙背摩擦角），它与墙背的形状及粗糙程度有关；对于朗金土压力来说，则与墙顶填土（或土体）表面平行。

滑坡推力的方向与墙后滑动面（带）有关，并认为与紧挨墙背的一段较长滑动面平行。

（3）分布及合力作用点

普通土压力为一般三角形分布，其合力作用点在墙踵以上 1/3 墙高处（如有车辆荷载作用或路堤墙，土压力为梯形分布）。

滑坡推力分布和作用点与滑坡的类型、部位、地层性质、变形情况等因素有关。

①当滑坡体为黏聚力较大的土层时，滑坡推力分布近似为矩形。

②当滑坡体为以内摩擦角为主要抗剪特性的堆积体时，滑坡推力分布近似为三角形。

③介于以上两种情况之间，滑坡推力分布可近似假定为梯形。

由于抗滑挡土墙滑坡推力具有以上分布特征，因此其合力作用点比普通土压力的合力作用点高。

2. 滑坡推力计算

滑坡防治工程设计必须了解滑坡推力的特点和性质，确定滑坡推力的大小。

在确定滑坡推力时，除需知道滑动面的位置外，还必须知道滑坡体的容重 r，滑动面土的抗剪强度指标 c、φ 值，以及设计所要求的安全系数 K。

在明确滑动面土的抗剪强度指标 c、φ 值后，可计算滑坡推力的大小。

（1）抗剪强度指标的确定

滑动面土的抗剪强度指标 c、φ 值的确定是抗滑挡土墙设计成败的关键，一般可用土的剪切试验、根据滑坡过去或现在的状态进行反算以及选用经验数据三方面来获得。

1）用剪切试验方法确定滑动面土的抗剪强度指标

土样在剪切试验过程中，随着剪切变形的增加，剪切应力逐渐增加。当剪切破裂面完全形成时，剪切应力达到峰值（τ_F），然后随变形的增加，剪切应力逐渐下降，最终趋近于一稳定值（τ_w）。τ_F 为峰值抗剪强度，τ_w 则为残余抗剪强度。

对于各种类型的滑坡，就其滑动面上的剪切状况来说，可分为以下三种情况。

新生滑坡：对于新生的即将滑动的滑坡，由于滑动面尚未完全形成，采用滑动面原状土根据滑动面土的充水情况（持续充水或季节充水）做固结快剪或快剪试验，取其峰值作为抗剪强度指标。

多次滑动的滑坡：对于多次滑动并仍在活动的滑坡，由于滑动面已经完全形成，滑动面土原状结构已遭受破坏，所以应取残余值作为抗剪强度指标。

古滑坡：对于古滑坡或滑动量不大的滑坡，滑动面土的抗剪强度介于峰值强度与残余强度之间，故较难确定。一般可在现场实际滑动面上做原位剪切试验测定。抗剪强度指标也可做滑动面处原状土样的重合剪切试验来求得，还可以根据滑坡体当前所处的状态，用滑动面土的重塑土做多次剪切试验，选用其中某几次剪切试验结果作为抗剪强度指标。

2）残余抗剪强度指标的确定

①滑动面重合剪切试验。从试坑或钻孔中取含有滑动面的原状土试样，用直剪仪保持沿原有滑动方向剪切，试验方法同一般快剪试验。由于滑动面已多次滑动，取样及试验保持原

有含水量,则得到的将为残余强度。当试样含水量太大,剪切时土易从剪切盒间挤出,此法将不适用。

②重塑土多次直剪试验。由于多次滑动后,滑动面土原状结构已遭破坏,在原状土不易取得时,用重塑土做剪切试验得到的残余强度,与用原状土试验得到的大致相同。试验时用一般应变式直剪仪按常规快剪方法,进行一次剪切后,在已有剪切面上再重复做多次剪切,直至土的抗剪强度不再降低为止。

③环状剪力仪大变形剪切试验。试样可用重塑土或原状土,剪切时试样因上下限制环的相对旋转而产生环形剪切面。环剪试验的主要特点是试样在剪切时剪切面积保持不变,相应的正应力也是恒定的,适合于进行大变形的残余强度试验。

在室内试验中,也可以用三轴剪切试验来较快地测得黏性土的残余强度。试样为含有滑动面的原状土,或为人工制备剪切面的土,使剪切时剪切强度达到残余值时的剪切位移可以缩小。

残余强度指标除用上述各种室内试验方法确定外,还可以做现场原位剪切试验。

3)用反算法确定滑动面土的抗剪强度指标

滑坡的每一次滑动都可以看成是一次大型的模型试验,只要弄清滑动瞬间的条件,就可以求出该条件下滑动面土的抗剪强度指标。

通常假定滑坡体行将滑动的瞬间处于极限平衡状态,令其剩余下滑力为零,按安全系数$K=1$的极限平衡条件反算滑动面土的抗剪强度指标。

实践证明,只要反算条件可靠,所得指标将能较好地反映土的力学性质。因此,反算法得到较广泛的应用。

根据滑动面土的性质不同,滑坡极限平衡状态抗剪强度指标的推算可分为综合c法、综合φ法及兼有c、φ法。

①综合c法。

当滑动面土的抗剪强度主要受黏聚力控制,且内摩擦角很小时,将摩擦力的实际作用纳入c的指标内(即认为$\varphi=0$),反算综合黏聚力c。

此种简化只适用于滑动面饱水且滑动中排水困难,滑动面为饱和黏性土或虽含有少量粗颗粒但被黏土所包裹而滑动时粗颗粒不能相互接触的情况(图6-18)。对于均质土,滑动面可假定为圆弧形。

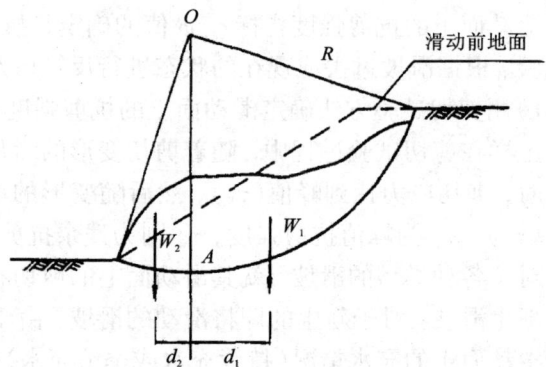

图6-18 圆弧滑动面法

R——滑动圆弧的半径,m;

W_1、W_2——滑动圆心铅垂线(OA)两侧的滑坡体重力,即滑坡体下滑部分和抗滑部分的重力,kN;

d_1——W_1重心至滑动圆心铅垂线(OA)的水平距离,m;

d_2——W_2重心至滑动圆心铅垂线(OA)的水平距离,m。

滑动面抗剪强度综合c值可按下式推算:

$$K = \frac{W_2 d_2 + cLR}{W_1 d_1} = 1 \qquad (6-1)$$

式中:K——稳定系数;

c——极限平衡条件下滑动面(带)土的综合黏聚力,kPa;

R——滑动圆弧的半径,m;

W_1、W_2——滑动圆心铅垂线(OA)两侧的滑坡体重力,即滑坡体下滑部分和抗滑部分的重力,kN;

L——滑动面(带)土的长度,m;

d_1——W_1重心至滑动圆心铅垂线(OA)的水平距离,m;

d_2——W_2重心至滑动圆心铅垂线(OA)的水平距离,m。

对于折线形滑动面,根据主轴断面上折线的变坡点将滑坡体分为若干条块,将各条块的抗滑力与下滑力投影到水平面上(图6-19),综合黏聚力 c 可按下式计算:

$$K = \frac{\sum T_R + \sum C_R}{\sum T_C} = \frac{\sum W_{Ri}\sin\alpha_{Ri}\cos\alpha_{Ri} + c\sum(L_{Ri}\cos\alpha_{Ri} + L_{Cj}\cos\alpha_{Cj})}{\sum W_{Cj}\sin\alpha_{Cj}\cos\alpha_{Cj}} = 1 \qquad (6-2)$$

式中:$\sum T_R$、$\sum T_C$——滑坡体抗滑段抗滑力及下滑段下滑力的水平投影;

$\sum C_R$——滑动面黏聚力水平投影;

W_{Ri}、W_{Cj}——抗滑、下滑段滑体重力,kN;

α_{Ri}、α_{Cj}——抗滑、下滑段滑动面倾角,(°);

L_{Ri}、L_{Cj}——抗滑、下滑段滑动面的长度,m。

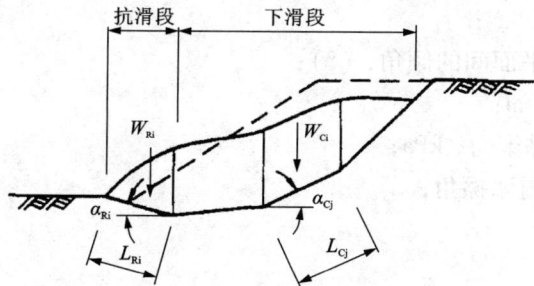

图6-19　折线型滑动面法

②综合 φ 法。

当滑动面土的抗剪强度主要为摩擦力而黏聚力很小时,可假定 $c=0$,反算土的综合内摩擦角 φ。

这种简化方法适用于滑动面土由断层错动带或错落带等风化破碎岩屑组成,或为硬质岩的风化残积土的情况。因为这种情况下滑动面土中粗颗粒含量很大,抗剪强度主要受摩擦力控制。

对于折线形滑动面,其抗剪强度综合 φ 值可按下式推算:

$$K = \frac{\sum W_{Ri}\sin\alpha_{Ri}\cos\alpha_{Ri} + \tan\varphi(\sum W_{Ri}\cos^2\alpha_{Ri} + \sum W_{Cj}\cos^2\alpha_{Cj})}{\sum W_{Cj}\sin\alpha_{cj}\cos\alpha_{Cj}} = 1 \qquad (6-3)$$

式中:φ——滑动面(带)土的综合内摩擦角,(°)。

③c、φ 法。

当滑动面土由粗细颗粒混合组成时,必须同时考虑黏聚力和内摩擦力,此时有如下几种

方法反算 c、φ 值：

a. 在同一次滑动中，找出两邻近的瞬间滑动计算断面，建立两个反算式联立求解。

b. 根据同一断面位置，不同时间但条件相似的两次滑动瞬间计算断面，建立两个反算式联立解出。

c. 根据滑动面土的条件和滑动瞬间的含水情况，参照类似土质情况的有关资料定出其中的一个指标值，反算另一个指标值。其计算公式为：

$$K = \frac{\sum W_{Ri}\sin\alpha_{Ri}\cos\alpha_{Ri} + \tan\varphi(\sum W_{Ri}\cos^2\alpha_{Ri} + \sum W_{cj}\cos^2\alpha_{cj}) + c\sum(L_{Ri}\cos\alpha_{Ri} + L_{Cj}\cos\alpha_{Cj})}{\sum W_{Cj}\sin\alpha_{Cj}\cos\alpha_{Cj}} = 1 \tag{6-4}$$

（2）安全系数的考虑因素

确定安全系数时要考虑的因素主要有：计算方法和计算指标的可靠性，对滑坡性质、形成原因的认识程度，结构物的重要程度，滑坡可能造成的危害程度，工程破坏后修复的难易程度。

（3）滑坡推力的计算

1）直线滑动面

$$E = KW\sin\alpha - (W\cos\alpha\tan\varphi + cL) \tag{6-5}$$

式中：E——滑坡体下滑力，kN；

W——滑坡体总重，kN；

α——滑动面与水平间的倾角，(°)；

L——滑动面长度，m；

c——滑动面土的黏聚力，kPa；

φ——滑动面土的内摩擦角；

K——安全系数。

2）折面滑动面

如果滑动面为折面（图6-20），根据第 i 条块的受力情况，其剩余下滑力为：

$$E_i = kT_i + E_{i-1}\cos(\alpha_{i-1} - \alpha_i) - [N_i + E_{i-1}\sin(\alpha_{i-1} - \alpha_i)]\tan\varphi_i - c_iL_i \tag{6-6}$$

式中：E_i——第 i 条块的剩余下滑力，kN；

T_i——第 i 条块自重 W_i 的切向分力，kN；

N_i——第 i 条块自重 W_i 的法向分力，kN；

α_i——第 i 条块所在滑动面的倾角，(°)；

φ_i——第 i 条块滑动面土的内摩擦角，(°)；

c_i——第 i 条块滑动面土的黏聚力，kPa；

K——稳定系数；

L_i——第 i 条块折线断长度，m；

E_{i-1}——第 $i-1$ 条块的剩余下滑力，kN；

α_{i-1}——第 $i-1$ 条块所在滑动面的倾角，(°)。

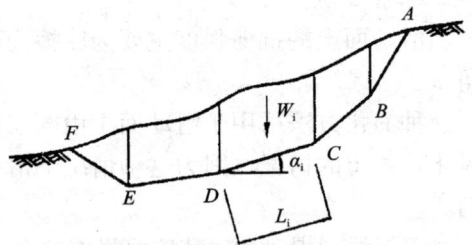

图6-20 滑动体分块法

6.4.2 滑坡稳定性分析

滑坡稳定分析方法常用的有地质分析法、极限平衡分析法、赤平投影图解分析法、有限单元法、工程地质类比法。

1. 简单计算法（平直滑面，图 6-21）

在平面滑动面情形下，边坡体稳定系数 K 为滑动面上总抗滑力 F 与岩土体重力 Q 所产生的总下滑力 T 之比。即

$$K = \frac{总抗滑力}{总下滑力} = \frac{F}{T} \tag{6-7}$$

当 $K < 1$ 时，边坡失稳；

当 $K = 1$ 时，边坡处于极限平衡状态；

当 $K > 1$ 时，边坡稳定。

一般适用于沿平直结构面滑动的边坡稳定性计算。

2. 瑞典圆弧法（圆弧滑面，图 6-22）

在圆弧滑动面情形下，滑动面中心为 O，滑弧半径为 R。边坡的稳定系数 K 为总抗滑力矩与总滑动力矩之比。即

$$K = \frac{总抗滑力矩}{总下滑力矩} = \frac{Q_2 \cdot d_2 + \tau \cdot AB \cdot R}{Q_1 \cdot d_1} \tag{6-8}$$

式中：R——滑动圆弧的半径，m；

Q_1、Q_2——滑动圆心、铅垂线（OO'）两侧的滑坡体重力，kN；

d_1、d_2——分别为 Q_1、Q_2 重心至滑动圆心、铅垂线（OO'）的水平距离，m；

AB——滑动面土的长度，m；

τ——滑动面土的综合黏聚力，kPa。

圆弧滑动面法一般适用于土质边坡的稳定性计算，如路基、基坑等。

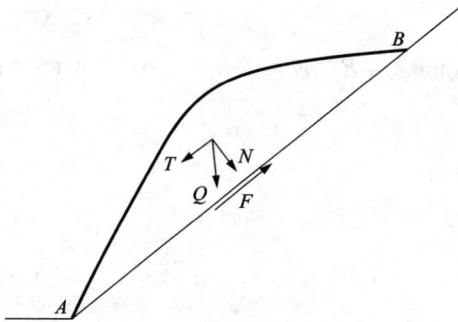

图 6-21　简单计算法示意图　　　　图 6-22　瑞典圆弧法示意图

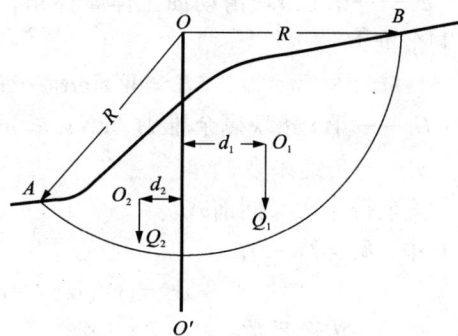

3. 传递系数法（折线滑面，图 6-23）

第 i 条块的下滑力：

$$T_i = W_i \sin\alpha_i + E_{i-1} \cos(\alpha_{i-1} \cdot \alpha_i) \tag{6-9}$$

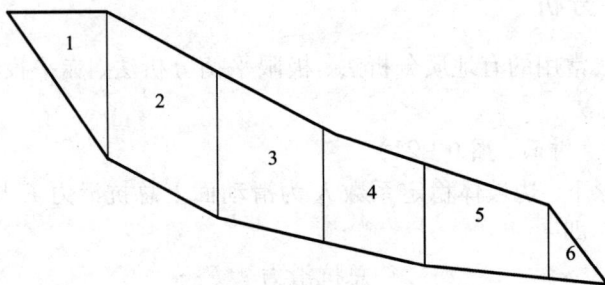

图 6 – 23　传递系数法示意图

式中：T_i——第 i 条块的下滑力，kN；

　　　W_i——第 i 条块自重，kN；

　　　E_{i-1}——第 $i-1$ 条块剩余推力，kN；

　　　α_i——第 i 条块所在滑动面的倾角，（°）；

　　　α_{i-1}——第 $i-1$ 条块所在滑动面的倾角，（°）。

　　第 i 条块的抗滑力：

$$N_i = c_i l_i + W_i \cos\alpha_i \tan\varphi_i + E_{i-1} \cos(\alpha_{i-1} - \alpha_i) \times \tan\varphi_i \qquad (6-10)$$

式中：N_i——第 i 条块的抗滑力，kN；

　　　c_i——第 i 条块滑动面土的黏聚力，kPa；

　　　l_i——第 i 条块滑动面长度，m；

　　　W_i——第 i 条块自重，kN；

　　　α_i——第 i 条块所在滑动面的倾角，（°）；

　　　α_{i-1}——第 $i-1$ 条块所在滑动面的倾角，（°）；

　　　E_{i-1}——第 $i-1$ 条块剩余推力，kN；

　　　φ_i——第 i 条块滑动面土体摩擦角，（°）。

　　剩余推力：

$$E_i = W_i \sin\alpha_i - c_i l_i - W_i \cos\alpha_i \tan\varphi_i + E_{i-1}\psi_i \qquad (6-11)$$

式中：E_i——第 i 条块剩余推力，kN；

　　　ψ_i——传递系数；

　　　其余符号含义同前式。

　　　其中，$E_1 = T_1 - N_1$

$$\psi_i = \cos(\alpha_{i-1} - \alpha_i) - \sin(\alpha_{i-1} - \alpha_i)\tan\varphi_i \qquad (6-12)$$

式中：ψ_i——传递系数；

　　　α_i——第 i 条块所在滑动面的倾角，（°）；

　　　α_{i-1}——第 $i-1$ 条块所在滑动面的倾角，（°）；

　　　φ_i——第 i 条块滑动面土体摩擦角，（°）。

　　计算边坡最后一个条块的剩余推力，如果 $E_n > 0$，则边坡不稳，需支护；如果 $E_n = 0$，则边坡处于极限平衡状态，如果 $E_n < 0$，则边坡稳定。

　　实际工程中要考虑一定的安全储备，可增大自重下滑力项，即：

$$E_i = KW_i\sin\alpha_i - c_i l_i - W_i\cos\alpha_i\tan\varphi_i + E_{i-1}\psi_i \tag{6-13}$$

式中：E_i——第 i 条块剩余推力，kN；

　　　K——安全系数；

　　　其余符号含义同式(6-11)。

6.5　滑坡防治工程

6.5.1　锚杆

1.概述

锚杆技术指的是在天然地层中钻孔至稳定地层中，插入锚拉杆，然后在孔中灌注水泥砂浆。置于稳定地层中的锚杆部分称为锚固段，利用锚固段的抗拔能力，维持土体或岩体的边坡(或地基)稳定。

锚杆是一种受拉杆件，它的一端与支护结构等联结，另一端锚固在岩土体中，将支挡结构和其他结构所承受的荷载(侧向土压力、水压力及上浮力、拉拔力等)通过拉杆传递到稳定岩土层中的锚固体上，由锚固体将传来的荷载分散到周围稳定岩土层中去。

锚杆不仅可用于临时性支护结构，在永久性建筑工程中应用也比较广泛(图 6-24)。

图 6-24　深圳黄贝岭边坡工程

(1)锚杆的构造

锚杆一般为灌浆锚杆(图 6-25)，由锚头、腰梁、拉杆、自由段保护套管和锚固体等组成。

1)锚头

锚头是建(构)筑物与拉杆的连结部分，功用是将来自构筑物的力有效地传给拉杆。锚头由台座、承压板和紧固器等组成。锚头要求具有能够补偿张拉、松弛的功能。

2)腰梁

腰梁是传力结构，将锚头的轴向拉力传到支挡结构上。腰梁设计要充分考虑支护结构的特点、材料、锚杆倾角、受力(特别是轴向力的垂直分力的大小)等情况。

3)拉杆

常用的锚杆拉杆有钢管、粗钢筋、钢丝束和钢绞线，一般把采用钢管或粗钢筋作拉杆的

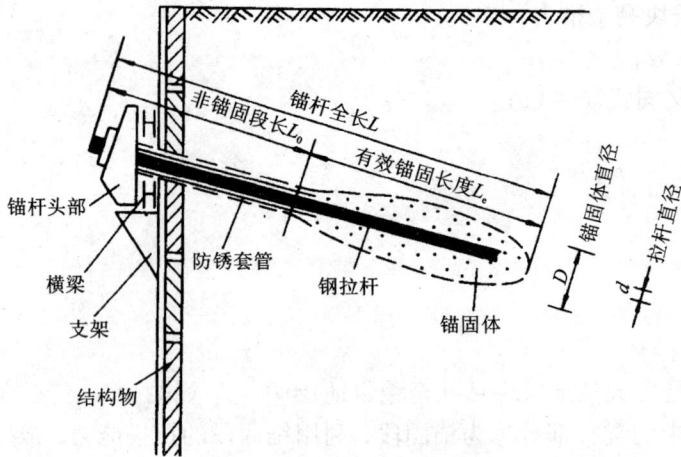

图 6 – 25　锚杆的构造示意图

锚杆称锚杆，而用钢丝束或钢绞线的称为锚索。究竟采用何种拉杆，主要根据设计轴向承载力和现有材料的情况来选择。

4) 锚固体

锚固体指处于潜在滑动面以外的稳定土体中的锚杆尾端部分，通过锚固体与土体之间的相互作用，将拉杆的轴力传递到稳定土层。锚固体提供的锚固力的大小是保证支挡结构等稳定的关键。

5) 自由段保护套管

自由段保护套管对自由段的锚杆起防腐和隔离作用。

(2) 锚杆的类型

1) 按拉杆材料分类

锚杆按拉杆材料可分为钢管锚杆、钢筋锚杆、钢丝束锚杆、钢绞线锚杆。

2) 按锁定应力情况分类

锚杆按锁定应力情况可分为预应力锚杆、普通锚杆。

3) 按使用期限分类

锚杆按使用期限可分为临时性锚杆和永久性锚杆。

2. 锚杆作用原理与承载力计算

(1) 锚杆的作用原理和破坏形式

1) 锚杆的作用原理

当锚杆锚固段受力时，首先通过拉杆与周边水泥沙浆(水泥浆)固结体之间的握裹力传到固结体中，然后通过固结体传到周围岩土体。传递过程随着荷载的增加，拉杆与固结体之间的握裹力发挥到最大时，锚固体与岩土体之间就会发生相对位移，产生土与锚固体之间的摩阻力，直到极限摩阻力。

2) 锚杆的破坏形式

锚杆的破坏形式通常有四种：

①锚拉杆被拉断。

②拉筋(锚拉杆)从筋浆界面处脱出。

③锚固体从浆土界面处脱出。

④连锚带岩土一起拔出。

前三种指的是单根锚杆的抗拔力(即承载力)问题,属于锚杆的强度破坏问题;第④种即破坏面在土体内部的破坏形式,属于锚杆与土总体稳定性破坏问题。

(2)灌浆锚杆的抗拔力(承载力计算)

图 6-26 为锚杆极限抗拔力计算简图,灌浆锚杆承载力按下式计算:

1)钢筋的极限拉力 T_g

$$T_g = \sigma_g A_g \qquad (6-14)$$

式中:σ_g——钢筋的极限拉力,kN/m^2;

A_g——钢筋的横截面积,m^2。

2)锚固段的水泥砂浆对锚拉杆(如钢筋)的极限握裹力 T_1

$$T_1 = \pi d L_e U \qquad (6-15)$$

式中:d——钢筋的直径,m;

L_e——锚固段长度,m;

U——水泥砂浆对钢筋的平均握裹力,kPa,根据现有试验资料,在设计时 U 值一般可取砂浆标准抗压强度的 1/10~1/5。

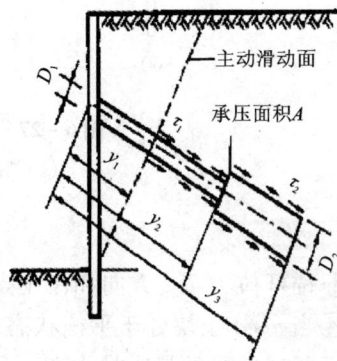

图 6-26　锚杆极限抗拔力计算简图

3)锚固段与岩(土)间的极限抗拔力 T_2

下面两个公式可用来计算 T_2:

$$T_2 = \pi D_1 L_i \tau \qquad (6-16)$$

$$T_2 = \pi D_1 \int_{y_1}^{y_2} \tau_y \mathrm{d}y + \pi D_2 \int_{y_2}^{y_1} \tau_y \mathrm{d}y + Aq \qquad (6-17)$$

式中:D_1、D_2——锚固体的直径和锚固体扩孔部分的直径,m;

L_i——锚固段长度,m;

τ、τ_y——锚固体周边的抗剪强度,kPa;

q——锚固体扩孔部分的抗压强度,kPa;

A——锚固体扩孔部分的受压面积,m^2。

3. 锚杆深部破裂面稳定性验算

锚杆深部破裂面稳定性的验算可采用德国 Kranz 简易计算法(图 6-27),其要点如下:

①首先确定支护结构(桩板墙等)下端的假想支承点 b,设 b 点离基坑底的距离为 x。

②由锚固段中心点 c 与 b 连一直线,并假定 bc 为滑动线,再由 c 向上作垂直线至地面 d,视 cd 为假想的代替墙,则得土块 $abcd$,将此土块视为可能被拔出的连土带锚的块体。

③取 $abcd$ 块体为自由体,其上的作用力有:

a. 土块的自重与其上作用的荷载 G,大小、方向和作用线已知。

b. 假设滑线 bc 上的反力 Q,方向和作用点已知。

c. 挡土墙(桩)上的主动土压力 E_a 和假想墙 cd 上的主动土压力 E_1,大小、方向和作用点

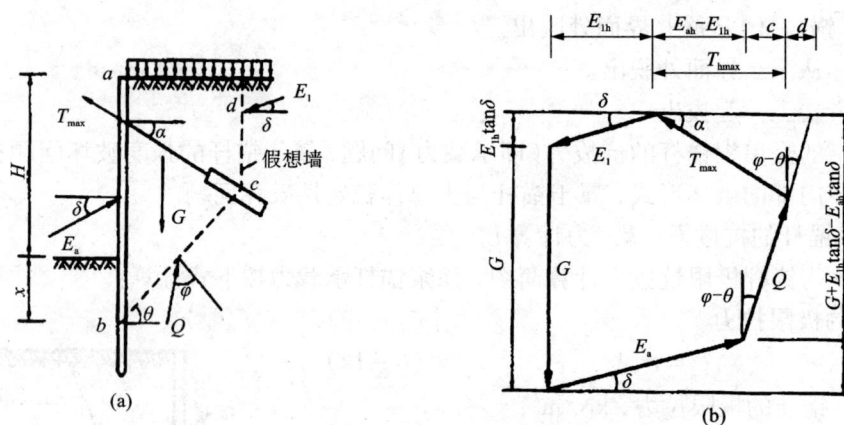

图 6-27 土层锚杆深部破裂面稳定性的计算简图

(a)滑动土体示意图；(b)力的多边形计算简图

已知。

d. 锚杆拉力 T_{max} 方向和作用点已知。

④当 abcd 土块处于平衡状态时，以 E_1、G、E_a 和 Q 作力多边形，该多边形封闭，便可得出锚杆所能承受的最大拉力 T_{max} 和水平分力 T_{hmax}。

⑤T_{hmax} 与锚杆的设计(或实际)水平力 T_h 之比值 K_s 称为锚杆的稳定安全系数，当 $K_s = T_{hmax}/T_h \geqslant 1.5$ 时，则深部破坏不会出现。

$$T_{hmax} = \frac{E_{ah} - E_{1h} + [G + (E_{1h} - E_{ah})\tan\delta]\tan(\varphi - \theta)}{1 + \tan\alpha atn(\varphi - \theta)} \qquad (6-18)$$

$$T_{hmax} = E_{ah} - E_{1h} + c \qquad (6-19)$$

$$c + d = (G + E_{1h}\tan\delta - E_{ah}\tan\delta)\tan(\varphi - \theta) \qquad (6-20)$$

$$d = T_{hmax}\tan\alpha\tan(\varphi - \theta) \qquad (6-21)$$

$$T_{hmax} = \frac{E_{ah} - E_{1h} + [G + (E_{1h} - E_{ah})\tan\delta]\tan(\varphi - \theta)}{1 + \tan\alpha\tan(\varphi - \theta)} \qquad (6-22)$$

式中：G——深部破裂面范围内土体重量及其上作用的荷载；

E_{ah}——作用在挡土墙或基坑支护上主动土压力的水平分力；

E_{1h}——作用在假想墙 cd 面上主动土压力的水平分力；

Q——滑面 bc 上反力的合力，与滑动面 bc 的法线成 φ 角；

φ——土的内摩擦角；

δ——支护结构墙(桩)背与土之间的外摩擦角；

θ——深部破裂面 bc 与水平面间的夹角；

α——锚杆的倾角。

4. 锚杆试验

(1)基本试验

基本试验目的是确定所设计的锚杆在设计位置的极限抗拔力，了解锚杆抵抗破坏时和承受荷载后的力学性状，为锚固工程设计提供可靠的依据。

基本试验数量不应少于 3 根，其锚杆参数、材料、施工工艺、地质条件和拟设计的锚杆相同。

（2）验收试验

验收试验的目的是为了检验锚杆在超过实际拉力并接近极限拉力条件下的工作性能，及时发现锚杆设计施工中的缺陷，并判定工程锚杆是否符合设计要求。验收试验锚杆的数量应取锚杆总数的 5%，且不得少于 3 根。

（3）试验结果的分析曲线

施工完成后待砂浆达到 70% 以上的强度才能进行抗拔试验，试验开始时每级荷载按事先预计极限荷载的 1/10 施工，同时按有关规程读数，最终绘制成荷载 – 变位曲线图和变位量 – 稳定时间曲线，以明显的转折点作为屈服拉力。

5. 锚杆的施工要点

（1）成孔

成孔是锚固工程施工中至关重要的一环，如果成孔速度慢，会直接影响到工程成本和经济效益；如果成孔质量差，则会影响到锚杆的安装、水泥砂浆的灌注质量，进而影响到锚杆与砂浆以及砂浆与孔壁的黏结力，致使锚杆达不到设计要求。因此，在锚固孔的钻凿过程中，必须严格按设计要求施工，以确保锚固孔成孔质量。钻孔机具必须根据锚固工程钻孔要求和施工单位现有设备的实际情况进行选择。

锚杆孔一般可分两类：一类是荷载较小的短锚杆的钻孔（孔径小于 45 mm，长度小于 4.0 m），一类是传递较大拉力的长锚杆钻孔（直径为 60 ~ 118 mm，长度为 5 ~ 50 m）。

（2）安放锚拉杆

锚杆杆体的安放应满足以下要求：

①杆体放入钻孔之前，应检查杆体的质量，确保杆体组装满足设计要求。

②安放杆体时，应防止杆体扭压、弯曲、注浆管宜随锚杆一同放入钻孔，注浆管头部距孔底宜为 50 ~ 100 mm，杆体放入角度应与钻孔角度保持一致。在安放锚束式杆体时尤其要小心，对大、巨型锚固工程的锚拉体一般采用偏心夹管器、推送器与人工相结合的方式，平顺缓缓推送。推送时，严禁上下左右抖动、来回扭转和串动，防止中途散束和卡阻，造成安装失败。

③杆体插入孔内深度不应小于锚杆长度的 95%，杆体安放后不得随意敲击，不得悬挂重物。

（3）灌浆

黏结式锚杆一般用水泥浆或水泥砂浆作为锚固黏结剂，并由它将锚杆与地层固定并对锚杆拉杆进行保护。因此，注浆材料的性能、拌制质量以及施工工艺会直接影响到锚杆的黏结强度和防腐效果。

灌浆材料性能应符合下列要求：

①水泥宜采用普通硅酸盐水泥。必要时可采用抗硫酸盐水泥，其强度不应低于 42.5 MPa。

②砂的含泥量按重量计不得大于 1%。

③水中不应含有影响水泥正常凝结和硬化的有害物质，不得使用污水。

④外加剂的品种和掺量应由试验确定。

⑤浆体配置的灰砂比宜为0.8~1.5,水灰比宜为0.38~0.5。

⑥浆体材料28 d的无侧限抗压强度,用于全黏结型锚杆时不应低于25 MPa,用于锚索时不应低于30 MPa。

锚固孔注浆操作程序如下:

①对锚孔用风、水冲洗,排尽残渣和污水。

②将组装好的杆体(包括注浆管)平顺、缓缓推送至孔底。

③从注浆管注入拌合好的水泥浆或水泥砂浆。对于锚索杆体,采用高压注浆时,先在锚固段上界面处设置一个隔离塞,在孔中插入一根排气管,然后进行有压注浆。注浆完后静置待凝。

6.5.2 抗滑桩

1. 概述

抗滑桩是防止滑坡的一种工程结构,设于滑坡的适当部位,一般完全埋置于地下(有时也露出地面),桩的下段须埋置在滑动面以下稳定地层的一定深度(图6-28)。

(1)抗滑桩分类

抗滑桩的力学性质属于侧向受荷桩与一般用于基础的桩有显著区别。按桩的变形条件,有刚性桩和弹性桩之分。刚性桩在侧向推力作用下,桩身挠曲变形很小,可忽略不计,桩在土中产生整体转动位移,桩的侧向位移随其与转动中心的距离成直线增加。弹性桩在侧向推力作用下,它的变形以桩身的挠曲变形为主,而桩整体转动所引起的变形可略而不计。

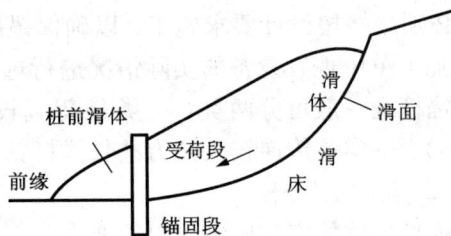

图6-28 抗滑桩示意图

按桩的埋置深度情况和受力状态,抗滑桩分为全埋式桩和悬臂式桩两种。全埋式桩即是桩前、后均受外力作用的桩;如果桩前滑动面以上部分岩土对桩不产生作用力时称为悬臂式桩。

抗滑桩埋置于滑面以下部分称为锚固段,埋置于滑面以上部分称为受荷段(或受力段),受荷段承受滑坡推力,并将其传递到稳定地层。

抗滑桩结构形式也在不断改进。出现了桩板式抗滑桩、排架式抗滑桩、承台式抗滑桩、锚杆式抗滑桩、预应力锚索抗滑桩等多种复合抗滑桩型。

(2)抗滑桩的优点

①抗滑能力强,圬工数量小,在滑坡推力大、滑动带深的情况下,能够克服抗滑挡土墙难以克服的困难。

②桩位灵活,可以设在滑坡体中最有利于抗滑的部位,可以单独使用,也可与其他构筑物配合使用。

③可以沿桩长根据弯矩大小合理地布置钢筋。

④施工方便,设备简单。采用混凝土或少筋混凝土护壁,安全、可靠。

⑤间隔开挖桩孔,不易恶化滑坡状态,有利于抢修工程。

⑥通过开挖桩孔,可直接揭露校核地质情况,修正原设计方案。

⑦施工影响范围小，对外界干扰小。

2.抗滑桩的设计要求和步骤

（1）抗滑桩设计应满足的要求

①整个滑坡体具有足够的稳定性，即抗滑稳定安全系数满足设计要求值，保证滑体不从桩顶滑出，不从桩间挤出。

②桩身要有足够的强度和稳定性。桩的断面和配筋合理，能满足桩内应力和桩身变形的要求。

③桩周的地基抗力和滑体的变形在容许范围内。

④抗滑桩的间距、尺寸、埋深等都较适当，保证安全，方便施工，并使工程量最省。

抗滑桩的设计任务就是根据以上要求，确定抗滑桩的桩位、间距、尺寸、埋深、配筋、材料和施工要求等。这是一个很复杂的问题，常常要经分析研究才能得出合理的方案。

（2）抗滑桩设计计算步骤

①首先查明滑坡的原因、性质、范围、厚度等基本条件，分析滑坡的稳定状态、发展趋势。

②根据滑坡地质剖面及滑动面处岩石(土)的抗剪强度指标，计算滑坡推力。

③根据地形、地质及施工条件等确定设桩的位置及范围。

④根据滑坡推力大小、地形及地层性质，拟定桩长、锚固深度、桩截面尺寸及桩间距等桩参数。

⑤确定桩的计算宽度，并根据滑体的地层性质，选定地基系数。

⑥根据选定的地基系数及桩的截面形式、尺寸，计算桩的变形系数(α 或 β)及其计算深度(αh 或 βh)，据此判断是按刚性桩还是按弹性桩来设计。

⑦根据桩底的边界条件采用相应的公式计算桩身各截面的位移(变形)、内力及侧壁应力等，并计算确定最大剪力、弯矩及其部位。

⑧校核地基强度：若桩身作用于地基的弹性应力超过地层容许值或者小于其容许值过多时，则应调整桩的埋深或桩的截面尺寸，或桩的间距，重新计算，直至符合要求为止。

⑨根据计算的结果，绘制桩身的剪力图和弯矩图。

⑩对于钢筋混凝土桩，还需进行配筋设计。

3.抗滑桩的计算方法

理论基础：将地基土视为弹性介质，应用弹性地基梁的计算原理，以捷克学者温克勒提出的"弹性地基"的假说作为计算的理论基础。

计算方法：悬臂桩法、地基系数法和有限元法，其中地基系数法又分为 m 法、k 法和 $m - k$ 法。

（1）抗滑桩设计的基本假定

1）作用于抗滑桩上的力系

作用于抗滑桩的外力包括滑坡推力、受荷段地层(滑体)抗力、锚固段地层抗力、桩周摩阻力和黏着力以及桩底应力等，这些力均为分布力。

①滑坡推力。滑坡推力作用于滑面以上部分的桩背上，可假定与滑面平行。一般假定每根桩所承受的滑坡推力等于桩距(中至中)范围之内的滑坡推力。

②受荷段地层抗力计算方法。根据设桩的位置及桩前滑坡体的稳定情况，抗滑桩可分为

悬臂式和全埋式两种(图6-29)。当桩前滑坡体不能保持稳定可能滑走的情况下，抗滑桩应按悬臂式桩考虑；而当桩前滑坡体能保持稳定，抗滑桩将按全埋式桩考虑。

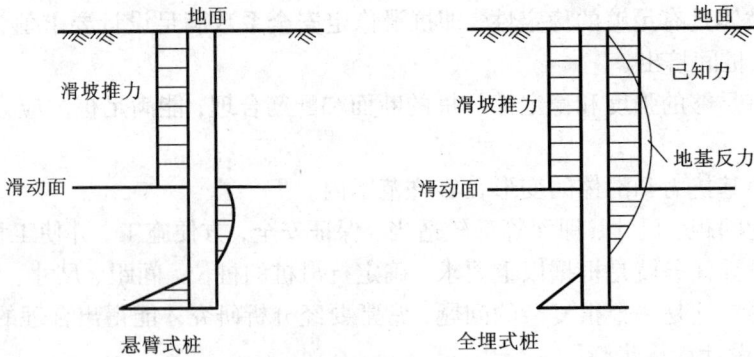

图6-29 抗滑桩受力示意图

③锚固段地层抗力。埋于滑床中的桩将滑坡推力传递给桩周的岩(土)，桩的锚固段前、后岩(土)受力后发生变形，从而产生由此引起的岩(土)抗力作用。

④桩周摩阻力和黏着力。抗滑桩截面大，桩周面积大，桩与地层间的摩阻力、黏着力必然也较大，由此产生的平衡弯矩对桩有利。但其计算复杂，一般不予考虑。

⑤桩底应力。抗滑桩的桩底应力，主要是由自重引起的。而桩周摩阻力、黏着力又抵消了大部分自重。实测资料表明，桩底应力一般相当小，为简化计算，桩底应力可忽略不计。

2)抗滑桩的计算宽度

抗滑桩受滑坡推力的作用产生位移，则桩侧岩土体对桩将产生抗力。当岩(土)变形处于弹性变形阶段时，桩受到岩(土)的弹性抗力作用。岩(土)对桩的弹性抗力及其分布与桩的作用范围有关。

①为了将空间的受力简化为平面受力，并考虑桩截面形状的影响，将桩的设计宽度(或直径)换算成相当于实际工作条件下的矩形桩宽 B_P，此 B_P 称为桩的计算宽度。

试验表明，对不同尺寸的圆形桩和矩形桩施加水平荷载时，直径为 d 的圆形桩与正面边长为 $0.9d$ 的矩形桩，在其两侧土体开始被挤出的极限状态下，其临界水平荷载值相等。所以，矩形桩的形状换算系数为 $K_f=1$，而圆形桩的形状换算系数为 $K_f=0.9$。

②同时，由于将空间受力状态简化成为平面受力状态，在决定桩的计算宽度时，应将实际宽度乘以受力换算系数 K_B。由试验资料可知，对于正面边长 b 大于或等于1 m 的矩形桩受力换算系数 K_B 为 $(1+1/b)$，对于直径 d 大于或等于1 m 的圆形桩受力换算系数 K_B 为 $(1+1/d)$。

故桩的计算宽度应为：

矩形桩：

$$B_P = K_f \cdot K_B \cdot b = 1.0 \times \left(1+\frac{1}{b}\right)b = b+1 \tag{6-23}$$

圆形桩：

$$B_P = K_f \cdot K_B \cdot d = 0.9 \times \left(1+\frac{1}{d}\right)d = 0.9(d+1) \tag{6-24}$$

只有在计算桩侧弹性抗力时,采用桩的正面计算宽度。计算桩底反力时,仍用桩的实际宽度。

桩的截面形状应从经济合理及施工方便考虑。目前多用矩形桩,边长 2 ~ 3 m,以 1.5 m×2.0 m 及 2.0 m×3.0 m 两种尺寸的截面为常见。

3)桩侧岩(土)的地基系数

桩侧岩(土)的弹性抗力系数简称地基系数,是地基承受的侧压力与桩在该处产生的侧向位移的比值。

胡克定律:$f = kx$。

弹性抗力,作用于桩侧任一点 y 处的弹性抗力 σ_y:

$$\sigma_y = KB_p x_y \qquad (6-25)$$

式中:x_y——地层 y 处的水平位移;

　　　K——地基系数;

　　　B_p——桩的计算宽度。

①认为地基系数是常数,不随深度而变化,以 K 表示之,相应的计算方法称为 K 法,可用于地基较为完整硬质岩层、未扰动的硬黏土或性质相近的半岩质地层。

②认为地基系数随深度按直线比例变化,即在地基内深度为 y 处的水平地基系数为 $K = m \cdot y$ 或 $K = K_0 + m_y$,相应这一假定的计算方法称为 m 法,可用于硬塑 – 半坚硬的砂黏土、碎石土或风化破碎成土状的软质岩层以及重度随深度增加的地层(图 6 – 30)。

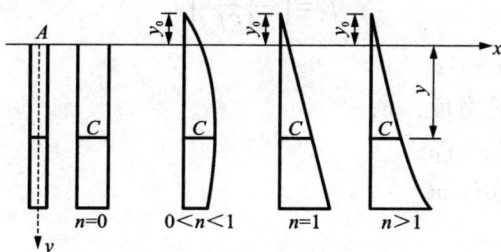

图 6 – 30 地基系数法

③地基系数 K 及比例系数 m 应通过试验确定;当无试验资料时,可采用工程地质类比方法确定。

$$K = m(y_0 + y)^n \qquad (6-26)$$

4)刚性桩与弹性桩的区分

抗滑桩受到滑坡推力后,将产生一定的变形。根据桩和桩周岩(土)的性质和桩的几何性质,其变形可分成刚性桩和弹性桩两种情况(图 6 – 31):

①桩的位置虽发生了偏离,但是桩轴仍保持原有的线型;它之所以变形是由于桩周的岩(土)变形所致——刚性桩。

②桩的位置和桩轴线型同时发生改变,即桩轴和桩周岩(土)同时发生变形——弹性桩。

试验研究表明,当桩埋入稳定地层(即滑动面以下)内的计算深度(桩的锚固深度 h 与桩的变形系数 α 或 β 的乘积)为某一临界值时,不管按刚性桩还是按弹性桩计算,其水平承载

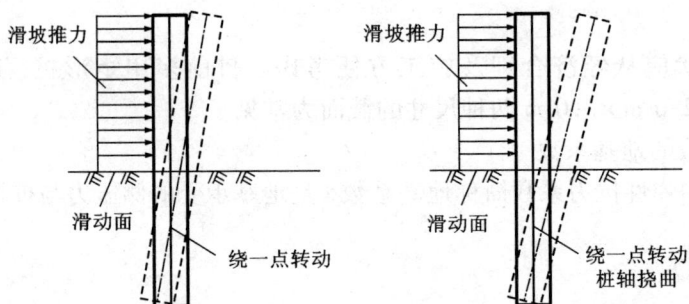

图 6 - 31　刚性桩与弹性桩

力及传递到地层的压力图形均比较接近。因此，目前将这个临界值作为判别刚性桩或弹性桩的标准。

临界值规定如下：

①按 K 法计算

当 $h_2\beta \leqslant 1.0$ 时，抗滑桩属刚性桩；

当 $h_2\beta > 1.0$ 时，抗滑桩属弹性桩。

其中：β 为桩的变形系数，以 $m-1$ 计，可按下式计算：

$$\beta = \left(\frac{K \cdot B_p}{4EI}\right)^{\frac{1}{4}} \qquad (6-27)$$

式中：K——地基系数，kN/m^3；

　　　B_p——桩的正面计算宽度，m；

　　　E——桩的弹性模量，kPa；

　　　I——桩的截面惯性矩，m^4。

②按 m 法计算。

当 $h_2\alpha \leqslant 2.5$ 时，抗滑桩属刚性桩；

当 $h_2\alpha > 2.5$ 时，抗滑桩属弹性桩。

其中：α 为桩的变形系数，以 $m-1$ 计，可按下式计算：

$$\alpha = \left(\frac{mB_p}{EI}\right)^{\frac{1}{5}} \qquad (6-28)$$

式中：m——水平方向地基系数随深度而变化的比例系数，kN/m^4。

（2）抗滑桩的要素设计

1）桩的平面位置及其间距

抗滑桩的平面位置和间距，一般应根据滑坡的地层性质、推力大小、滑动面坡度、滑坡厚度、施工条件、桩截面大小以及锚固深度等因素综合考虑决定。

①滑体的上部，滑动面陡，拉张裂隙多，不宜设桩；中部滑动面往往较深且下滑力大，亦不宜设桩；下部滑动面较缓，下滑力较小或系抗滑地段，经常是较好的设桩位置。

②抗滑桩的间距受许多因素的影响，目前尚无较成熟的计算方法。合适的桩间距应该使桩间土体具有足够的稳定性，在下滑力作用下不致从桩间挤出。也就是说，可按桩间土体与

两侧被桩所阻止的土体的摩擦力大于桩所承受的滑坡推力来估算。规范规定抗滑桩桩间距宜为 5 ~ 10 m，一般取 5 ~ 6 m。

2）桩的锚固深度

桩埋入滑面以下稳定地层内的适宜锚固深度，与该地层的强度、桩所承受的滑坡推力、桩的相对刚度以及桩前滑面以上滑体对桩的反力等有关。

确定标准：抗滑桩传递到滑面以下地层的侧向压应力不大于该地层的容许侧向抗压强度，桩基底的最大压应力不得大于地基的容许承载力。

①桩侧支承条件。

a. 土层及严重风化破碎岩层。

桩身对地层的侧压应力（σ_{max}）应符合下列条件：

$$\sigma_{max} \leqslant \frac{4}{\cos\varphi}(\gamma h \tan\varphi + c) \qquad (6-29)$$

式中：γ——地层岩（土）的容重，kN/m^3；

φ——地层岩（土）的内摩擦角，（°）；

c——地层岩（土）的黏聚力，kPa；

h——地面至计算点的深度，m。

一般检算桩身侧压应力最大处，若不符合上式的要求，则调整桩的锚固深度或桩的截面尺寸、间距，直至满足为止。

b. 比较完整的岩质、半岩质地层。

桩身对围岩的侧向压应力应符合下列条件：

$$\sigma_{max} \leqslant K \cdot C \cdot R \qquad (6-30)$$

式中：K——换算系数，根据岩层在水平方向的容许承载力大小取定，取 0.5 ~ 1.0；

C——折减系数，根据岩层的裂隙、风化和软化程度，取 0.3 ~ 0.5；

R——岩石单轴挤压极限强度，kPa。

计算结果若不符合上式，则调整桩的锚固深度或截面尺寸、间距，直至满足为止。

对于圆形截面桩，因桩周最大压应力为平均应力的 1.27 倍，上式应改写为：

$$\sigma_{max} \leqslant \frac{1}{1.27}KCR \qquad (6-31)$$

上述公式只能作为决定桩的锚固深度及校核地基强度的参考。常用的锚固深度，对于土层或软质岩层为 1/3 ~ 1/2 桩长，对于完整、较坚硬的岩层可采用 1/4 桩长。三峡规范的建议值为 1/3 ~ 2/5。

②桩底支承条件。

抗滑桩的顶端，一般为自由支承；而底端，由于锚固程度不同，可以分为自由支承、铰支承、固定支承三种（图 6-32），通常采用前两种。

a. 自由支承。

当锚固段地层为土体、松软破碎岩时，现场试验表明，在滑坡推力作用下，桩底有明显的位移和转动。桩底可按自由支承处理，即令 $QB = 0$、$MB = 0$。

b. 铰支承。

当桩底岩层完整，并较 AB 段地层坚硬，但桩嵌入此层不深时，桩底可按铰支承处理，即

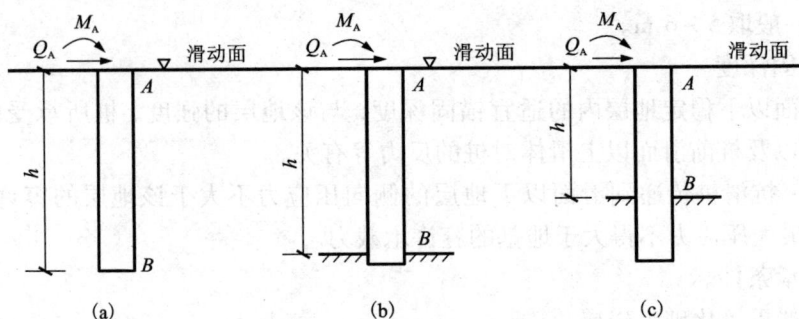

图6-32 桩底支承条件图

(a)自由支承；(b)铰支承；(c)固定支承

令 $xB = 0$，$MB = 0$。

c.固定支承。

当桩底岩层完整、极坚硬，桩嵌入此层较深时，桩身 B 点处可按固定端处理，即令 $xB = 0$、$\varphi B = 0$。但抗滑桩出现此种支承情况是不经济的，故应少采用。

4.刚性桩的计算

刚性桩的计算方法较多，目前常用是悬臂桩法：

滑面以上抗滑桩受荷段上所有的力均当作外荷载，桩前的滑体抗力按其大小从外荷载中予以折减，将滑坡推力和桩前滑面以上的抗力折算成在滑面上作用的弯矩和剪力并作为外荷载。而抗滑桩的锚固段，则把桩周岩土视为弹性体计算侧向应力和土的抗力，从而计算桩的内力，刚性桩计算简图见图6-33。

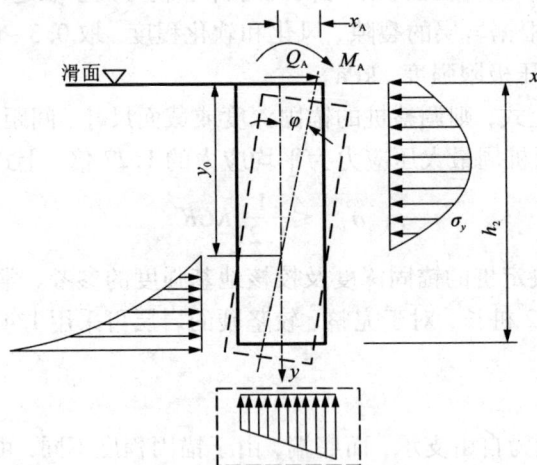

图6-33 刚性桩计算简图

对 m 法，桩侧反力为：

$$\left.\begin{array}{l} \sigma_y = (A + m_y)(y_0 - y)\varphi \quad (y < y_0) \\ \sigma_y = (A' + m_y)(y_0 - y)\varphi \quad (y \geq y_0) \end{array}\right\} \qquad (6-32)$$

式中：σ_y——作用于桩侧任一点 y 处的弹性抗力；

$\quad y$——深度，m；

$\quad \varphi$——桩的转角，rad；

$\quad y_0$——滑面至桩旋转中心的距离，m；

$\quad A$、A'——桩前土、桩后土在滑面处的弹性抗力系数。

y_0、φ 为桩的平衡方程及底端边界条件求得，以底端自由支承为例，则由：

$$\sum Q = 0 \qquad \sum M = 0 \tag{6-33}$$

可得：

$$\left.\begin{aligned}
Q_A &= \frac{1}{2}B_PA\varphi y_0^2 - \frac{1}{2}B_PA'\varphi(h_2 - y_0) + \frac{1}{6}B_Pm\varphi^2(3y_0 - h_2)\\
M_A + Qh_2 &= \frac{1}{6}B_PA\varphi y_0^2(3y_0 - 2h_2) - \frac{1}{6}B_PA'\varphi(h_2 - y_0)^2 + \frac{1}{12}B_Pm\varphi h_2^2(2y_0 - h_2)
\end{aligned}\right\} \tag{6-34}$$

式中：Q_A——滑动面处的剪力，kN；

$\quad M_A$——滑动面处的弯矩，kN·m；

$\quad B_P$——桩的计算宽度，m；

$\quad A$——桩前土在滑面处的弹性抗力系数；

$\quad \varphi$——转角，rad；

$\quad y_0$——桩体旋转的中心点位于滑动面以下的深度，m；

$\quad A'$——桩后土在滑面处的弹性抗力系数；

$\quad m$——地基系数随深度变化的比例系数，kN/m^4；

$\quad h_2$——桩深，m。

由上式各解得 y_0 及 φ_0，当 $A = A'$ 时，y_0 及 φ 的计算式可直接写为：

$$\left.\begin{aligned}
y_0 &= \frac{h[2A(2Q_Ah_2 + 3m_A) + mh(3Q_Ah_2 + 4m_A)]}{2[3A(Q_Ah_2 + 2m_A) + mh(2Q_Ah_2 + 3m_A)]}\\
\varphi &= \frac{12[3A(2Q_Ah_2 + 2m_A) + mh(2Q_Ah_2 + 3m_A)]}{B_Ph_2^2[6A(A + mh_2) + m^2h_2^2]}
\end{aligned}\right\} \tag{6-35}$$

式中：y_0——桩体旋转的中心点位于滑动面以下的深度，m；

$\quad \varphi$——转角，rad；

$\quad h$——桩的深度，m；

$\quad A$——桩前土在滑面处的弹性抗力系数；

$\quad Q_A$——滑动面处的剪力，kN；

$\quad h_2$——桩深，m；

$\quad m_A$——滑动面处的地基弹性抗力系数，kN/m^3；

$\quad m$——地基系数随深度变化的比例系数，kN/m^4；

$\quad B_P$——桩的计算宽度，m。

桩截面的剪力为：

$$\left.\begin{aligned}
Q_y &= Q_A - \frac{1}{2}B_PA\varphi y(2y_0 - y) - \frac{1}{6}B_Pm\varphi y^2(3y_0 - 2y) \quad (y < y_0 \text{ 时})\\
Q_y &= Q_A - \frac{1}{6}B_Pm\varphi y^2(3y_0 - 2y) - \frac{1}{2}B_PA\varphi y_0^2 + \frac{1}{2}B_PA'\varphi(y - y_0)^2 \quad (y \geqslant y_0 \text{ 时})
\end{aligned}\right\} \tag{6-36}$$

式中：Q_y——桩截面的剪力，kN；

$\quad\quad Q_A$——滑动面处的剪力，kN；

$\quad\quad B_p$——桩的计算宽度，m；

$\quad\quad A$——桩前土在滑面处的弹性抗力系数；

$\quad\quad \varphi$——转角，rad；

$\quad\quad y$——滑动面以下桩深度，m；

$\quad\quad y_0$——桩体旋转的中心点位于滑动面以下的深度，m；

$\quad\quad m$——地基系数随深度变化的比例系数，kN/m^4；

$\quad\quad A'$——桩后土在滑面处的弹性抗力系数。

弯矩为：

$$\left.\begin{array}{l} My = M_A + Q_A y - \dfrac{1}{6}B_p A\varphi y^2(3y_0 - y) - \dfrac{1}{12}B_p m\varphi y^2(2y_0 - y) \quad (y < y_0 \text{ 时}) \\[4mm] My = M_A + Q_A y - \dfrac{1}{6}B_p A\varphi y_0^2(3y - y_0) + \dfrac{1}{6}B_p A\varphi(y - y_0)^3 - \dfrac{1}{12}B_p m\varphi y^3(2y_0 - y) \quad (y \geqslant y_0 \text{ 时}) \end{array}\right\}$$

$$(6 - 37)$$

式中：M_y——桩截面处的弯矩，kN·m；

$\quad\quad M_A$——滑动面处的弯矩，kN·m；

$\quad\quad Q_A$——滑动面处的剪力，kN；

$\quad\quad y$——滑动面以下桩深度，m；

$\quad\quad B_p$——桩的计算宽度，m；

$\quad\quad A$——桩前土在滑面处的弹性抗力系数；

$\quad\quad \varphi$——转角，rad；

$\quad\quad y_0$——桩体旋转的中心点位于滑动面以下的深度，m；

$\quad\quad m$——地基系数随深度变化的比例系数，kN/m^4。

5. 弹性桩的计算

弹性桩系指埋于滑床部分的桩身受力后桩轴和桩周岩(土)均发生变形。

在此仅介绍悬臂桩法：①将滑面以上抗滑桩受荷段上所有作用力均当作外荷载。②根据桩周地层的性质确定弹性抗力系数(即地基系数)，建立桩的挠曲微分方程式。③通过数学求解可得滑面以下桩身任一截面的变位和内力计算的一般表达式。④根据桩底边界条件计算出滑面处的位移和转角。⑤计算桩身任一深度处的变位和内力。弹性桩的计算如图 6 - 34 所示。

（1）基本方法

将桩视为弹性地基梁，则其挠曲微分方程为：

$$EI\frac{d^4 x_y}{dy^4} + P_y = 0 \qquad (6 - 38)$$

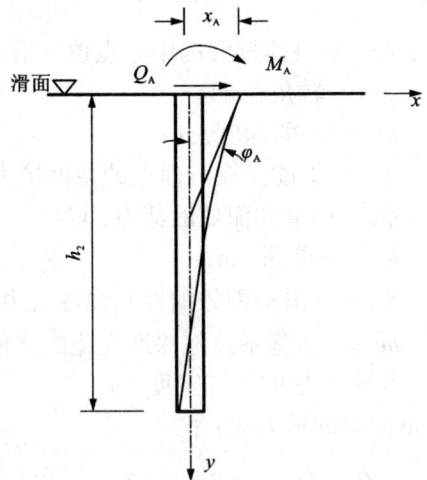

图 6 - 34　弹性桩的计算简图

式中：E——桩的弹性模量，kPa；

I——桩的截面惯性矩，m^4；

x_y——桩的位移量，m；

y——桩深，m；

P_y 为土体对桩的水平抗力，并有：

$$P_y = \sigma_y B_p = K x_y B_p = m y x_y B_P$$

由此可得：

$$\frac{\mathrm{d}^4 x_y}{\mathrm{d}y^4} + \frac{m B_P}{EI} y x_y = \frac{\mathrm{d}^4 x_y}{\mathrm{d}y^4} + \alpha^3 y x_y = 0$$

或写成

$$\frac{\mathrm{d}^4 x_y}{\mathrm{d}y^4} + \alpha^5 y x_y = 0$$

求解上式，可得：

$$\left. \begin{array}{l} x_y = x_A A_1 + \dfrac{\varphi_A}{\alpha} B_1 + \dfrac{M_A}{\alpha^2 EI} C_1 + \dfrac{Q_A}{\alpha^3 EI} D_1 \\[2mm] \varphi_y = \alpha \left(x_A A_2 + \dfrac{\varphi_A}{\alpha} B_2 + \dfrac{M_A}{\alpha^2 EI} C_2 + \dfrac{Q_A}{\alpha^3 EI} D_2 \right) \\[2mm] M_y = \alpha^2 EI \left(x_A A_3 + \dfrac{\varphi_A}{\alpha} B_3 + \dfrac{M_A}{\alpha^2 EI} C_3 + \dfrac{Q_A}{\alpha^3 EI} D_3 \right) \\[2mm] Q_y = \alpha^3 EI \left(x_A A_4 + \dfrac{\varphi_A}{\alpha} B_4 + \dfrac{M_A}{\alpha^2 EI} C_4 + \dfrac{Q_A}{\alpha^3 EI} D_4 \right) \\[2mm] \sigma_y = m y x_y \end{array} \right\} \qquad (6-39)$$

式中：x_y——桩深 y 处桩的位移，m；

φ_y——桩深 y 处桩的转角，rad；

M_y——桩深 y 处桩弯矩，kN·m；

Q_y——桩深 y 处桩剪力，kN；

x_A——桩在滑面处的位移，m；

φ_A——桩在滑面处的旋转角，rad；

α——桩的变形系数，m^{-1}；

M_A——桩在滑动面处的弯矩，kN·m；

E——桩的弹性模量，kPa；

I——桩的截面惯性矩，m^4；

Q_A——桩在滑动面处的剪力；kN；

m——地基系数随深度变化的比例系数，kN/m^4；

y——桩体位于滑动面以下的深度，m；

A_i、B_i、C_i、D_i——分别为随桩换算深度（ay）而异的 m 法的无量纲影响函数值，$i = 1$，2，3，4；

σ_y——地基反应，kN/m^2。

由上式可知，系数 A_i、B_i、C_i、D_i 是 ay 的函数。若设

$$G = \begin{vmatrix} A_1 & A_2 & A_3 & A_4 \\ B_1 & B_2 & B_3 & B_4 \\ C_1 & C_2 & C_3 & C_4 \\ D_1 & D_2 & D_3 & D_4 \end{vmatrix}$$

注意到上式中，M_A、Q_A 顶端弯矩及剪力，是已知的，而顶端水平位移 x_A 以及转角 φ_A 是未知待定的，应由桩底的两个边界条件确定。例如，当桩底端为自由支承时，有：

$$Q_y \big|_{y=h2} = 0$$
$$M_y \big|_{y=h2} = 0$$

将式中 Q_y、Q_A 的表达式代入上式中，可解得：

$$\left. \begin{aligned} x_A &= \frac{M_A}{\alpha^2 EI}\left(\frac{B_3 C_4 - B_4 C_3}{A_3 B_4 - B_3 A_4}\right) + \frac{Q_A}{\alpha^3 EI}\left(\frac{B_3 D_4 - D_3 B_4}{A_3 B_4 - B_3 A_4}\right) \\ \varphi_A &= \frac{M_A}{\alpha EI}\left(\frac{C_3 A_4 - A_3 C_4}{A_3 B_4 - B_3 A_4}\right) + \frac{Q_A}{\alpha^2 EI}\left(\frac{D_1 A_2 - A_1 D_2}{A_3 B_4 - B_3 A_4}\right) \end{aligned} \right\} \tag{6-40}$$

式中：x_A——顶端水平位移，m；

φ_A——转角，rad；

其余符号含义同式(6-39)。

（2）无量纲法

$$\left. \begin{aligned} x_y &= \frac{M_A}{\alpha^2 EI}b_x + \frac{Q_A}{\alpha^3 EI}\alpha_x \\ M_y &= M_A b_M + \frac{Q_A}{\alpha}\alpha_M \\ \varphi_y &= \frac{M_A}{\alpha EI}b_\varphi + \frac{Q_A}{\alpha^2 EI}\alpha_\varphi \\ Q_y &= \alpha M_A b_Q + Q_A \alpha_Q \\ \sigma_y &= m y x_y \end{aligned} \right\} \tag{6-41}$$

式中：α_x、α_Q、α_φ、α_M——$M_A = 1$ 时引起桩身各截面的变位和内力的无量纲系数；

b_x、b_Q、b_φ、b_M——$Q_A = 1$ 时引起桩身各截面的变位和内力的无量纲系数；

其余符号含义同式(6-39)。

仍以底端自由支承为例，上式可写为：

$$x_A = \frac{M_A}{\alpha^2 EI}B_{ZA} + \frac{Q_A}{\alpha^3 EI}\alpha_{ZA} \tag{6-42}$$

$$\varphi_A = \frac{M_A}{\alpha EI}B_{\varphi A} + \frac{Q_A}{\alpha^2 EI}\alpha_{\varphi A} \tag{6-43}$$

式中：

$$\left.\begin{array}{l} \alpha_{ZA} = \dfrac{D_1 A_2 - D_3 B_4}{A_3 B_4 - B_3 A_4} \\[3mm] \alpha_{\varphi A} = \dfrac{D_1 A_2 - A_1 D_2}{A_3 B_4 - B_3 A_4} \\[3mm] B_{ZA} = \dfrac{B_3 C_4 - B_4 C_3}{A_3 B_4 - B_3 A_4} \\[3mm] B_{\Phi A} = \dfrac{C_3 A_4 - A_3 C_4}{A_3 B_4 - B_3 A_4} \end{array}\right\} \tag{6-44}$$

整理后得到：

$$\left.\begin{array}{l} a_Z = A_1 a_{ZA} - B_1 b_{ZA} + D_1 \\ b_Z = A_1 a_{\varphi A} - B_1 b_{\varphi A} + C_1 \\ a_{\varphi} = A2 a_{ZA} - B_2 b_{ZA} + D_2 \\ b_{\varphi} = A_2 a_{\varphi A} - B_2 b_{\varphi A} + C_2 \\ a_M = A_3 a_{QA} - B_3 b_{\varphi A} + D_3 \\ b_x = A_3 a_{ZA} - B_3 b_{\varphi A} + C_3 \\ a_{\varphi} = A_4 a_{ZA} - B_4 b_{ZA} + D_4 \\ b_{\varphi} = A_4 a_{\Phi A} - B_4 b_{\varphi A} + C_4 \end{array}\right\} \tag{6-45}$$

6.5.3　抗滑挡土墙

1.概述

滑坡是岩土工程中常见的灾害之一。当斜坡岩土体在各种自然因素或人为因素的影响下，沿着一定的土层(软弱层)整体向下滑移的现象，称为滑坡。

大规模滑坡对人类的生产建设活动和人民的生命财产有着极大的危害。因此，应对滑坡进行预防和处理。通过预防来预料可能发生的灾害，并在与处理工程所需费用权衡之后，或将居民迁移到另一安全地带，或改移公路、河道等，或在稳定的基岩中修建隧道以避免滑坡，或在小规模滑坡情况下用桥梁通过。在不得已必须在滑坡区兴工动土进行建设而改变自然环境时，就应事先修建整治工程，以提高滑坡体的稳定性，防止滑坡体产生滑坡。

滑坡整治工程大致分为减滑工程和抗滑工程两类。减滑工程的目的在于不改变滑坡的地形、土质、地下水等的状态，即通过改变滑坡体自然条件，而使滑坡运动得以停止或缓和。抗滑工程则在于利用抗滑构筑物来支挡滑坡体运动的一部分或全部，使其附近及该地区的设施及人民生命财产等免受危害。抗滑挡土墙是常用的抗滑工程。

2.抗滑挡土墙类型和适用条件

抗滑挡土墙是目前整治中小型滑坡中应用最为广泛而且较为有效的措施之一。

(1)抗滑挡土墙类型

根据滑坡的性质、类型和抗滑挡土墙的受力特点、材料和结构不同，抗滑挡土墙又有多种类型。

1)按结构形式分类

①重力式抗滑挡土墙。

②锚杆式抗滑挡土墙。

③加筋土抗滑挡土墙。

④板桩式抗滑挡土墙。

⑤竖向预应力锚杆式抗滑挡土墙等形式。

2）按材料分类

①浆砌条石（块石）抗滑挡土墙。

②混凝土抗滑挡土墙（浆砌混凝土预制块体式和现浇混凝土整体式）。

③钢筋混凝土式抗滑挡土墙。

④加筋土抗滑挡土墙等。

（2）抗滑挡土墙特点和适用条件

选取何类型的抗滑挡土墙，应根据滑坡的性质、类型（渐断性的滑坡或连续性的滑坡、单一性的滑坡或复合式的滑坡、浅层式的滑坡还是深层式的滑坡等）、自然地质条件、当地的材料供应情况等条件，综合分析，合理确定，以期达到整治滑坡的同时，降低整治工程的建设费用。

①采用抗滑挡土墙整治滑坡，对于小型滑坡，可直接在滑坡下部或前缘修建抗滑挡土墙，对于中、大型滑坡，抗滑挡土墙常与排水工程、削土减重工程等整治措施联合使用。

抗滑挡土墙优点是山体破坏少，稳定滑坡收效快。尤其对于由于斜坡体因前缘崩塌而引起大规模滑坡，抗滑挡土墙会起到良好的整治效果。但在修建抗滑挡土墙时，应尽量避免或减少对滑坡体前缘的开挖，必要时，可设置补偿形抗滑挡土墙与滑坡体前缘土坡之间填土，如图 6-35 所示。

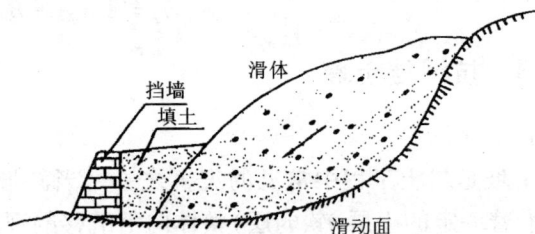

图 6-35　补偿抗滑挡土墙的设置

②在修建抗滑挡土墙时，必须认真进行踏勘、调查滑坡的性质、滑体结构、滑移面层位和层数，以及基础的地质情况，合理确定滑坡体的推力大小。

原则上抗滑挡土墙应设置在滑坡体前缘稳定基础上，防止由于滑坡体前缘地基过大的变形，而使抗滑挡土墙体变形而失效。对于滑坡地段上的构筑物（如公路挡墙），为使其在地基有一定程度变形情况下，也能保持其功能，最好采用柔性结构。对于深层滑坡体和正在滑移的滑动体，可能因修建挡土墙进行基础开挖时，加剧滑坡体的滑动，因此这类滑坡不宜采用抗滑挡土墙，而宜采用其他抗滑整治措施（如抗滑桩等）。

③重力式抗滑挡土墙可采用浆砌块石（片石），混凝土预制块体，也可采用混凝土和钢筋混凝土直接现浇。加筋土抗滑挡土墙就其工作原理而言，也属重力式挡土墙范畴，但其受力方式等不同。

④抗滑挡土墙与一般挡土墙类似，但它又不同于一般挡土墙，主要表现在抗滑挡土墙所承受的土压力的大小、方向、分布和作用点等方面。

一般挡土墙主要抵抗主动土压力，而抗滑挡土墙所抵抗的是滑坡体的剩余下滑推力。一般情况下滑坡的剩余推力较大，对于滑体刚度较大的中厚层滑坡体压力的分布图形近于矩形,推力的方向与滑移面层平行;合力作用点位置较高,位于滑面以上1/2 墙高处。因此,一般情况下,滑坡推力较主动土压力大。

为满足抗滑挡土墙自身稳定的需要,这通常要求抗滑挡土墙墙面坡度采用(1∶0.3) ~ (1∶0.5),甚至缓至1∶1。有时为增强抗滑挡土墙底部的抗滑阻力,将其基底做成倒坡,或锯齿形;而为了增加抗滑挡土墙的抗倾覆稳定性和减少墙体圬工材料用量,有时可在墙后设置1~2 m 宽的衡重台或卸荷平台。

⑤抗滑挡土墙的主要功能是稳定滑坡。因滑坡型式的多种多样,滑坡推力的大小也因滑坡的型式、规模和滑移面层的不同而不同。抗滑挡土墙结构的断面形式应因地适宜设计,而不能像一般挡土墙那样采用标准断面。工程中常用的抗滑挡土墙断面形式如图6-36 所示。

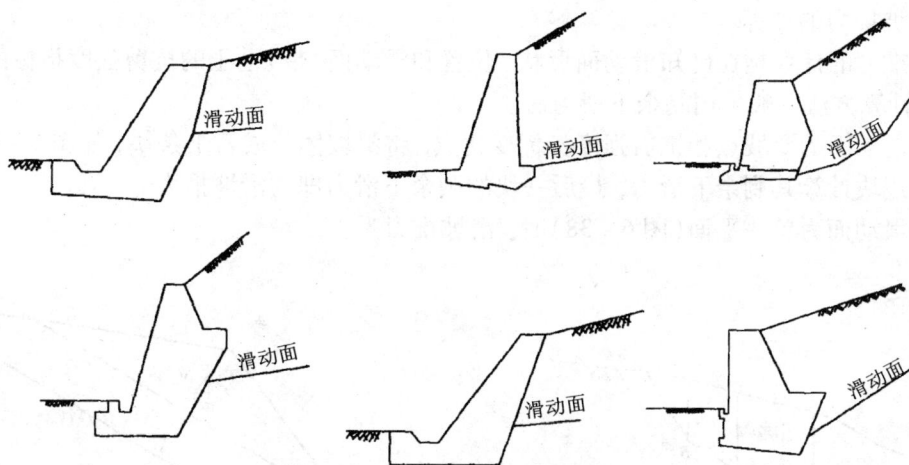

图6-36　常用的抗滑挡土墙断面形式

3.抗滑挡土墙布置原则

抗滑挡土墙的布置应根据滑坡位置、类型、规模、滑坡推力大小、滑动面位置和形状,以及基础地质条件等因素,综合分析来进行,一般其布置原则如下:

①对于中、小型滑坡,一般将抗滑挡土墙布设在滑坡前缘。

②对于多级滑坡或滑坡推力较大时,可分级布设抗滑挡土墙。

③对于滑坡中、下部有稳定岩层锁口时,可将抗滑挡土墙布设在锁口处,锁口处以下部分滑体另作处理,或另设抗滑挡土墙等整治工程。

④当滑动面出口在构筑物(如公路、桥梁、房屋建筑)附近,且滑坡前缘距建筑物有一定距离时,为防止修建抗滑挡土墙所进行的基础开挖引起滑坡体活动,应尽可能将抗滑挡土墙靠近建筑物布置,以便墙后留有余地填土加载,增加抗滑力,减少下滑力。

⑤对于道路工程,当滑面出口在路堑边坡上时,可按滑床地质情况决定布设抗滑挡土墙的位置;若滑床为完整岩层,可采用上挡下护办法。若滑床为不宜设置基础的破碎岩层时,可将抗滑挡土墙设置于坡脚以下稳定的地层内。

⑥对于滑坡的前缘面向溪流或河岸或海岸时,抗滑挡土墙可设置于稳定的岸滩地,并在抗滑挡土墙与滑坡体前缘留有余地,填土压重,增加阻滑力,减少抗滑挡土墙的圬工数量,

降低工程造价；或将抗滑挡土墙设置在坡脚，并在挡土墙外进行抛石加固，防止坡脚受水流或波浪的侵蚀和淘刷。

⑦对于地下水丰富的滑坡地段，在布设抗滑挡土墙前，应先进行辅助排水工程，并在抗滑挡土墙上设置好排水设施。

⑧对于水库沿岸，由于水库蓄水水位的上升和下降，使浸水斜坡发生崩塌，进而可能引起大规模的滑坡，除在浸水斜坡可能崩塌处布设抗滑挡土墙外，在高水位附近还应设抗滑桩或二级抗滑挡土墙，稳定高水位以上的滑坡体；或根据地形情况及水库蓄水水位的变化情况设置 2~3 级或更多级抗滑挡土墙。

4. 抗滑挡土墙设计与计算

(1)抗滑挡土墙上力系分析与荷载确定

1)滑坡推力的计算

滑坡推力的计算是在已知滑动面形状、位置和滑动面(带)上土的抗剪强度指标的基础上进行的，计算方法一般采用剩余下滑力法。

根据滑动面的变坡点和抗剪强度指标变化点，将滑坡体分成若干条块，如图 6-37 所示，从上到下逐块计算其剩余下滑力，最后一块的剩余下滑力即为滑坡推力。

如果滑动面为单一平面(图 6-38)时，滑坡推力为：

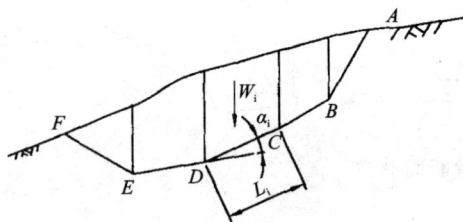

图 6-37　滑块体分块　　　　　图 6-38　单一滑面滑体

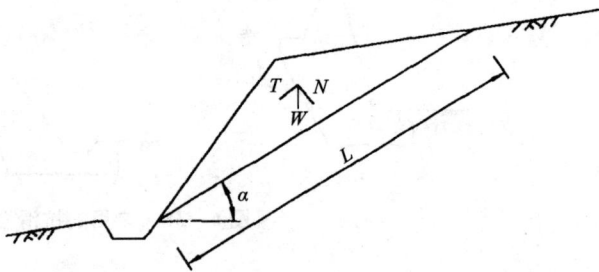

$$E = KW\sin\alpha - (W\cos\alpha\,\mathrm{tg}\varphi + cL) \tag{6-46}$$

式中：E——滑坡推力，kN；

W——滑坡体重力，kN；

α——滑动面与水平面间的倾角，(°)；

L——滑动面长度，m；

c——滑动面土的黏聚力，kPa；

φ——滑动面土的内摩擦角，(°)；

K——安全系数。

如果滑动面为折面(图 6-39)，根据第 i 条块的受力情况(图 6-40)，其剩余下滑力为：

$$E_i = KT_i + E_{i-1}\cos(\alpha_{i-1} - \alpha_i) - [N_i + E_{i-1}\sin(\alpha_{i-1} - \alpha_i)]\tan\varphi_i - c_iL_i \tag{6-47}$$

式中：E_i——第 i 条块的剩余下滑力，kN；

T_i——第 i 条块自重的切向分力，kN；

N_i——第 i 条块自重的法向分力，kN；

α_i——第 i 条块所在的滑动面的倾角，(°)；

φ_i——第 i 条块滑动面土的内摩擦角，(°)；

c_i——第 i 条块滑动面土的黏聚力，kPa；

L_i——第 i 条块滑动面的长度，m；

K——安全系数。

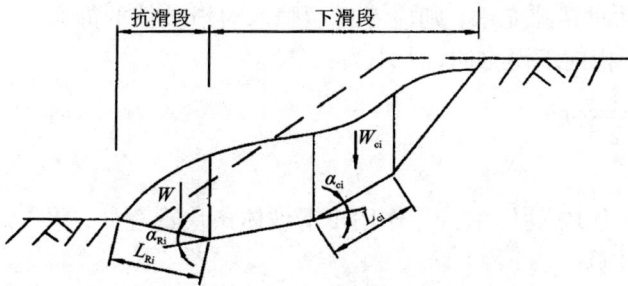

图 6-39　折线型滑动面

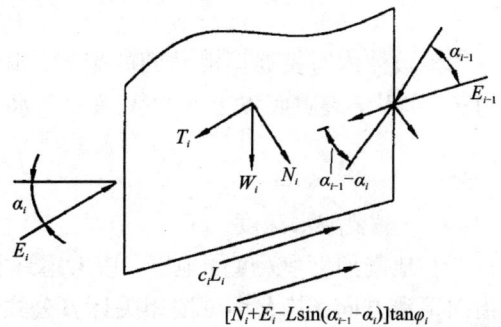

图 6-40　作用于滑体分块上的基本力系

当 E_i 为正值时，说明滑坡体有下滑推力，是不稳定的，应传给下一条块；E_i 为负值时，表示第 i 条块以上滑坡体处于稳定状态，E_i 不能传递；E_i 为零时，第 i 条块以上滑坡体也是稳定的。

2）附加力的计算

在计算滑坡推力的同时，还需考虑附加力的影响。应考虑的附加力有（图 6-41）：

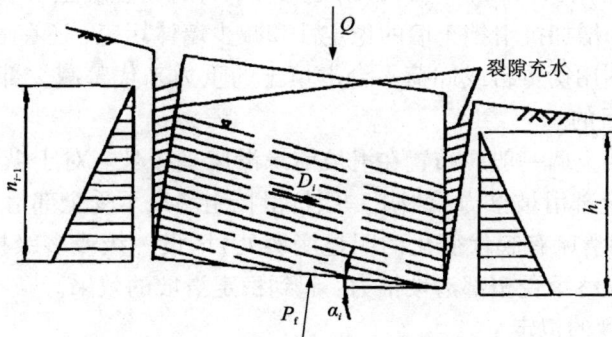

图 6-41　作用于滑体分块上的附加力系

①滑坡体上有外荷载 Q 时，如建筑物自重、汽车荷载等，应将 Q 加在相应的滑块自重之中。

②对于水库岸坡等地带的滑坡，滑体有水，且与滑带水连通时，应考虑动水压力和浮力。

$$D = \gamma_w \Omega I \qquad (6-48)$$

式中：γ_w——水的容量，kN/m³；

Ω——滑坡体条块饱水面积，m²；

I——水力坡降。

浮力 P，其方向垂直于滑动面，大小为：

$$P = \eta \gamma_w \Omega \qquad (6-49)$$

式中：η——滑坡体土的孔隙度；

Ω——滑坡体条块饱水面积，m^2。

③当滑动面水有承压水头 H_0 时，应考虑浮力 P_f，其方向垂直于滑动面，大小为：

$$P_f = \gamma_w H_0 \qquad (6-50)$$

④滑坡体内有贯通至滑动面的裂隙，滑动时裂隙充水，则应考虑裂隙水对滑坡体的静水压力 J，作用于裂隙底以上 $h_i/3$ 高度处，水平指向下滑方向，大小为：

$$J = \frac{1}{2} \gamma_w h_i^2 \qquad (6-51)$$

式中：h_i——裂隙水深度，m。

⑤在地震烈度 ≥7 度的地区，应考虑地震力 P_h 的作用，P_h 作用于滑坡体条块重心处，水平指向下滑方向，其大小可按相关计算公式计算。

3）设计推力的确定

当滑坡推力小于主动土压力时，应把主动土压力作为设计推力进行设计，但当滑坡推力的合力作用点位置较主动土压力的作用点高时，挡土墙的抗倾覆稳定性取其力矩较大者进行验算。因此，抗滑挡土墙设计既要满足抗滑挡土墙的要求，又要满足普通挡土墙的要求。

（2）抗滑挡土墙平面尺寸与高度的拟定

1）抗滑挡土墙平面尺寸的拟定

抗滑抗土墙承受的是滑坡推力，不同于普通重力式挡土墙。由于滑坡推力大，合力作用点高，因此抗滑挡土墙具有墙面坡度缓、平面尺度大的特点，这有利于挡土墙自身的稳定。抗滑挡土墙墙面坡度常用（1:0.3）～（1:0.5）的坡率，有时甚至缓至（1:1）。其基底常做成反坡或锯齿形，有时为了增加抗滑挡土墙的稳定性和减少墙体圬工，还在墙后设置 1～2 m 宽的衡重台或卸荷平台，利用衡重台或卸荷平台上填土的重力来代替减少部分墙体的圬工用量，达到降低工程造价的目的。

在平面上，抗滑挡土墙一般应布置在滑坡前缘滑床平缓处。对于纵长形滑坡，当用一级抗滑挡土墙不能承受全部滑坡推力或当用一级抗滑挡土墙来承受全部滑坡推力不经济时，可在中部等适当位置（如滑床有起伏变化的明显变缓处）增设一级或多级抗滑挡土墙分别承受部分滑坡推力，达到最终承受全部滑坡推力，起到稳定滑坡的效果。

2）抗滑挡土墙高度的拟定

抗滑挡土墙的高度如果不合理的话，尽管它使滑坡体原来的出口受阻，但滑坡体可能沿新的滑动面发生越过抗滑挡土墙的滑动。因此，抗滑挡土墙的合理墙高应保证滑坡体不发生越过墙顶的滑动。合理墙高可采用试算的方法确定（图 6-42），先假定一适当的墙高，过墙顶 A 点作与水平线成（45°-φ/2）夹角的直线，交滑动面于 a 点，以 Sa、Aa 为最后滑动面，计算滑坡体的剩余下滑力。然后，再自 a 点向两侧每隔 5° 作出 Ab、Ac…和 Ab'、Ac'…虚拟滑动面进行计算，直至出现剩余下滑力的负值低峰为止。若剩余下滑力计算结果为正值时，则说明墙高不足，应予增高；当剩余下滑力为过大的负值时，则说明墙身过高，应予降低。

3）基础的埋深

基础的埋置深度应通过计算予以确定。一般情况下，无论何种形式的抗滑挡土墙，其基础必须埋入到滑动面以下的完整稳定的岩（土）层中，且应有足够的抗滑、抗剪和抗倾覆的能力；对于基岩不小于 0.5 m，对于稳定坚实的土层不小于 2 m，并置于可能向下发展的滑动面以下，即应考虑设置抗滑挡土墙后

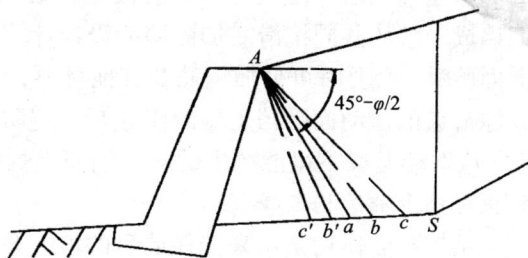

图 6-42　抗滑挡土墙合理高度

由于滑坡体受阻，滑动面可能向下延伸。当基础埋置深度较大，墙前有形成被动土压力条件时（埋入密实土层 3 m、中密土层 4 m 以上），可酌情考虑被动土压力的作用。

（3）基底应力及地基强度验算

抗滑挡土墙的基底应力、合力偏心距及地基强度验算与普通重力式挡土墙的验算相同，验算公式简述如下：

抗滑挡土墙的刚度一般很大，基底应力可按直线分布，按偏心受压公式计算，对于矩形墙底，可按下式计算：

$$\sigma_{max/min} = \frac{V_k}{B}\left(1 \pm \frac{6e}{B}\right) \tag{6-52}$$

式中：B——表示墙底宽度，m；

V_k——表示作用在基底面上的竖向合力标准值，kN；

e——表示作用在基底面上的合力标准值作用点的偏心距，kN·m。$e = B/2 - \xi$。

对于岩石地基，$e \leq B/6$，对于土质地基，$e \leq B/4$。

$$\xi = (M_R - M_0)/V_K \tag{6-53}$$

M_R、M_0——竖向合力标准值和倾覆力标准值对墙底面前趾的稳定力矩和倾覆力矩，kN·m。

设计时要求基底最大应力应小于地基承载力，即

$$\gamma_\sigma \sigma_{max} \leq \sigma_y \tag{6-54}$$

式中：σ_y——地基承载力设计值，kPa。

（4）抗滑挡土墙的稳定性及强度验算

1）挡土墙的稳定性验算

抗滑挡土墙的稳定性验算与普通重力式挡土墙的稳定性验算相同，仅由设计推力替代主动土压力。验算内容包括抗滑稳定性验算和抗倾覆稳定性验算。

2）挡土墙截面强度验算

为保证墙身的安全可靠，要求挡土墙墙身应有足够的强度。设计时应对墙身截面承载力进行验算，验算的内容包括：偏心压缩承载力验算和弯曲承载力验算。一般可取一两个控制截面进行强度验算。

在进行抗滑挡土墙设计时，还应注意：

①若在墙后有两层以上滑动面存在时，则应视其活动情况，将沿各层滑动面的滑坡推力绘制出综合推力图形（取各图形之包络线）进行各项验算，特别应注意上面中央几层滑动面处挡土墙截面的验算。

②如原建挡土墙不足以稳定或已被滑坡破坏而需要加固时，可经过验算另加部分坼工，使新旧墙成一整体共同抗滑。加固墙的设计计算与新墙基本相同，但应特别注意新旧墙的衔接与截面验算，必要时可另加钢筋及其他材料，以保证新旧墙联成整体共同发挥作用。

③原滑坡的滑动面受挡土墙的阻止后，应防止滑动面向下延伸，致使挡土墙结构失效，必要时，应对墙基以下可能产生的新滑动面进行稳定性验算。

5. 抗滑挡土墙结构选择

挡土结构物的作用是用来挡住墙后的填土并承受来自填土的压力。

(1)重力式挡土墙

重力式挡土墙是以挡土墙自身重力来维持其在水土压力等作用下的稳定。它广泛应用于我国铁路、公路、水利、矿山等工程；其缺点是工程量大，地基沉降大，它适合于挡土墙高度在 5~6 m 的小型工程。

1)重力式挡土墙的稳定性

①抗倾覆稳定验算。

$$K_t = \frac{抗倾覆力矩}{倾覆力矩} = \frac{Gx_0 + E_{ay}x_f}{E_{ax}h} \geqslant 1.5 \qquad (6-55)$$

式中：K_t——抗倾覆稳定性系数；

G——挡土墙每延米自重，kN；

E_{ax}、E_{ay}——主动土压力 E_a 的水平和竖直分量，kN；

x_0，x_f，h——G、E_{ay}、E_{ax}对 O 点的力臂，m。

②抗滑稳定验算。

$$K_s = \frac{抗滑力}{滑动力} = \frac{(G + E_{ay})\mu}{E_{ax}} \geqslant 1.3 \qquad (6-56)$$

式中：K_s——抗滑稳定性系数；

μ——基底摩擦系数，由试验测定或参考经验资料。

2)增加挡土墙稳定性的措施

①增加抗滑稳定的措施。

a. 将挡土墙基底做成逆坡，利用滑动面上部分反力抗滑。

b. 在挡墙底部增设凸榫基础(防滑键)，以增大抗滑力。

c. 在挡土墙基底铺砂或碎石垫层以提高 μ 值，增大抗滑力。

②增加抗倾覆稳定的方法。

a. 将墙背做成仰斜，可减小土压力，但施工不方便。

b. 做卸荷台，如图 6-43 所示，它位于挡土墙竖直墙背上。卸荷台以上的土压力不能传递到卸荷台以下，土压力呈两个小三角形，因而减小了总土压力，减小了倾覆力矩。

c. 伸长墙前趾，加大稳定力矩力臂。该措施混凝土用量增加不多，但需增加钢筋用量。

③墙背地下水对挡土墙稳定性的影响。

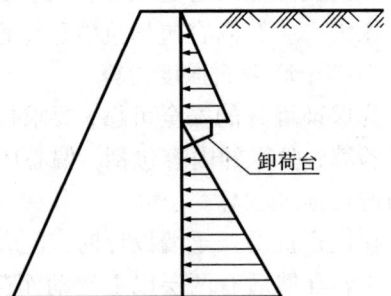

图 6-43 卸荷台

挡土墙建成使用时,如遇暴雨,有大量雨水经墙后填土下渗,使填土的内摩擦角减小,重度增大,土的抗剪强度降低,土压力增大,同时墙后积水,增加动水压力或静水压力,对墙的稳定性产生不利影响。

在一定条件下,或因水压力过大,或因地基软化而导致挡土墙破坏。挡土墙破坏大部分是因为无排水措施或排水不良而造成的,因此挡土墙设计中必须设置排水。

为使墙后积水易排出,通常在挡土墙的下部设置泄水孔。当墙高 $H > 12$ m 时,可在墙的中部加一排泄水孔,一般泄水孔直径为 $50 \sim 100$ mm,间距为 $2 \sim 3$ m。为了减小动水力对挡土墙的影响,应增密泄水孔,加大泄水孔尺寸或增设纵向排水措施。

(2)锚杆挡土墙

锚杆挡土墙是由钢筋混凝土面板及锚杆组成的支挡结构物。面板起支护边坡土体并把土的侧压力传递给锚杆,锚杆通过其锚固在稳定土层中的锚固段所提供的拉力来保证挡土墙的稳定,而一般挡土墙是靠自重来保持其稳定。

锚杆挡土墙可作为山边的支挡结构物,也可用于地下工程的临时支撑(图 6 – 44)。对于开挖工程,它可避免内支撑,以扩大工作面而有利于施工,目前,锚杆在我国已得到广泛应用。

锚杆挡土墙按其钢筋混凝土面板的不同,可分为柱板式和板壁式两种型式。

1)锚杆的布置与长度计算

锚杆布置包括确定锚杆的层数、锚杆的水平间距和锚杆的倾角等。

①锚杆的层数。

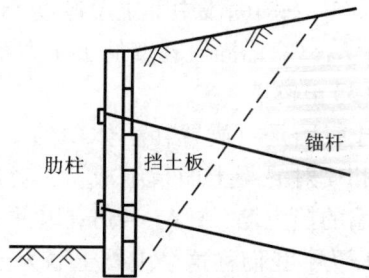

图 6 – 44　板柱式挡墙

锚杆的层数取决于支挡结构的截面和其所受的荷载,要考虑挖土后未经设置锚杆时支挡结构所能承受力的大小和位移控制的要求。锚杆层数越多施工工期越长。因此,锚杆层数的多少,必须根据支挡结构承载力的大小、基坑工程的位移控制要求和基坑的稳定性进行合理的计算确定。在设计锚杆层位时,应尽量避免在流沙层设置锚头,以防流沙从锚孔流出。一般情况下,受层锚杆的锚固段的上覆土层不小于 4 m,相邻排间距不小于 2 m。

②锚杆的水平间距。

锚杆的水平间距取决于支挡结构承受的荷载和每根锚杆能承受的拉力值。在支挡结构的荷载一定的情况下,锚杆水平间距越大,每根锚杆承受的拉力则越大,因此,需经过计算确定。另外,锚杆的水平间距过小,则锚杆间会产生相互影响,使单根锚杆的抗拔力降低。锚杆的水平间距一般要大于 1.5。

③锚杆的倾角。

锚杆倾角指拉杆轴线与水平方向的夹角,其大小决定了锚杆水平分力和垂直分力的大小,也影响对锚固段和自由段的划分,对锚杆的整体稳定性和施工也有影响。锚杆倾角一般为 $10 \sim 45°$,且不大于 $45°$。

④锚杆长度。

锚杆长度计算简图如图 6 – 45 所示。

$$L_t = \frac{TK}{\pi D \tau \cos\alpha} \qquad (6-57)$$

式中：L_t——锚固长度，m；

T——支护结构传递给锚杆的水平力，kN；

α——锚杆倾角，(°)；

D——锚固体直径，m；

τ——锚固体周边土的抗剪强度，kPa；

K——安全系数，一般取 2.5。

一般灌浆锚杆在灌浆过程中未加特殊压力，土体抗剪强度可按下式计算：

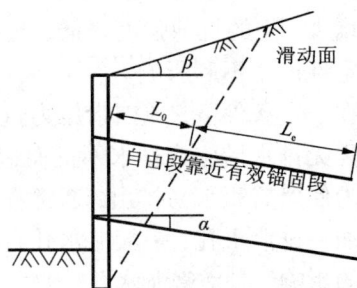

图 6 - 45　锚杆长度计算图

$$\tau = c + K_0 \gamma h \tan\varphi \qquad (6-58)$$

式中：c——锚固区土层的黏聚力，kPa；

φ——土的内摩擦角，(°)；

h——锚固段中部土层厚度，m；

K_0——锚固段孔壁的土压力系数，一般取 0.5 ~ 1.0。

（3）土钉墙

土钉墙是由放置在土体中的土钉体、被加固的土体和喷射混凝土面板组成，三者形成一个类似重力式墙的挡土墙（图 6 - 46），以此来抵抗墙后传来的土压力，我们称这个土挡土墙为土钉墙。

1）土钉支护的加固机理

土钉墙的加固机理表现在以下几个方面：

①土钉对复合土体起着箍束骨架作用，从而提高了原位土体强度。

②土钉与土体间的相互作用。

2）土钉支护的施工步骤

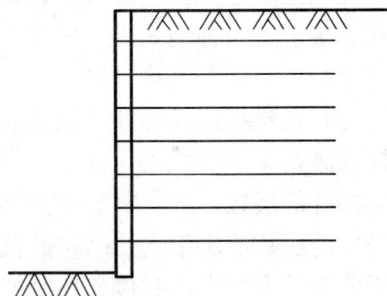

图 6 - 46　土钉墙

分层向下开挖，即开挖设计规定的较小厚度的一层土体；

在这一层土体的作业面上，按设计位置设置一排土钉；

在这一层土体的作业面上，构筑混凝土面层，并使土钉筋体与面层联结牢固；

重复上述施工步骤，直到设计的基坑开挖深度。

（4）锚碇板挡墙

锚碇板挡墙是由墙面板、钢拉杆及锚碇板和填料组成，如图 6 - 47 所示。

1）特点

钢拉杆外端与墙面板相连，内端与锚碇板相连，它与锚杆挡墙的区别是它不是靠钢拉杆与填料间摩阻力来提供抗拔力，而是由锚碇板提供。它是一种适合于填土的轻型支挡结构。

2）锚碇板

①内力计算。

按中心有支点的单向受弯构件计算（图 6 - 48）。

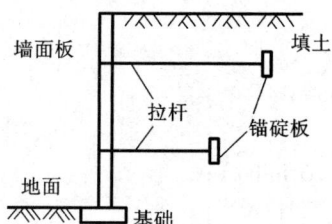

图 6 - 47　锚碇板挡墙

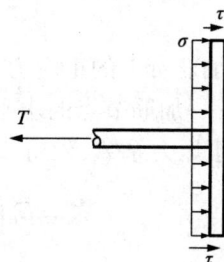

图 6 - 48　锚碇板内力简化计算图

②抗拔力计算。

埋深 5 ~ 10 m 时，$p' = 0.39 ~ 0.45$ MPa；

埋深 3 ~ 5 m 时，$p' = 0.3 ~ 0.36$ MPa；

当锚碇板埋深小于 3 m 时，锚碇板的稳定由板前被动土压力控制，锚碇板抗拔力设计值为：

$$p = \frac{\gamma h^2}{2}(K_p - K_a)B \tag{6-59}$$

式中：p——单块锚碇板抗拔力设计值，kN；

　　　γ——填料重度，kN/m³；

　　　h——锚碇板埋深，m，其埋深一般不小于 2.5 m；

　　　B——锚碇板宽度，m；

　　　K_a、K_p——库仑土压力理论主动、被动系数。

（5）加筋土挡墙

加筋土挡墙（图 6 - 49）由墙面板、拉筋和填料三部分组成。

1）工作原理

依靠填料与拉筋间的摩擦力，来平衡墙面板上所承受的土压力；并以加筋与填料形成的复合结构来抵抗拉筋尾部填料所产生的土压力，从而保证加筋土挡墙的稳定性。

2）加筋土挡墙在公路、铁路中的应用

①路基加固。

②路堤边坡加固。

③路堑边坡加筋加固。

④路面加固。

⑤路堑路堤边坡防护（坡面防护，冲刷防护）。

⑥过滤与排水。

⑦隧道防渗防漏。

3）内部稳定性计算

①加筋的拉力计算。

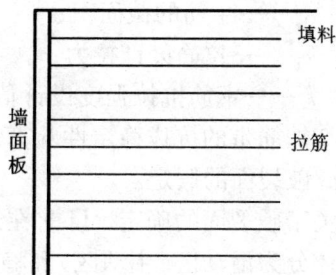

图 6 - 49　加筋土挡墙构造图

加筋的拉力可由下式计算：

$$T_i = \sigma_v K_i S_x S_y \qquad (6-60)$$

式中：σ_v——加筋带上的正应力，kPa；

S_x、S_y——加筋节点的水平及竖向间距，m；

K_i——土压力系数，按下式取值：

$$K_i = K_0 \left(1 - \frac{h_i}{6}\right) + K_a \frac{h_i}{6} \qquad （当 h_i < 6 \text{ m 时}）;$$

$$K_i = K_a \qquad （当 h_i \geqslant 6 \text{ m 时}）$$

式中：$K_0 = 1 - \sin\varphi$；$K_a = \tan^2\left(45° - \frac{\varphi}{2}\right)$；

h_i——加筋埋置深度，m。

设计时应满足：

$$[T_i] \geqslant T_i \qquad (6-61)$$

式中：$[T_i]$——加筋的极限拉力，kN；

T_i——加筋的设计拉力，kN。

a. 钢板拉筋。

钢板作拉筋时，可由下式计算拉筋截面

$$A \geqslant \frac{T_{di}}{f} \qquad (6-62)$$

式中：T_{di}——拉筋设计拉力。

f——钢板抗拉强度设计值。

b. 钢筋混凝土拉筋。

钢筋混凝土拉筋，应按中心受拉构件计算：

$$A_s \geqslant \frac{T_{di}}{f_y} \qquad (6-63)$$

式中：A_s——主筋的截面积；

T_{di}——拉筋设计拉力；

f_y——钢筋抗拉强度设计值。

②加筋带的抗拔稳定性验算。

a. 破裂面的假定。

关于破裂面的确定，目前在理论上并不成熟。在实际工作中，一般采用 $0.3H$ 简化型。加筋体分为滑动区（主动区）和稳定区，在滑动区内的拉筋长度为无效长度 L_f；在稳定区内拉筋长度 L_a 为有效长度。

b. 拉筋长度计算。

拉筋的长度应保证在设计拉力下不被拔出，拉筋总长为无效段长度和有效段长度之和。

拉筋无效长度为拉筋在滑动区内长度，按 $0.3H$ 简化法确定其值：

$$L_f = 0.3H \qquad （当 h_i \leqslant \frac{H}{2} \text{时}） \qquad (6-64)$$

式中：L_f——拉筋无效段长度，m；

H——挡土墙高度，m；

h_i——第 i 层面板重心到墙顶的高度，m。

$$L_f = 0.6(H - h_i) \quad （当 h_i > \frac{H}{2} 时）\tag{6-65}$$

式中：L_f——拉筋无效段长度，m；

H——挡土墙高度，m；

h_i——第 i 层面板重心到墙顶的高度，m。

拉筋有效长度应根据拉筋土的有效摩阻力与相应拉筋设计拉力相平衡而求得，可按下式计算：

$$L_{ui} = \frac{T_{di}}{2b\mu\sigma_{vi}}\tag{6-66}$$

式中：b——拉筋宽度，m；

μ——填料与拉筋之间的摩擦系数，由试验确定；

σ_{vi}——第 i 层拉筋上正应力，kPa。

c. 拉筋抗拔稳定验算。

全墙抗拔稳定系数，按下式计算：

$$K_h = \frac{\sum F_i}{\sum T_i} \geqslant 2\tag{6-67}$$

式中：$\sum F_i$——各拉筋所产生的摩擦力总和；

$\sum T_i$——各层拉筋承担的水平拉力总和。

单块钢筋混凝土拉筋板条的稳定安全系数，一般工程不小于 1.5，对于重要工程不小于 2。

6. 抗滑挡土墙的施工

（1）填料选择

为保证抗滑挡土墙既能安全正常工作，又减少其断面尺度，降低工程造价，其墙后填料的选择也是一项重要的工作。

由土压力理论知道，填土容重越大，土压力也越大；填土的内摩擦角越大，土压力则越小。因此墙后应选择容重小，而内摩擦角又大的填料，一般以块石、砾石为好。这样的填料透水性强，抗剪强度也高，易排水。

因黏性土的压实性和透水性都较差，并且又常具有吸水膨胀性和冻胀性，产生侧向膨胀压力，影响挡土墙的稳定性。当不得不采用黏性土作填料时，应适当加些块石或碎石。任何时候不能采用淤泥、膨胀土作墙后填料。对季节性冻土地区，不能用冻胀性材料作为填料。填土必须分层夯实，达到要求强度，保证质量。

另外为降低工程造价，选择填料时，宜就近取材，充分利用削方减载的弃土，必要时可对弃土进行改善处理，以满足墙后填料的需要。

（2）墙身材料选择

墙身材料的选择应与抗滑挡土墙的结构形式相适应。

对于重力式抗滑挡土墙，墙身材料一般采用条石、块石或块石混凝土或素混凝土。条石或块石应质地坚实，未风化或风化程度弱，强度较高，一般应选择 Mu30 号以上的条石或块石；采用混凝土时，混凝土强度等级一般不应低于C15。

对于锚杆式抗滑挡土墙、板桩式抗滑挡土墙、竖向预应力锚杆式抗滑挡土墙等型式，其墙身材料最好采用混凝土或钢筋混凝土，混凝土强度等级不宜低于C20。对预应力锚杆的锚固区域，其混凝土等级不宜低于C30，锚固区域的大小应通过计算合理确定，防止施加预应力时锚固区域被压坏。

对于加筋土抗滑挡土墙，其墙身材料一般采用级配良好的砂卵石或级配良好的碎石土作为加筋体部分的填料，筋带最好采用钢塑复合带，加筋挡土墙的面板宜采用钢筋混凝土面板。

（3）施工注意事项

①抗滑挡土墙应尽可能在滑坡变形前设置，或在坡脚土体尚未全面开挖前，以较陡的临时边坡分段开挖设置。根据施工过程中建筑物的受力情况，施工时采取"步步为营"分段、跳槽、马口开挖，并及时进行抗滑挡土墙的修建。

②在滑坡地段修建挡土墙前，应事先作好排水系统，合理编制施工组织设计，集中施工力量，作好施工准备，尽量缩短施工工期。

③注意掌握施工季节，尽可能避免雨季滑坡发展期在坡脚开挖基坑和修建建筑物。由于开挖、填土而使地形有相当大的变化，因此要充分注意排除地表水，也应注意排除地下水，以防水的滞留。同时，对施工用水也应特别注意。

④施工时应先对滑坡体上（后）部进行削方减载，以减小滑坡体产生的下滑力。削方减载应按自上而下的原则进行。对削方减载的弃土可作为抗滑挡土墙后的填料或抗滑挡土墙前的压载体。若滑坡体前缘极为松散，有时需将其清除，在这种情况下，也应采用自上而下的原则进行施工。

⑤当地下水丰富时，除按设计要求作好主体工程的施工外，对辅助工程，如墙后排水沟、墙身泄水孔等，也应切实注意其事故质量，防止墙后积水（图6－50）。

⑥对墙后的回填土必须分层夯实，达到设计要求。

⑦墙体施工时，必须保证施工质量，对浆砌条石挡土墙或浆砌块石挡土墙，砌筑时，砂浆必须饱满，砂浆强度应符合设计要求，保证墙体的整体性和其刚度。

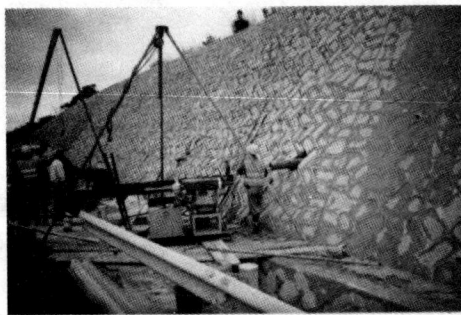

图6－50　挡土墙水平钻孔排水

⑧施工时，应保证基础埋置到最深的可能滑动面以下的稳定岩（土）中，并满足设计深度。

6.5.4　滑坡的综合防治措施

滑坡的防治是项系统工程，须采取综合防治措施才能从根本上防治滑坡。

滑坡的防治要贯彻"及早发现，预防为主；查明情况，综合治理；力求根治，不留后患"的原则，并结合边坡失稳的因素和滑坡形成的内外部条件进行综合防治。

1. 工程措施

(1)防渗与排水

滑坡的发生常和水的作用有密切的关系，水的作用，往往是引起滑坡的主要因素，因此，消除和减轻水对边坡的危害尤其重要，其目的是降低孔隙水压力和动水压力，防止岩土体的软化及溶蚀分解，消除或减小水的冲刷和浪击作用。

防渗与排水主要有外围截水沟、内部排水沟、坡面夯实防渗、盲沟、排水沟等工程措施，需同时做好坡面排水和坡身排水。

防止外围地表水进入滑坡区，可在滑坡边界修截水沟(图 6 – 51)；在滑坡区内，可在坡面修筑排水沟。在覆盖层上可用浆砌片石或人造植被铺盖，防止地表水下渗。对于岩质边坡还可用喷混凝土护面或挂钢筋网喷混凝土。防止河水、库水对滑坡体坡脚的冲刷，主要工程措施有：在滑坡体上游严重冲刷地段修筑促使主流偏向对岸的丁坝；在滑坡体前缘抛石、铺设石笼、修筑钢筋混凝土块排管，以使坡脚的土体免受河水冲刷。

图 6 –51　四川鸡扒子滑坡治理(截水沟＋抗滑桩)

(2)削坡减载

用降低坡高或放缓坡角来改善边坡的稳定性。削坡设计应尽量削减不稳定岩土体的高度，而阻滑部分岩土体不应削减。

(3)边坡整治的表面防护和控制措施

进行坡面植草绿化、铺设土工合成材料等。

(4)土质改良

焙烧法加固；化学灌浆。

(5)支挡加固

边坡整治的浅层控制措施有挡土墙、框架梁(格构)、钢筋混凝土连续梁、锚杆、土钉加固等。边坡整治的深层控制措施有抗滑桩；锚索、框架梁体系。

滑坡的动态观测包括滑坡位移观测和滑坡水文地质观测。

6.6 滑坡防治工程治理设计实例

本节以谢家岭滑坡治理设计为例,来说明工程实际中的滑坡工程治理设计。

6.6.1 概述

1.滑坡概况

谢家岭滑坡位于江坪河坝址下游右岸约 3 km 处,滑坡体后缘自然坡度为 17°~40°,前缘为江坪河原炸药库(该炸药库由业主选址,并委托其他单位设计),滑坡上游为一条冲沟,冲沟有常年性流水,流量为 3~10 L/s,冲沟中地形相对平缓,地形坡度约为 20°左右。冲沟上游紧邻瓦屋台边形岩体,滑坡体地形地貌见图 6-52。

图 6-52 谢家岭滑坡地形地貌图

滑坡堆积体前缘堆渣高程为 330 m,已塌滑后缘高程为 390 m,滑坡上部已开裂高程约 500 m;前缘宽 90~100 m,已塌滑及堆渣面积约 5630 m²,体积约 3×10^4 m³,已开裂滑体纵长约 300 m,面积约 12×10^4 m²,体积约 80×10^4 m³。滑坡体原始地形上呈椅状,主滑方向为北偏西 60°。滑坡体已塌滑周界比较清晰,后缘以高程 390 m 庄稼地平台作为边界,上下游两侧主要以冲沟为界。后缘上部边坡高程为 420~440 m、480~500 m 时发育有两级平台,综合地形坡度为 20°~25°,最大宽度达 210 m。

2.设计范围

设计范围包括:谢家岭滑坡体及其周边影响范围的安全稳定分析及治理设计。

3.依据资料

治理设计主要依据以下资料进行:

①滑坡体及其临近区域(滑坡体外围 100 m)1:1000 地形图。

②滑坡体区域地质平面图及沿主滑或主变形方向典型剖面图。

③滑坡体区岩土体物理力学参数。

④滑坡体区域初步监测成果。

4. 主要规程规范

DL 5180—2003《水电枢纽工程等级划分及设计安全标准》。

DL/T 5353—2006《水电水利工程边坡设计规范》。

DZ/T 0219—2006《滑坡防治工程设计与施工技术规范》。

GB 50330《建筑边坡工程设计技术规范》。

DL/T 5057—1998《水工混凝土结构设计规范》。

DL/T 5073—2000《水工建筑物抗震设计规范》。

DL 5077—1997《水工建筑物荷载设计规范》。

DL/T 5176—2003《水电工程预应力锚固设计规范》。

GB 50086—2001《锚杆喷射混凝土支护技术规范》。

DL/T 5088—1999《水电水利工程量计算规定》。

设计过程中,参考了长江三峡工程库区《滑坡防治工程设计与施工技术规则》等资料。

6.6.2 设计基本资料

1. 边坡分级与安全系数

谢家岭滑坡体位于江坪河水电站下游约 3 km 处淋溪河水库,滑坡体下侧为公路,控制着左岸往坝址区的交通。据边坡所处位置、边坡重要性和失事后的危害程度,按照 DL/T 5353—2006《水电水利工程边坡设计规范》,按 B 类水库边坡 Ⅱ 级边坡设计,地震基本烈度 6 度,边坡抗滑稳定安全系数标准见表 6 - 5。

表 6 - 5 抗滑稳定安全系数标准

设计工况	作用组合	稳定安全系数
持久设计工况	自重 + 正常地下水位水压力 + 加固力	≥1.15
短暂设计工况	自重 + 暴雨(可能的泄流雾化雨)地下水位水压力 + 加固力	≥1.10
偶然设计工况	自重 + 正常地下水位水压力 + 地震作用 + 加固力	≥1.05
备注	正常地下水:根据坡面出水情况,结合降雨、地质条件推测地下水位线 暴雨地下水:滑坡区位于典型的暴雨区,按汛期水暴雨时地下水位抬升高至滑面以上 2～4 m 计算	

2. 地震烈度

滑坡区基本地震烈度小于 6 度,本工程抗震设防类别为乙类。

边坡防治设防烈度为 6 度,地震水平加速度取 0.05 g。

3. 气象特征

溇水流域属副热带季风气候区,雨量充沛,气候温和,四季分明。

该流域在夏季既受西风带天气系统的控制，也受副热带系统的影响，有时受两类系统的共同作用，锋面活动显著，气旋经过频繁，是长江流域著名的暴雨区之一。

鹤峰气象站及滑坡附近走马坪气象站气象特征值统计见表6-6。

表6-6　鹤峰、走马坪气象站气象要素统计表

项目	鹤峰	走马坪	备注
多年平均降水量(mm)	1684.5	1871.1	—
历年最大1d降水量(mm)	277.8	265.6	—
多年平均蒸发量(mm)	1000.5	921.8	—
多年平均气温(℃)	15.4	12.2	—
历年极端最高气温(℃)	40.0	29.7	—
历年极端最低气温(℃)	-10.1	-5.6	—
多年平均相对湿度(%)	81.0	83.0	—
多年平均风速(m/s)	0.6	—	
历年最大风速(m/s)	14.0/ENE	16.0/ENE	走马坪实测最大18.0 m/s

4. 地质条件

滑坡体下伏基岩地层为震旦系上统灯影组至寒武系下统沧浪铺组，灯影组为灰岩、泥灰岩；筇竹寺组为页岩；沧浪铺组为泥灰岩、页岩及泥质灰岩。基岩产状为走向北西20°，倾向南西20°~30°，倾向上游，上游冲沟与岩层走向组合，构成顺向坡。

滑坡区断裂构造发育，受断裂切割，山体显得较为破碎、单薄，且岩性较软弱，易于风化。滑坡体为松散的碎(块)石夹土(图6-53、图6-54)，滑床岩层为强风化的炭质页岩，为相对隔水层，地表大气降水易于下渗并储存在滑坡体内，因此，滑带易于饱水。

图6-53　滑带岩芯(19.5~24.5 m)

图6-54　滑带岩芯(24.5~32.5 m)

谢家岭滑坡体岩土力学参数建议值见表6-7。

表 6 - 7　谢家岭滑坡体岩土力学参数建议值

类型	岩体风化程度	容重（kN/m³）		抗剪强度		变形模量（GPa）	饱和抗压强度（MPa）	允许承载强度（MPa）	泊松比 μ
		天然	饱和	f(MPa)	c(MPa)				
残坡积及崩塌堆积层		21	24	0.38	0.04	0.015			0.34
泥灰岩、薄层灰岩	全风化	23	25	0.45~0.5	0.05	0.35~0.1			0.34
	强风化	25.5	26	0.6~0.7	0.2~0.4	2~4	10~20	1~2	0.3
	弱风化	26.5	26.8	0.7~0.9	0.7~0.8	5~8	40~50	3~4	0.27
炭质页岩	全风化	23	25	0.45~0.5	0.05	0.35			0.34
	强风化	25.5	26	0.5~0.6	0.1~0.2	1	10	1	0.34
	弱风化	26.5	26.8	0.6~0.8	0.5~0.6	3~6	25~30	2.5~3	0.28

6.6.3　边坡稳定分析

2007 年 7 月娄水流域连降暴雨，7 月 1 日至 25 日，江坪河工程区累计降雨量超过 435 mm，仅 7 月 22 日至 25 日四天，降雨量高达 274 mm。娄水水位上涨较快，坝址最大流量达 1800 m³/s（2007 年 7 月 22 日 8 时）。

谢家岭滑坡为明显沿土石分界面的滑坡，由于连降暴雨，致使地下水位抬升，岩土体含水量已处于饱和，从而引起前缘失稳，坡体高程 390~500 m 处发现多组裂隙。

1. 典型断面选取

谢家岭滑坡平面上呈"宝瓶"状，前缘窄，后缘宽，上下游冲沟切割，冲沟内基岩出露，滑坡基本沿土石分界线滑动，变形范围清晰。前缘宽度 90~100 m，后缘宽度 200 m 左右，滑带为中间厚两翼薄，参考 DZ/T 0219—2006《滑坡防治工程设计与施工技术规范》，沿主滑方向中部选一条地质剖面作为典型剖面进行计算。

滑坡体计算纵剖面上布置 3 个钻孔，基本可控制整个滑带。

2. 计算参数

（1）滑坡体岩土力学参数建议值

根据滑坡岩土体的性状及前期勘探成果，岩土运输船学参数如表 6 - 7。

（2）参数反演计算

本滑坡为土质滑坡，由于连降暴雨、前缘边坡开挖过陡等综合因素致使前缘失稳。

滑坡体的成分、结构及性状复杂，均一性差。因此，在地质专业建议参数的基础上，进行岩（土）体力学参数的反演计算，论证地质参数的合理性并进行修正。底滑面采用地质专业推测的底滑面，由于滑坡已经失稳，按原地形剖面进行反演分析时，安全系数取 0.98~1.00；按滑坡后的地形进行反演分析时，由于目前所测水位为枯水期水位，基本影响不到滑面；前缘失稳后，坡形再造，前缘较为平缓，起到一定的压脚作用，鉴于以上两方面的考虑，安全系数取 1.00~1.03。

根据计算过程及经验判断，地质专业建议中残坡积及崩塌堆积层黏聚力 0.04 MPa 偏高，根据计算过程分析，取 0.027 MPa 较为合适。

1）整体稳定性计算

前缘失稳后，坡面形成多组拉张性裂隙，后缘最高裂隙发展至高程 500 m 左右，说明边坡整体都在变形，整体的安全度不高。根据钻孔资料显示，基岩以上第四系堆积物性状明显不同，可判断边坡整体滑移变形为第四系堆积物沿土石分界线滑动。根据推测滑面形状，采用折线形滑面，计算参数取内摩擦角为 25.5°，黏聚力取 27 kPa，容重为地质专业建议参数，局部利用程序搜索进行计算，滑面形状计算算法采用 Morgenstern – price 法，计算安全系数为 1.026。滑坡后缘高程为 500 m 左右，与坡面裂隙发育高程基本一致。

2）失稳前稳定计算

前缘已经失稳，剪出口为人工开挖边坡，滑面形状呈典型的圆弧形滑移。因此滑动模式选择圆弧形滑面，指定滑弧出入口范围，进行搜索。计算参数取内摩擦角为 25.5°，黏聚力取 27 kPa，容重为地质专业建议参数，计算方法采用简化 Bishop 法，边坡稳定系数为 0.998。

滑弧最高点高程为 392.5 m，与边坡前缘实际滑塌高程 390 m 大致相同。由此可判断在强降水情况下，局部裂隙水压力增大或在水的软化作用下边坡前缘即有可能失稳。同时亦可验证参数选取是符合实际情况的。

3）参数敏感性分析

为验证岩土体力学性质的合理情况及合理取值范围，需进行敏感性分析。敏感性分析按整体稳定计算，计算方法采用 Morgenstern – price 法。参数基准为内摩擦角 25.5°，黏聚力取 27 kPa。敏感性分析成果见表 6 – 8。作出安全系数 Fos – φ 关系图、安全系数 Fos – c 关系图。

表 6 – 8 岩(土)体力学参数敏感性分析成果表

C(kPa) \ φ(°)	24.60	24.83	25.05	25.28	25.50	25.72	25.94	26.16	26.38
25.92	0.985	0.993	1.002	1.010	1.019	1.027	1.036	1.044	1.053
26.19	0.986	0.995	1.003	1.012	1.021	1.029	1.038	1.046	1.055
26.46	0.988	0.997	1.005	1.014	1.022	1.031	1.039	1.048	1.056
26.73	0.990	0.998	1.007	1.016	1.024	1.032	1.041	1.050	1.058
27.00	0.991	1.000	1.008	1.017	1.026	1.034	1.043	1.051	1.060
27.27	0.993	1.002	1.010	1.019	1.027	1.036	1.044	1.053	1.061
27.54	0.995	1.003	1.012	1.021	1.029	1.038	1.046	1.055	1.063
27.81	0.996	1.005	1.013	1.022	1.031	1.039	1.048	1.056	1.065
28.08	0.998	1.007	1.015	1.024	1.032	1.041	1.049	1.058	1.067

敏感性分析结论：

①安全系数 Fos 与滑裂面凝聚力 C 和内摩擦角 φ 均呈正相关。

②滑裂面抗剪强度指标中，内摩擦角 φ 对滑体稳定性影响较凝聚力 C 大。内摩擦角 φ 的

正切值每提高 1%，安全系数 Fos 提高约 0.0073；凝聚力 C 每提高 1%，安全系数 Fos 仅提高 0.0016 左右。

③参数选取

由于滑坡滑带厚度在 23 m 左右，边坡安全系数对黏聚力不如对内摩擦角值敏感，因此可基本确定取 C 值为 27 kPa，对应安全系数在 1.000 ~ 1.030 时，内摩擦角为 24.83° ~ 25.61°。根据前缘稳定计算情况，取内摩擦角为 25.50°，相应 f 值为 0.477，滑带容重按地质专业建议选取。

（3）稳定性计算

由于滑坡前缘已经失稳，局部坡比较陡，稳定状态相对较差，坡体前缘沿公路砌筑 2 m 高混凝土挡墙，挡墙内侧设置高 5 m 的钢筋石笼护坡脚，然后按坡比 1∶1.75 石渣回填修坡（局部需清挖），每 20 m 高设置一道 2 m 宽的马道，坡面采用植被护坡，边坡稳定计算参数见表 6-9。

表 6-9 稳定计算参数表

岩(土)体参数		残坡积及崩塌堆积层	强风化带	石渣
计算参数	湿容重(kN/m³)	21.0	23.0	19.0
	饱和容重(kN/m³)	24.0	25.0	21.0
	C(kPa)	27.0	50.0	5.0
	φ(°)	25.5	26.6	33.0

说明：强风化带参数取高值。

勘测地下水位枯水期低于滑面，由于没有监测资料，溇水流域暴雨强度较大，最大日降水量达 273 mm/d。本滑坡体上下游均有冲沟发育，地下水排泄条件较好，坡外补给少，滑坡周边设置截水沟，滑坡体地水下位主要受降水补给。基于以上条件假定，滑坡土体暴雨季节空隙占 10%，强降水致使水面抬升至推测滑面以上 2.73 m，较勘测水位抬升了 6 ~ 7 m。

计算分别采用圆弧形滑面及折线形滑面进行，搜索相应稳定系数见表 6-10，按滑面形状分别进行各种工况计算。

表 6-10 稳定计算结果表

工况及滑面类型		安全系数	目标安全系数	剩余下滑力(kN/m)
持久设计工况	折线形滑面	1.068	1.15	2724
	圆弧形滑面	1.114	1.15	—
短暂设计工况	折线形滑面	1.028	1.10	2452
	圆弧形滑面	1.096	1.10	—
偶然设计工况	折线形滑面	1.039	1.05	223
	圆弧形滑面	1.082	1.05	—

地下水参数：按地下水位在土石分界面上 2.73 m。

地震作用参数：地震水平加速度取 0.05 g，地震重要性系数取 1.00，地震综合作用系数取 0.25，地震作用于土条重心处，水平加速度分布按矩形分布。

结论：

① 本滑坡为土质滑坡，滑裂面沿土石分界面的折线形滑面在各工况下计算的安全系数均为最低，折线形滑裂面为边坡控制滑裂面，且与边坡上不同高程多组拉张裂隙的特征相符；圆弧形滑裂面多为局部滑面，安全系数偏高，不作为控制性滑面。

② 坡脚压脚起到良好效果，使边坡的稳定系数在持久工况下由 1.026 提高至 1.068，但尚达不到设计目标值，因此除了压脚处理措施外尚需增加其他加固措施。

③ 持久设计工况为边坡加固力的控制工况，最大剩余下滑力为 2724 kN/m。

6.6.4 边坡排水设计

由于上游侧冲沟存在，坡体内地下水在降水后能迅速排泄，枯水期地下水位线相对较低，基本不影响滑面，因此谢家岭滑坡排水措施主要考虑坡面排水。

通过设置坡面排水沟，将地表水引至上游冲沟。外围截水沟设置在滑坡体或老滑坡后缘最远处裂隙 5 m 以外的稳定斜坡面上，平面上依地形而定。沟底比降无特殊要求，以顺利排除拦截地表水为原则。坡面高程每隔 30 m 左右设置一道排水沟，同时可采用"人"字形排水沟连接上下两级排水沟，在坡面形成排水沟网。

排水工程设计应在滑坡防治总体方案基础上，结合工程地质、地下水及降雨条件，研究地表排水、地下排水及其二者相结合方案。边坡排水量可按 20 年一遇降雨强度和泄洪雾雨强度综合比较进行设计。

综合考虑本滑坡特点，排水流量强度按雾雨强度为 9.25 mm/h 计算。地表排水工程设计频率、地表水汇流量计算可根据中国水利科学院水文研究所小汇水面积设计流量公式计算。计算公式为：

$$Q_P = 0.278\varphi S_P F/\tau^n \qquad (6-68)$$

式中：Q_p——设计频率地表水汇流量，m^3/s；

S_p——设计降雨雨强，mm/h；

τ——流域汇流时间，h；

φ——径流系数，建议值 0.8；

n——降雨强度衰减系数；

F——汇水面积，km^2。

周边截水沟汇水面积约为 20000 m^2，流量为 0.041 m^3/s，排水沟汇水面积按 5000 m^2 计，流量为 0.01 m^3/s。

地表排水工程水力设计，应首先对排水系统各主、支沟段控制的汇流面积进行分割计算，并根据设计降雨强度、校核标准分别计算各主、支沟段汇流量和输水量，在此基础上确定排水沟断面或校核已有排水沟过流能力。

排水沟过流量计算公式为：

$$Q = AC\sqrt{Ri} \qquad (6-69)$$

$$C = R^{\frac{1}{6}}/n \qquad (6-70)$$

式中：Q——过流量，m^3/s；

$\quad\quad R$——水力半径，m；

$\quad\quad i$——水力坡降，(°)；

$\quad\quad A$——过流断面面积，m^2；

$\quad\quad C$——流速系数，m/s；

$\quad\quad n$——降雨强度衰减系数。

经计算周边截水沟净截面积为 800 mm × 800 mm，坡面排水沟净截面积为 500 mm × 500 mm。

6.6.5 边坡加固方案

根据滑坡体或变形岩土体的地形地质情况，治理设计除了要求作好坡面防护以外，还应着重研究以下加固方案，并进行经济比选：①压脚护坡方案；②抗滑桩方案；③格构锚固方案。

1. 压脚护坡方案

由于谢家岭滑坡体前缘局部已经失稳，失稳后局部稳定状态较差，必须进行清理，方可实施其他加固措施。

坡体前缘公路砌筑 2 m 高混凝土挡墙，挡墙内侧设置高 5 m 的钢筋石笼护坡脚，然后按坡比 1:1.75 石渣回填修坡（局部需清挖），每 20 m 高设置一道 2 m 宽的马道，坡面采用植被护坡或喷混凝土护坡，该方案较为经济合理，江坪河水电站边坡开挖石渣料丰富，不需单独开采，即可解决弃渣问题。但由于地形限制，堆渣压脚后尚无法达到边坡稳定设计值，还需研究其他加固措施。

2. 抗滑桩方案

谢家岭滑坡为第四系堆积物滑坡，滑面基本沿土石分界面，滑带及边界清晰，下盘岩石为炭质灰岩及泥灰岩，强风化层厚度不大，采用刚度较大抗滑桩加固边坡，有较高的可靠性，为改善抗滑桩的受力状态，桩顶可布置一束 2000 kN 级的预应力锚索。

（1）抗滑桩的布置

抗滑桩一般布置于滑坡体厚度较薄、推力较小，且嵌岩段地基强度较高地段。

滑坡堆力作用下抗滑桩属于压弯构件。谢家岭滑坡属于散体结构，抗滑桩宜布置成一条直线，抗滑桩间距不宜过大，根据边坡剩余下滑力情况，在边坡中下部布置 10 根抗滑桩，抗滑桩截面 2.5 m × 3.7 m，桩间距 8 m（中对中），桩顶布置一束 2000 kN 级预应力锚索，俯倾角 10°。桩体长度包括受荷段和锚固段，桩顶可以略低于地面。锚固长度取决于两个方面：

①下盘岩(土)体的性状，下部基岩为泥灰岩、薄层灰岩，岩体较为完整，但由于岩体强度及变形模量不高，软化系数低，桩体锚固度不宜过短，以防在桩底形成新的滑动面，桩底计算时按铰支承处理。

②抗滑桩属于被动支护，桩顶设置预应力锚索，为保证抗滑桩与锚索联合受力，抗滑桩支护后变形体变形不能过大。预应力锚索采用高强低松驰钢绞线，70% 的屈服强度张拉伸长率为 2.5%，屈服强度伸长率为 3.5%，因此桩顶最大位移不宜超过 0.3 m。

参考 SJG 05－96《深圳地区建筑深基坑技术规范》等相关资料，桩顶位移一般控制在

0.01 ht(ht 为抗滑桩的全长)，当周边建筑物对抗滑桩变形较敏感时，则应控制在 0.005 ht，结合本工程的具体情况，桩顶变形控制在 0.005 ht。综合考虑，桩嵌固段长度为桩长的 1/3。滑桩按排布置，抗滑桩几何参数见表 6 – 11。

表 6 – 11　抗滑桩参数表

抗滑桩编号	桩顶高程(m)	推滑底滑面高程(m)	嵌固段长(m)	桩长(m)
KHZ1	383.00	365.57	12.57	30.00
KHZ2	384.00	365.48	12.48	31.00
KHZ3	386.00	365.86	12.83	33.00
KHZ4	389.00	366.44	12.42	35.00
KHZ5	390.00	367.35	12.35	35.00
KHZ6	391.50	368.72	12.22	35.00
KHZ7	393.50	370.62	12.12	35.00
KHZ8	395.00	372.68	12.68	35.00
KHZ9	395.00	374.77	13.77	34.00
KHZ10	395.00	376.88	13.89	32.00
KHZ11	395.00	379.04	15.04	31.00

（2）抗滑桩的构造

为保护环境，桩顶宜埋置于地面以下 0.5 ~ 1 m，桩顶部采用黏土回填至坡面，并夯实。桩身混凝土可采用 C30 普通混凝土。水泥宜采用普通硅酸盐水泥，可根据施工时变形体变形情况，适当添加早强剂。纵向受拉钢筋应采用 Ⅱ 级以上的带肋钢筋。纵向受拉钢筋直径应大于 16 mm。净距应为 120 ~ 250 mm，配筋困难时可适当减少，但不得小于 60 mm。如用束筋时，每束不多于 3 根。如配置单排钢筋有困难时，可设置 2 排或 3 排，排距 180 mm。钢筋笼的混凝土保护层应大于 50 mm。

（3）抗滑桩推力的计算

依照平面刚体极限平衡法计算滑坡达到设计稳定系数时所需的支护力，作用于抗滑桩上。持久工况滑坡剩余下滑力达 2724 kN，由于滑坡推力基本平行于底滑面，按底滑面倾角为 26° 计其水平力分量为 2427 kN，桩体截面巨大，竖向力分量一般对桩体受力有利，忽略不计。由于滑坡体为碎石土，滑坡推力按三角形分布计算。

抗滑桩内力计算：

抗滑桩受荷段桩身内力应根据滑坡推力和阻力计算，嵌固段桩身内力根据滑面处的弯矩和剪力按文克尔地基计算。抗滑桩嵌固段地基水平抗力系数按下式计算：

$$K = m(y + y_0)^n \tag{6 – 71}$$

式中：K——嵌固段地基系数，kN/m^3；

　　　m——地基系数随深度变化的比例系数；

　　　n——与岩土特性有关的参数；

y——抗滑桩桩前滑体厚度，m；

y_0——嵌固段底端距滑面深度，m。

地基系数与滑床岩体性质相关，可概括为下列情况：

①K 法：地基系数为常数 K，即 $n=0$。滑床为较完整的岩质和硬黏土层。

②m 法：地基系数随深度呈线性增加，即 $n=1$，$K=my$。滑床为硬塑—半坚硬的砂黏土、碎石土或风化破碎成土状的软质岩层。

③C 法：K 值随深度为外凸的抛物线，$0<n<1$。

本工程下盘岩体为强风化或弱风化基岩，按 K 法进行计算，由于底滑面沿土石分界面，前缘不能够提供抗力土体，按悬臂桩计算。参照 DL/T – 5353—2006《水电水利边坡设计规范》及 DZ/T 0219—2006《滑坡防治工程设计与施工技术规范》，抗滑地基系数 K 的取值：0.25×10^6 kN/m³。

根据抗滑桩的变形系数判断抗滑桩属于刚性桩还是弹性桩，按以下计算式判断：

抗滑桩嵌固段的极限承载能力与桩的弹性模量、截面惯性矩和地基系数相关。在进行内力计算时，须判定抗滑桩属刚性桩还是弹性桩，以选取适当的内力计算公式。判定式如下：

按"K"法计算，桩的变形系数为 $\beta(\text{m}^{-1})$：

$$\beta = \left(\frac{KB_{\text{P}}}{4EI}\right)^{1/4} \tag{6-72}$$

式中：K——地基系数，kN/m³，0.25×10^6 kN/m³；

B_{P}——桩正面计算宽度，m，矩形桩 $B_{\text{P}} = B+1$，本工程抗滑桩取 3.5 m；

E——桩的弹性模量，kPa，C30 混凝土，取 3.0×10^7 kPa；

I——桩的截面惯性矩，m⁴，10.55 m⁴。

判别条件：当 $\beta h_2 \leq 1.0$，属刚性桩；当 $\beta h_2 > 1.0$，属弹性桩。

$$\beta = 0.162$$

当抗滑桩嵌固段长度大于 6.17 m 时，即按弹性桩计算，本工程所设计抗滑桩嵌固段长度一般为 10~12 m，均按弹性桩计算。

桩身内力可按下式计算：

$$\{[K_{\text{Z}}] + [K_{\text{T}}] + [K_{\text{T}_0}]\}\{\delta\} = \{P\} \tag{6-73}$$

式中：$[K_{\text{Z}}]$——抗滑桩的弹性刚度矩阵；

$[K_{\text{T}}]$——滑坡面以下土体的弹性刚度矩阵；

$[K_{\text{T}_0}]$——滑坡面以下土体的初始弹性刚度矩阵；

$\{\delta\}$——抗滑桩的位移矩阵；

$\{p\}$——抗滑桩的荷载矩阵。

桩顶最大变形为 112 mm，满足桩顶位移 175 mm 的要求，计算结果见表 6-12。

表 6-12 抗滑桩内力计算表

点号	距顶距离（m）	弯矩（kN·m）	剪力（kN）	位移（mm）	土反力（kPa）
1	0.00	0	0	-112	0
2	1.31	-955.112	1882.932	-106.16	0

续表 6 – 12

点号	距顶距离(m)	弯矩(kN·m)	剪力(kN)	位移(mm)	土反力(kPa)
3	2.31	– 2786.741	1732.585	– 101.64	0
4	3.32	– 4424.299	1498.368	– 97.1	0
5	4.33	– 5783.136	1180.281	– 92.56	0
6	5.34	– 6778.604	778.325	– 87.99	0
7	6.35	– 7326.05	292.499	– 83.41	0
8	7.36	– 7340.826	– 277.197	– 78.8	0
9	8.37	– 6738.282	– 930.763	– 74.16	0
10	9.38	– 5433.768	– 1668.198	– 69.51	0
11	10.39	– 3342.634	– 2489.503	– 64.83	0
12	11.40	– 380.23	– 3394.677	– 60.15	0
13	12.41	3538.097	– 4383.722	– 55.47	0
14	13.42	8496.99	– 5456.636	– 50.8	0
15	14.43	14581.103	– 6613.42	– 46.15	0
16	15.44	21875.084	– 7854.073	– 41.55	0
17	16.44	30463.594	– 9178.598	– 37.03	0
18	17.45	40431.266	– 10586.99	– 32.6	0
19	18.46	51862.754	– 12079.253	– 28.3	0
20	19.47	64842.715	– 13655.385	– 24.17	0
21	20.48	79455.789	– 15315.387	– 20.25	0
22	21.49	95786.633	– 17059.258	– 16.58	0
23	22.50	113841.305	– 18419.584	– 13.23	– 1645.88
24	23.50	126808.383	– 8163.475	– 10.26	– 2565.53
25	24.50	130774.305	– 330.238	– 7.69	– 1923.38
26	25.50	127985.836	5435.163	– 5.54	– 1383.95
27	26.50	120331.477	9489.65	– 3.78	– 945.189
28	27.50	109348.188	12175.916	– 2.4	– 601.178
29	28.50	96241.898	13811.049	– 1.37	– 343.344
30	29.50	81917.297	14678.972	– 0.65	– 161.412
31	30.50	67013.602	15025.788	– 0.18	– 44.122
32	31.50	51943.906	15057.27	0.08	20.261
33	32.50	36936.152	14937.803	0.17	43.62
34	33.50	22074.684	14790.227	0.15	37.798
35	34.50	7341.695	14696.107	0.06	14.533
36	35.00	0	7341.695	0	0

（4）抗滑桩稳定性及地基承载力计算

抗滑桩的稳定性与嵌固段长度、桩间距、桩截面宽度，与滑床岩土体强度有关，由于岩体为三向受力状态，其抗压强度较双向受压有所提高，参考铁道部第二勘测设计研究院科学技术研究所《抗滑桩设计与计算参考资料》，桩身作用于围岩的侧向应力，其容许值 σ_{max} 按下式计算：

$$\sigma_{max} \leqslant KCR \tag{6-71}$$

式中：σ_{max}——嵌固段围岩最大侧向压力值，MPa；

　　K——根据岩层构造在水平方向的岩石容许承载力换算系数，取 $0.5 \sim 1.0$；

　　C——折减系数，根据岩石的裂隙、风化及软化程度，取 $0.3 \sim 0.5$；

　　R——岩石单轴抗压极限强度，MPa。

根据岩石力学试验，试块饱和抗压强度平均值为 $10 \sim 20$ MPa，嵌固段为强风化及弱风化层，取 15 MPa，构造发育，K 值取 0.5，C 值取 0.4，$\sigma_{max} \leqslant 3$ MPa。

计算结果表明，抗滑桩最大侧向压应力为 2.57 MPa，满足基础应力要求。

（5）抗滑桩配筋计算

抗滑桩配筋及抗滑桩内力按 DL/T 5057—1998《水工混凝土结构设计规范》配筋计算，抗滑桩桩顶变形按桩长的 0.5% 控制。

矩形抗滑桩纵向受拉钢筋配置数量应根据弯矩图分段确定，其截面积按如下公式计算：

$$A_S = \frac{K_1 M}{r_s f_y h_0} \tag{6-75}$$

或

$$A_S = \frac{K_1 \xi f_{cm} b h_0}{f_y} \tag{6-76}$$

α_S、ξ、γ_S 计算系数由下式给定：

$$\alpha_S = \frac{K_1 M}{f_{cm} b h_0^2} \tag{6-77}$$

$$\xi = 1 - \sqrt{1 - 2\alpha_S} \tag{6-78}$$

$$\gamma_S = \frac{1 + \sqrt{1 - 2\alpha_S}}{2} \tag{6-79}$$

式中：A_S——纵向受拉钢筋截面面积，mm^2；

　　M——抗滑桩设计弯矩，N·mm；

　　f_y——受拉钢筋抗拉强度设计值，N/mm^2；

　　f_{cm}——砼弯曲抗压强度设计值，N/mm^2；

　　h_0——抗滑桩截面有效高度，mm；

　　b——抗滑桩截面宽度，mm；

　　K_1——抗滑桩受弯强度设计安全系数，取 1.2。

矩形抗滑桩应进行斜截面抗剪强度验算，以确定箍筋的配置，可按如下公式计算：

$$V_{CS} = 0.07 f_c b h_0 + 1.5 f_{yv} \frac{A_{SV}}{s} h_0 \tag{6-80}$$

且要求满足条件

$$0.25f_c b h_0 \geq K_2 V \tag{6-81}$$

式中：V——抗滑桩设计剪力，N；

  V_{CS}——抗滑桩斜截面上砼和箍筋受剪承载力，N；

  f_c——砼轴心抗压设计强度值，N/mm²；

  f_{yv}——箍筋抗拉设计强度设计值，N/mm²，取值不大于 310 N/mm²；

  h_0——抗滑桩截面有效高度，mm；

  b——抗滑桩截面宽度，mm；

  A_{SV}——配置在同一截面内箍筋的全部截面面积，mm；

  s——抗滑桩箍筋间距，mm；

  K_2——抗滑桩斜截面受剪强度设计安全系数，取 1.3。

表 6-13 抗滑桩配筋计算表

点号	距顶距离（m）	面侧纵筋（mm²）	背侧纵筋（mm²）	箍筋（mm²）
1	0.00	18500	18500	572
2	1.31	18500	18500	572
3	2.31	18500	18500	572
4	3.32	18500	18500	572
5	4.33	18500	18500	572
6	5.34	18500	18500	572
7	6.35	18500	18500	572
8	7.36	18500	18500	572
9	8.37	18500	18500	572
10	9.38	18500	18500	572
11	10.39	18500	18500	572
12	11.40	18500	18500	572
13	12.41	18500	18500	572
14	13.42	18500	18500	572
15	14.43	18500	18500	572
16	15.44	18500	18500	572
17	16.44	18500	23297	572
18	17.45	18500	31036	572
19	18.46	18500	40127	572
20	19.47	18500	50751	652
21	20.48	18500	63135	894
22	21.49	18500	77569	1148

续表 6－13

点号	距顶距离（m）	面侧纵筋（mm²）	背侧纵筋（mm²）	箍筋（mm²）
23	22.50	18500	94367	1346
24	23.50	18500	107062	572
25	24.50	18500	111064	572
26	25.50	18500	108244	572
27	26.50	18500	100649	572
28	27.50	18500	90096	572
29	28.50	18500	77981	675
30	29.50	18500	65268	801
31	30.50	18500	52562	852
32	31.50	18500	40192	856
33	32.50	18500	28303	839
34	33.50	18500	18500	818
35	34.50	18500	18500	804
36	35.00	18500	18500	572

说明：箍筋间距 200 mm。

（6）抗滑桩方案工程量

抗滑桩方案与压脚护坡方案工程量见表 6－14。

表 6－14　抗滑桩与压脚护坡主要工程量表

项目		工程量	备注
压脚护坡	土方明挖（m³）	7400	钢筋石笼基础、坡面腐质土清挖
	钢筋石笼（m³）	3600	
	回填石渣（m³）	19787	
抗滑桩及锚索	抗滑桩竖井开挖（m³）	4439	
	混凝土 C30（m³）	3386	桩身混凝土
	护壁混凝土 C15（m³）	999	护壁及锁口
	钢筋制安（t）	326.69	主要受力筋采用Ⅲ级钢，箍筋及构造筋采用Ⅱ级钢
	2000 kN 预应力锚索（黏结式）（束）	10	长度 50～60 m
	2000 kN 预应力锚索（无黏结式）（束）	1	长度 50～60 m，监测锚索

续表 6 – 14

	项目	工程量	备注
截（排）水沟	土石方槽挖（m³）	2764	
	混凝土 C20（m³）	1024	
坡面平整	地表裂隙封闭、局部平整（项）	1	

为减少耕作地表水入渗，建议坡面农作物种植为旱地作物，居民生活用水合理排放。

3. 格构锚固方案

预应力锚索是对滑坡体主动抗滑的一种技术。通过施加预应力，增强滑带的法向应力和减少滑体下滑力，有效地增强滑坡体的稳定性。由于滑坡体为堆积层或土质滑坡，预应力锚索应与钢筋混凝土梁、格构组合作用。

格构锚固技术是利用浆砌块石、现浇钢筋混凝土或预制预应力混凝土进行坡面防护，并利用锚杆或锚索固定的一种滑坡综合防护措施。滑坡稳定性差，且坡度较陡，当滑坡稳定性差，且滑坡体较厚，下滑力较大时，可采用混凝土格构 + 预应力锚索进行防护，并须穿过滑带对滑坡阻滑。

采用格构锚固技术进行边坡加固时，应根据滑坡推力或所需支护力，计算所需锚索的数量，布置锚索，根据锚索布置情况设计格构。

（1）锚索的布置

根据地形地质和潜在滑面的埋藏情况，在保证提供等效总锚固力的前提下，尽量将锚索均匀布置在滑面埋藏较浅或下盘岩体完整的地段。由于坡体为松散结构，锚索吨位不宜过大，根据工程经验，锚索采用 1500kN 级，俯倾角 10°，锚索间距 6 m，锚索长度 50 ~ 60 m。

锚索所提供的抗滑力可分为两部分，滑面平行分量，直接提供抗滑力，滑面法向分力，增加滑面的正应力，增大摩擦力来提供抗滑力。底滑面角度按 26° 计算，单根锚索可提供的抗滑力为：

$$1500 \text{ kN}/6 \text{ m} \times \cos(10° + 26°) + 1500 \text{ kN}/6 \text{ m} \times \sin(10° + 26°) \times \tan(25.5°) = 280 \text{ kN/m}$$

边坡剩余下滑力为 2724 kN，需预应力锚索 9 排。

（2）格构设计

每榀格构尺寸为 12 m × 12 m，分别有横向纵向主梁各 2 根，主梁为 500 mm × 500 mm，次梁为 300 mm × 300 mm，在主梁节点处设置 1500 kN 级的预应力锚索，每榀格构共布置 4 束 1500 kN 级预应力锚索。

格构按文克尔弹性地基梁模型进行配筋计算。格构混凝采用混凝土 C25。

（3）格构方案工程量

格构工程量如表 6 – 15 所示。

表 6 – 15　主要工程量表

项目		工程量	备注
压脚护坡	土方明挖（m³）	7400	钢筋石笼基础、坡面腐质土清挖
	钢筋石笼（m³）	3600	
	回填石渣（m³）	19787	
格构及锚索	土方明挖（m³）	6048	格构部位腐质土清挖，坡面平整
	混凝土 C25（m³）	465.92	
	锚杆 Φ28，L = 9 m（根）	588	自钻式锚杆
	钢筋制安（t）	82.6	
	1500 kN 级预应力锚索（束）	112	长度 50 ~ 60 m，含监测锚索
截（排）水沟	土石方槽挖（m³）	2764	
	混凝土 C20（m³）	1024	
坡面平整	地表裂隙封闭、局部平整（项）	1	

4. 加固方案比选

由于谢家岭滑坡体前缘局部已经失稳，失稳后稳定状态较差。压脚方案较为经济合理，江坪河水电站边坡开挖石渣料丰富，不需单独开采，尚可解决弃渣问题。但由于地形限制，堆渣压脚后尚无法达到边坡稳定设计值，还需其他加固措施，目前主要比选方案为抗滑桩方案与格构锚固方案，见表 6 – 16。

表 6 – 16　加固方案对比表

比选参数	抗滑桩方案	格构锚固方案
优点	滑坡体为堆积物与基岩界面滑坡，滑带厚度不大，下盘岩体稳定性较好，适宜布置抗滑桩。抗滑桩为大截面压弯构件，再加上预应力锚索的作用，其受力合理，能充分发挥材料的强度 抗滑桩截面刚度较大，抗滑桩本身虽然为被动受力结构，但加上预应力锚索作用，已属于主动受力结构，能很好控制边坡变形。谢家岭滑坡体前缘局部已经失稳，失稳后局部稳定状态较差 本方案主要受力结构为抗滑桩，抗滑桩钢筋在混凝土的保护下，耐久性好，运行期基本上不需维护	施工快速，施工条件较好 下盘为基岩，内锚段处于良好位置，锚索质量及施工质量有一定保证 加固力分散布置，能有效防止次生滑坡的发生

续表 6-16

比选参数	抗滑桩方案	格构锚固方案
缺点	大截面抗滑桩竖井开挖施工相对较慢，在2007~2008年枯水期内完成，工期稍嫌紧张 抗滑桩竖井开挖，工作人员井下作业施工条件和安全性相对较差 加固力集中，有坡面局部滑塌风险	坡面自然地形为25°~30°，且为土质边坡，不利于发挥锚索预应力的优势 锚索工程量较大，布置困难 边坡为土质边坡，随着时间的推移，土体蠕变大，预应力损失严重 由于边坡为土质坡，锚索钻孔需采用跟管工艺。控制锚索质量有多个环节，内锚段、钢绞线、锚具、注浆等环节均影响锚索质量，质量控制困难 耐久性，抗外界干扰性较差

抗滑桩方案与格构锚固方案工程造价相比造价更高，但抗滑桩方案相对于格构锚固方案在技术上有很大优势，工期虽然有些紧张，但加强施工管理，优化施工程序，2008 年是可以完成的。抗滑桩布置于滑坡下部，失稳部位压渣防护，局部滑塌风险较小。施工安全问题主要通过施工人员的安全教育，严格按照规程施工，施工安全有一定保障。井下施工条件差，出渣、排烟、排水均有一定困难，但处理工程量不大，仅有 11 根抗滑桩，总体施工难度不大。经以上分析，推荐采用抗滑桩方案。

6.6.6　滑坡防治监测

本区域滑坡体关系到江坪河水电站的施工及运行，必须建立完善的监测及预警机制，以保证电站施工期施工人员及设备安全，运行期枢纽运行安全。

滑坡防治监测包括施工安全监测、防治效果监测和动态长期监测。应以施工安全监测和防治效果监测为主，所布网点应可供长期监测利用。在施工期间，监测结果应作为判断滑坡稳定状态、指导施工、反馈设计和防治效果检验的重要依据。

建立地表与深部相结合的综合立体监测网，并与长期监测相结合；滑坡监测方法的确定、仪器的选择，既要考虑到能反映滑坡体的变形动态，又要考虑到仪器维护方便和节省投资。滑坡监测系统包括仪器安装，数据采集、传输和存储，数据处理，预测预报等。所采用的监测仪器必须具有仪器生产准许证，产品质量合格。使用前，须经过国家有关计量部门标定，并具有相应的质检报告。

1. 施工期监测

施工安全监测对滑坡体进行实时监控，以了解由于工程扰动等因素对滑坡体的影响，并及时指导工程实施、调整工程部署、安排施工进度等。监测点应布置在滑坡体稳定性差，或工程扰动大的部位，力求形成完整的剖面，采用多种手段互相验证和补充。施工期监测项目包括地面变形监测、地表裂隙监测、滑体深部位移监测、地下水位监测、孔隙水压力监测、地应力监测等内容，同时还应加强坡面巡视。施工安全监测原则上采用 24 h 自动定时观测方式进行，以使监测信息能及时反映滑坡体变形破坏特征，供有关方面作出决断。防治效果监测将结合施工安全和长期监测进行，以了解工程实施后，滑坡体的变化特征，为工程的竣工验收提供科学依据。

2. 完建期监测

本滑坡治理完建期江坪河水电站主体开始施工，大量建筑材料的运输需从坡脚通过，必需加强监测，以确保过往行人及车辆安全。

3. 滑坡防治监测方法

滑坡监测内容一般包括：地表大地变形监测、地表裂隙位错监测、地面倾斜监测、建筑物变形监测、滑坡裂隙多点位移监测、滑坡深部位移监测、地下水监测、孔隙水压力监测、滑坡地应力监测等。应建立地表与深部相结合的综合立体监测网。

地表大地变形监测是滑坡监测中常用的方法。采用经纬仪、全站仪、GPS 等测量仪器了解滑坡体水平位移、垂直位移以及变化速率。点位误差要求不超过 ±2.6 ~ 5.4 mm，水准测量每公里中误差小于 ±1.0 ~ 1.5 mm。对于土质滑坡，精度可适当降低，但要求水准测量每公里中误差不超过 ±3.0 mm。

地表裂隙位错监测将了解地裂隙伸缩变化和位错情况。采用伸缩仪、位移计，或千分卡直接测量。测量精度 0.1 ~ 1.0 mm。

地下水动态监测以了解地下水位为主，可进行地下水孔隙水压力、扬压力、动水压力及地下水水质监测。

滑坡深部位移监测是监测滑坡体整体变形的重要方法，用以指导防治工程的实施和效果检验。采用钻孔倾斜仪了解滑坡深部，特别是滑带的位移情况。系统总精度不超过 ±5 mm/15 m。

锚索测力计用于预应力锚索监测，以了解预应力动态变化和锚索的长期工作性能，为工程实施提供依据。采用轮幅式压力传感器、钢弦式压力盒、应变式压力盒、液压式压力盒进行监测。长期监测的锚杆数不少于总数的 5%。

压力盒用于抗滑桩受力和滑带承重阻滑受力监测，以了解滑坡体传递给支挡工程的压力。压力传感器依据结构和测量原理区分，类型繁多，使用中应考虑传感器的量程与精度、稳定性、抗震及抗冲击性能、密封性等因素。

6.6.7　施工组织设计 (略)

6.6.8　施工技术要求

1. 压脚护坡

压脚钢筋石笼施工前应先将滑坡前缘滑塌泥土清理干净，钢筋石笼可采用钢筋焊接，亦可采用定型产品，钢筋笼中应选质地坚硬的块石填充密实。压脚石渣应采用边坡或硐室弱风化料，泥含量不应大于 15%，填筑后宜采用机具压实。

2. 抗滑桩及锚索

抗滑桩施工包括施工准备、桩孔开挖、地下水处理、护壁、钢筋笼制作与安装、混凝土灌注及混凝土养护等施工工序。施工前应按工程要求进行备料，修建施工平台，井内外设置足够的照明设备，平整孔口施工场地，配备足够的井内排水设施和井内通风设施，并做好施工区的地表截、排水及防渗工作等施工准备。

抗滑桩开挖及临时支护循环程序为：施工放样→钻孔→爆破→通风散烟→出渣及井壁修整→立模→浇筑护壁早强混凝土→进入下一循环施工。

桩孔开挖以人工开挖为主，桩孔采用分序间隔方式开挖，每次间隔 1~2 孔，可根据施工单位施工能力自行调整，前序抗滑桩混凝土浇筑完成 7 天后进行后序抗滑桩的开挖施工。按由浅至深，由两侧向中间的顺序施工。表面松散层段采用人工开挖，孔口做锁口处理，桩孔身作护壁处理。基岩或坚硬孤石段采用人工钻孔爆破方式，为防止爆破振动造成塌孔和周边已完成的桩体破坏，应采用少药量、多炮眼的松动爆破方式，并进行爆破监测，爆破质点震动速度控制在 2.5 m/s 以内。开挖基本成型后再人工刻凿孔壁至设计尺寸。由于地质条件差，抗滑桩井室高度大，井室开挖采用分层掘进的方法，一次最大开挖高度以不超过 1 m 为宜，并及时进行井壁支护，防止井壁出现塌垮现象。对于坍塌严重段应采用先注浆后开挖的方法。弃渣采用卷扬机吊起，吊出后立即运至指定的渣场，以免堆放在滑坡体上，防止诱发次生灾害。

开挖护壁采用现浇早强混凝土，混凝土强度达到设计强度的 70% 以上时，方可进行下一循环的施工，每开挖一段即护壁一节。为确保施工安全，对护壁钢筋混凝土采用型钢对撑等临时措施。

桩孔经检查合格后进行桩身混凝土灌注，桩身混凝土灌注要求连续进行，不留施工缝。混凝土通过串筒或导管注入桩孔，每连续灌注 0.5~0.7 m 时，插入振捣器振捣密实。对出露地表的抗滑桩及时派专人用麻袋、草帘加以覆盖并养护，养护期在 7 天以上。

桩顶预应力锚索在桩体混凝土达到设计强度的 70% 后开始施工，预应力锚索施工程序为：造孔→锚索加工→内锚固段固结灌浆→外锚墩打筑→锚索张拉段及外锚墩防腐处理→锚索张拉与锚固力锁定。

预应力锚索造孔采用 GLP-150 钻机钻孔，导槽人工下锚方式、分级张拉施工，SNS-200/10 注浆泵灌浆。

6.6.9 结论与建议

1. 主要结论

①谢家岭滑坡上下游冲沟发育，形成孤立的第四系坡积物山脊，在强降雨的情况下诱发前缘滑塌，整个坡体发生变形。从钻孔资料及计算分析结果来看，边坡属于沿土石分界面的滑坡。

②谢家岭滑坡位于江坪河水电站的下游，淋溪河水电站的库尾，公路由其下侧通过，滑坡方量较大，因此该边坡等级按照 DL/T 5353—2006《水电水利工程边坡设计规范》，按 B 类水库边坡Ⅱ级边坡设计。

③边坡岩土体参数根据地质专业建议参数，进行反演修正后，计算情况与坡体前缘滑塌、坡面裂隙发育特征基本一致，利用反演参数作为加固处理的依据是可信的。

④坡体上下游冲沟发育，地下水排泄条件良好，枯水期地下水位很低，排水措施以坡面截排水系统是合理的。

⑤边坡加固采用坡脚压脚、抗滑桩+预应力锚索方案，能够因地制宜、充分利用材料强度，技术上是可行的，经济上是良好的。

2. 建议

①应认真做好监测工作，重点监测位移、变形、地下水等情况。

②加强边坡支护处理施工组织工作，争取在 2008 年汛期前完成，确保工程安全。同时重

视监测资料的分析及信息反馈工作，及时调整和优化支护处理设计。

③谢家岭滑坡体主要支护手段采用抗滑桩，抗滑桩属于被动受力支护措施，滑坡体在加固施工完成后在坡面荷载变化时可能会发生一定量的变形，但变形应是收敛的，如果变形异常，应及时上报，并分析结果采取相应的应急措施。

④坡面巡视工作非常重要，巡视时发现坡面裂隙、截排水沟破坏时应及时上报，并及时组织对裂隙进行回填和截水沟的修复工作。

⑤为减少耕作地表水入渗，建议坡面农作物种植为旱地作物，居民生活用水合理排放。

思考题

1.试述典型滑坡的地形特征及发展过程？

2.试述滑坡监测系统设计的原则？

3.试述滑坡治理的要求？

4.试述防治崩滑流灾害的具体措施？

5.试述滑坡灾害的防治措施？

6.试述 SNS 系统的基本特征？

7.请论述长江三峡地区地质灾害的特点及危害？

8.按破坏形式、动力作用、物质组成和破坏速率等如何对地质灾害进行分类？

9.试述水库诱发地震的对策？

10.什么是崩塌？它与典型滑坡有何区别？

11.简述中国崩塌流灾害的特点？

12.崩塌滑坡和泥石流的关系？

13.滑坡是怎样形成的？需怎样监测和防治滑坡？

14.简述抗滑挡土墙类型、特点和适用条件？

15.简述抗滑挡土墙布置原则？

16.如何进行抗滑挡土墙的设计？

17.如何进行抗滑挡土墙的稳定性及强度验算？

18.简述抗滑挡土墙施工的注意事项？

第7章 地质灾害减灾体系与评价要求

7.1 地质灾害减灾体系

7.1.1 地质灾害易发区与危险区

1.地质灾害易发区

地质灾害易发区指容易产生地质灾害的区域。易发区只是一个相对的概念，灾种不同范围不同，有点、带、区的分别。如滑坡多为点，地面沉降、泥石流多为区，地裂隙多为带。易发区可演变成危险区或非易发区。

2.地质灾害危险区

地质灾害危险区指明显可能发生地质灾害且将造成较多人员伤亡和较大经济损失的地区。

3.地质灾害点

地质灾害点指已发生的灾害体，发生了人员伤亡、经济损失。

4.地质灾害隐患点

地质灾害隐患点指地面、房屋出现开裂，未产生直接损失；但存在潜在损失，是防灾重点。

7.1.2 地质灾害防治职责

《地质灾害防治条例》规定的职责：

①政府：统一领导。

②国土资源：组织、协调、指导、监督。

③其他部门：按各自职责负责有关防治工作。

④部队：协助政府做好抢险救灾，是安全稳定和经济社会发展的一支重要力量。

7.1.3 减灾防灾工作内容

《地质灾害防治条例》(以下简称《条例》)规定的减灾防灾工作内容：

1.四项任务

规划、预防、应急、治理。

2.七项工作

地质灾害防治规划；年度防治方案；地质灾害危险性评估；突发性地质灾害应急预案；地质灾害险情巡查、报告、抢险救灾；划定地质灾害危险区；组织实施政府投资的地质灾害治理工程。

3.十六项制度

地质灾害调查(一项)；地质灾害规划(一项)；地质灾害预防(五项)；地质灾害应急(五项)；地质灾害治理(四项)。

7.1.4　政府应着重做好的几项工作

1.各级人民政府应将地质灾害防治经费纳入财政预算

《条例》规定：因自然因素造成的地质灾害，由政府纳入财政预算。因工程建设等人为活动引发的地质灾害，按照谁引发、谁治理的原则由责任单位承担。

2.年度地质灾害防治方案

它是消除隐患的计划。按照本级政府批准的"地质灾害防治规划"进行编制。

3.地质灾害隐患点防灾预案

它是防范突发事件的实施细则。隐患点防灾预案是根据地质灾害点类型、特征，威胁对象、范围，制定了人员、财产转移路线；确定责任人、预警信号、监测、值班、巡查等制度。

4.制定地质灾害抢险救灾应急预案、编制与批准

它是应对突发性地质灾害的行动方案。

由各级国土资源主管部门会同同级建设、水利、铁路、交通等部门编制；本级人民政府批准发布。

应急预案的启动：发生特大型和大型地质灾害时，国务院及省政府成立抢险救灾指挥部，启动省级应急预案；发生中型地质灾害时，地级政府(行署)成立抢险救灾指挥部，启动地级应急预案；发生小型地质灾害，县级政府成立抢险救灾指挥部，启动县级应急预案。

注意：无论发生哪种灾害，启动县级应急预案是首要的。

抢险救灾原则：应当遵循政府统一领导、部门各负其责的原则。

7.1.5　灾情处置

1.速报

(1)地质灾害灾情(伤亡)报告要求

1日报告：对于6人以下死亡和失踪的中型地质灾害灾情，省级国土资源主管部门应在接到报告后1日内上报国土资源部。

6 h报告：对于6人(含)以上死亡和失踪的中型地质灾害灾情和避免10人(含)以上死亡的，省级国土资源主管部门应在接到报告后6 h内上报国土资源部。

1 h报告：对于特大型、大型地质灾害灾情和险情，灾害发生地的省级国土资源主管部门应在接到报告后1 h内上报国土资源部。

(2)地质灾害隐患险情报告要求

中、小型：2日内将险情和采取的应急防治措施上报地级国土资源部门。

特大、大型：2日内将险情和采取的应急防治措施同时上报省、地级国土资源部门。

2. 紧急处理

（1）非工程措施

根据地质灾害险情状况，应及时采取临时紧急避让和永久性搬迁措施。国土资源行政主管部门应协助当地政府和民政部门做好该项工作。

（2）应急工程处理措施

当地质灾害出现险情，在预警的同时，采取迅速有效的措施减缓地质灾害的破坏过程。如对于滑坡可采用塑料布覆盖、黏土回填地表裂隙、修临时排水沟、前缘压脚、后缘减载等措施。

3. 地质灾害危险区管理

应在周界设立警示标志。

要求：灾害体未得到有效治理，威胁尚未解除前，危险区内禁止开展任何建设活动；禁止任何可能加剧、诱发地质灾害的活动。

4. 突发性地质灾害应急预案的启动与实施

①上下联动：隐患点一旦出现发生灾害的前兆特征和险情，或发生灾害后，接到报告的县级人民政府应当及时启动和组织实施本级地质灾害应急预案，并通知村委会、居委会及时将可能成灾范围内的人员、财产转移到指定的安全地区；开展灾情调查、请求支援、抢险救灾、转移安置、应急保障、灾后重建等各项抢险救灾活动。

②动员与强制结合：我国社会经济发展不平衡，地质灾害又多发生于老、少、边、穷地区，部分群众在灾害发生时，仍然存在抢救其财产的侥幸心理。为确保人民群众生命安全，情况紧急时，抢险救灾机构人员可以实行强制措施。这体现了以人为本、救人高于一切的精神。

7.2 地质灾害危险性评估技术要求

7.2.1 地质灾害危险性评估技术要求（试行）（国土资发［2004］69号）

2004年3月25日国土资源部签发《关于加强地质灾害危险性评估工作的通知》（国土资发［2004］69号），并同时更新了《地质灾害危险性评估技术要求》（试行），并从签发之日起执行。

2005年5月20日中华人民共和国国土资源部部长孙文盛签发《地质灾害危险性评估单位资质管理办法》（第29号），自2005年7月1日起施行。

关于做好2006年地质灾害防治工作的通知（国土资发［2006］42号），2006年3月14日。地质灾害勘查设计施工监测等规范2006年9月1日开始实施。

地质灾害危险性评估技术要求提要：

1. 范围

2. 定义

3. 总则

4. 工作程序

5. 评估范围与级别

6. 技术要求

7. 地质灾害调查与地质环境条件分析

8. 地质灾害危险性评估

9. 成果提交

1. 范围

1.1 技术要求规定了地质灾害危险性评估的原则、不同阶段地质灾害危险性评估的内容、要求、方法和程序。

1.2 本技术要求适用于在全国地质灾害易发区内进行各类建设工程时的地质灾害危险性评估以及在全国地质灾害易发区内进行城市总体规划、村庄和集镇规划时的地质灾害危险性评估。

2. 定义

本技术要求采用下列定义：

2.1 地质灾害：指包括自然因素或者人为活动引发的危害人民生命和财产安全的山体崩塌、滑坡、泥石流、地面塌陷、地裂隙、地面沉降等与地质作用有关的灾害。

2.2 地质灾害易发区：指容易产生地质灾害的区域。

2.3 地质灾害危险区：指明显可能发生地质灾害且将可能造成较多人员伤亡和严重经济损失的地区。

2.4 地质灾害危害程度：指地质灾害造成的人员伤亡、经济损失与生态环境破坏的程度。

3. 总则

3.1 为贯彻落实《地质灾害防治条例》（国务院令第 394 号）和《国务院办公厅转发国土资源部、建设部关于加强地质灾害防治工作意见的通知》（国办发〔2001〕35 号）的精神，规范全国建设工程和规划区地质灾害危险性评估工作，特制定《地质灾害危险性评估技术要求》。

3.2 在地质灾害易发区内进行工程建设，必须在可行性研究阶段进行地质灾害危险性评估；在地质灾害易发区内进行城市总体规划、村庄和集镇规划时，必须对规划区进行地质灾害危险性评估。

3.3 地质灾害危险性评估，必须对建设工程遭受地质灾害的可能性和该工程建设中、建成后引发地质灾害的可能性作出评价，提出具体的预防治理措施。

3.4 地质灾害危险性评估的灾种主要包括：崩塌、滑坡、泥石流、地面塌陷（含岩溶塌陷和矿山采空塌陷）、地裂隙和地面沉降等。

3.5 地质灾害危险性评估的主要内容是：阐明工程建设区和规划区的地质环境条件基本特征；分析论证工程建设区和规划区各种地质灾害的危险性，进行现状评估、预测评估和综合评估；提出防治地质灾害措施与建议，并作出建设场地适宜性评价结论。

3.6 地质灾害危险性评估工作，必须在充分收集利用已有的遥感影像、区域地质、矿产地质、水文地质、工程地质、环境地质和气象水文等资料基础上，进行地面调查，必要时可适当进行物探、坑槽探与取样测试。

3.7 地质灾害危险性评估成果，应按照国土资源行政主管部门的有关规定组织专家审查、备案后，方可提交立项、用地审批使用。

3.8 本技术要求规定的地质灾害危险性评估不替代建设工程和规划各阶段的工程地质勘察或有关的评价工作。

4. 工作程序

工作程序见图 7-1。

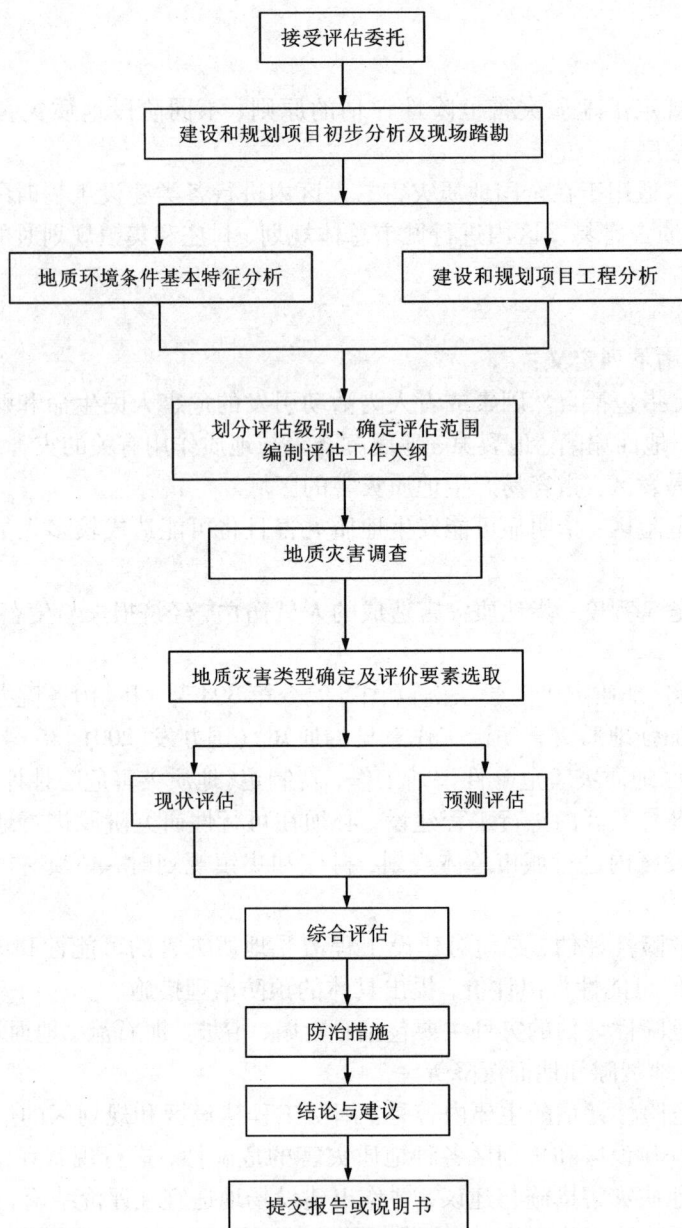

接受评估委托

建设和规划项目初步分析及现场踏勘

地质环境条件基本特征分析　　建设和规划项目工程分析

划分评估级别、确定评估范围
编制评估工作大纲

地质灾害调查

地质灾害类型确定及评价要素选取

现状评估　　预测评估

综合评估

防治措施

结论与建议

提交报告或说明书

图 7-1　工作程序框图

5. 评估范围与级别

5.1 地质灾害危险性评估范围，不能局限于建设用地和规划用地面积内，应视建设和规划项目的特点、地质环境条件和地质灾害种类予以确定。

5.2 若危险性仅限于用地面积内，则按用地范围进行评估。

5.3 崩塌、滑坡其评估范围应以第一斜坡带为限；泥石流必须以完整的沟道流域面积为评估范围；地面塌陷和地面沉降的评估范围应与初步推测的可能范围一致；地裂缝应与初步推测可能延展、影响范围一致。

5.4 建设工程和规划区位于强震区，工程场地内分布有可能产生明显位错或构造性地裂的全新活动断裂或发震断裂，评估范围应尽可能把邻近地区活动断裂的一些特殊构造部位（不同方向的活动断裂的交汇部位、活动断裂的拐弯段、强烈活动部位、端点及断面上不平滑处等）包括其中。

5.5 重要的线路工程建设项目，评估范围一般应以相对线路两侧扩展 500～1000 m 为限。

5.6 在已进行地质灾害危险性评估的城市规划区范围内进行工程建设，建设工程处于已划定为危险性大至中等的区段，还应按建设工程项目的重要性与工程特点进行建设工程地质灾害危险性评估。

5.7 区域性工程项目的评估范围，应根据区域地质环境条件及工程类型确定。

5.8 地质灾害危险性评估分级根据地质环境条件复杂程度与建设项目重要性分为三级。

表 7 - 1　地质灾害危险性的评估分级表

评估分级 复杂程度 项目重要性	复杂	中等	简单
重要建设项目	一级	一级	一级
较重要建设项目	一级	二级	三级
一般建设项目	二级	三级	三级

5.8.1 地质环境复杂程度分类见表 7 - 2。

表 7 - 2　地质环境条件复杂程度分类表

复杂	中等	简单
1. 地质灾害发育强烈	1. 地质灾害发育中等	1. 地质灾害一般不发育
2. 地形与地貌类型复杂	2. 地形简单，地貌类型单一	2. 地形较简单，地貌类型单一
3. 地质构造复杂，岩性岩相变化大，岩土体工程地质性质不良	3. 地质构造较复杂，岩性岩相不稳定，岩土体工程地质性质较差	3. 地质构造简单，岩性单一，岩土体工程地质性质良好
4. 工程水文地质条件不良	4. 工程水文地质条件较差	4. 工程水文地质条件良好
5. 破坏地质环境的人类工程活动强烈	5. 破坏地质环境的人类工程活动较强烈	5. 破坏地质环境的人类工程活动一般

注：每类 5 项条件中，有 1 条符合较复杂条件者即划为较复杂类型。

5.8.2 建设项目重要性分类见表 7 - 3。

表 7 - 3　建设项目重要性分类表

项目类型	项目类别
重要建设项目	开发区建设、城镇新区建设、放射性设施、军事设施、核电、二级以上公路、铁路、机场、大型水利工程、电力工程、港口工程、集中供水水源地、工业建筑、民用建筑、垃圾处理场、水处理厂等
较重要建设项目	新建村庄、三级以下公路、中型水利工程、电力工程、港口码头、矿山、集中供水水源地、工业建筑、民用建筑、垃圾处理场、水处理厂等
一般建设项目	小型水利工程、电力工程、港口码头、矿山、集中供水水源地、工业建筑、民用建筑工地、垃圾处理场、水处理厂等

5.9 在充分收集分析已有资料基础上，编制评估工作大纲，明确任务，确定评估范围与级别，设计地质灾害调查内容及重点、工作布署与工作量，提出质量监控措施和成果等。

6. 技术要求

6.1 一级评估应有充足的基础资料，进行充分论证。

6.1.1 必须对评估区内分布的各类地质灾害体的危险性和危害程度逐一进行现状评估。

6.1.2 对建设场地和规划区范围内，工程建设可能引发或加剧的和本身可能遭受的各类地质灾害的可能性和危害程度分别进行预测评估。

6.1.3 依据现状评估和预测评估结果，综合评估建设场地和规划区地质灾害危险性程度，分区段划分出危险性等级，说明各区段主要地质灾害种类和危害程度，对建设用地适宜性作出评估，并提出有效防治地质灾害的措施与建议。

6.2 二级评估应有足够的基础资料，进行综合分析。

6.2.1 必须对评估区内分布的各类地质灾害的危险性和危害程度逐一进行初步现状评估；

6.2.2 对建设场地范围和规划区内，工程建设可能引发或加剧的和本身可能遭受的各类地质灾害的可能性和危害程度分别进行初步预测评估。

6.2.3 在上述评估的基础上，综合评估其建设场地和规划区地质灾害危险性程度，分区段划分出危险性等级，说明各区段主要地质灾害种类和危害程度，对建设场地适宜性作出评估，并提出可行的防治地质灾害措施与建议。

6.3 三级评估应有必要的基础资料进行分析，参照一级评估要求的内容，作出概略评估。

7. 地质灾害调查与地质环境条件分析

7.1 地质灾害调查的重点应是评估区内不同类型灾种的易发区段。

7.1.1 在相同地质环境条件下，存在适宜的斜坡坡度、坡高、坡型，岩体破碎、土体松散、构造发育，工程设计挖方切坡路堑工段，将是崩塌、滑坡的易发区段，应为调查的重点。

7.1.2 经初步分析判断，凡符合泥石流形成基本条件的冲沟，应为调查的重点。

7.1.3 依据区域岩溶发育程度、松散盖层厚度、地下水动力条件及动力因素的初步分析判断、圈定可能诱发岩溶塌陷的范围，应做为调查的重点。

7.1.4 在前人资料的基础上，圈出各类特殊性岩土分布范围，可做为调查的重点。

7.1.5 对线状及区域性的工程项目，必须将地质灾害的易发区段和危险区段及危害严重的地质灾害点作为调查的重点。

7.2 地质灾害调查内容与要求

7.2.1 崩塌调查

①崩塌区的地形地貌及崩塌类型、规模、范围，崩塌体的大小和崩落方向。

②崩塌区岩体的岩性特征、风化程度和水的活动情况。

③崩塌区的地质构造，岩体结构类型、结构面的产状、组合关系闭合程度、力学属性、延展及贯穿情况，编绘崩塌区的地质构造图。

④气象（重点是大气降水）、水文和地震情况。

⑤崩塌前的迹象和崩塌原因，地貌、岩性、构造、地质、采矿、爆破、温差变化、水的活动等。

⑥当地防治崩塌的经验。

7.2.2 滑坡调查

①搜集当地滑坡史、易滑地层分布、水文气象、工程地质图和地质构造图等资料，并调查分析山体地质构造。

②调查微地貌形态及其演变过程；圈定滑坡周界、滑坡壁、滑坡平台、滑坡舌、滑坡裂隙、滑坡鼓丘等要素；并查明滑动带部位、滑痕指向、倾角，滑带的组成和岩土状态，裂隙的位置、方向、深度、宽度、产生时间、切割关系和力学属性；分析滑坡的主滑方向、滑坡的主滑段、抗滑段及其变化，分析滑动面的层数、深度和埋藏条件及其向上、下发展的可能性。

③调查滑带水和地下水的情况，泉水出露地点及流量，地表水体、湿地分布及变迁情况。

④调查滑坡带内外建筑物、树木等的变形、位移及其破坏的时间和过程。

⑤对滑坡的重点部位宜摄影或录像。

⑥调查当地整治滑坡的经验。

7.2.3 泥石流调查

调查范围应包括沟谷至分水岭的全部地段和可能受泥石流影响的地段。并应调查下列内容：

①冰雪融化和暴雨强度、前期降雨量、一次最大降雨量，平均及最大流量，地下水活动情况。

②地层岩性，地质构造，不良地质现象，松散堆积物的物质组成、分布和储量。

③沟谷的地形地貌特征，包括沟谷的发育程度、切割情况，坡度、弯曲、粗糙程度，并划分泥石流的形成区、流通区和堆积区及圈绘整个沟谷的汇水面积。

④形成区的水源类型、水量、汇水条件、山坡坡度，岩层性质及风化程度。查明断裂、滑坡、崩塌、岩堆等不良地质现象的发育情况及可能形成泥石流固体物质的分布范围、储量。

⑤流通区的沟床纵横坡度、跌水、急湾等特征。查明沟床两侧山坡坡度、稳定程度，沟床的冲淤变化和泥石流的痕迹。

⑥堆积区的堆积扇分布范围，表面形态，纵坡，植被，沟道变迁和冲淤情况；查明堆积物的性质、层次、厚度，一般粒径及最大粒径以及分布规律。判定堆积区的形成历史、堆积速度，估算一次最大堆积量。

⑦泥石流沟谷的历史，历次泥石流的发生时间、频数、规模、形成过程、爆发前的降雨情况和爆发后产生的灾害情况，并区分正常沟谷或低频率泥石流沟谷。

⑧开矿弃渣、修路切坡、砍伐森林、陡坡开荒及过度放牧等人类活动情况。

⑨当地防治泥石流的措施和经验。

7.2.4 地面塌陷调查

地面塌陷包括岩溶塌陷和采空塌陷。宜以搜集资料、调查访问为主，分别查明下列内容：

岩溶塌陷：

①调查过程中首先要依据已有资料进行综合分析，掌握区内岩溶发育、分布规律及岩溶水环境条件。

②查明岩溶塌陷的成因、形态、规模、分布密度、土层厚度与下伏基岩岩溶特征。

③地表、地下水活动动态及其与自然和人为因素的关系。

④划分出变形类型及土洞发育程度区段。

⑤调查岩溶塌陷对已有建筑物的破坏损失情况，圈定可能发生岩溶塌陷的区段。

采空塌陷：

①矿层的分布、层数、厚度、深度、埋藏特征和开采层的岩性、结构等。

②矿层开采的深度、厚度、时间、方法、顶板支撑及采空区的塌落、密实程度、空隙和积水等。

③地表变形特征和分布规律，包括地表陷坑、台阶、裂隙位置、形状、大小、深度、延伸方向及其与采空区、地质构造、开采边界、工作面推进方向等的关系。

④地表移动盆地的特征，划分中间区、内边缘和外边缘区，确定地表移动和变形的特征值。

⑤采空区附近的抽、排水情况及对采空区稳定的影响。

⑥搜集建筑物变形及其处理措施的资料等。

7.2.5 地裂缝调查

主要调查以下内容：

①单缝发育规模和特征以及群缝分布特征和分布范围。

②形成的地质环境条件（地形地貌、地层岩性、构造断裂等）。

③地裂缝成因类型和诱发因素（地下水开采等）。

④发展趋势预测。

⑤现有防治措施和效果。

7.2.6 地面沉降调查

主要调查由于常年抽汲地下水引起水位或水压下降而造成的地面沉降，不包括由于其他原因所造成的地面下降。主要通过搜集资料、调查访问来查明地面沉降原因、现状和危害情况。着重查明下列问题：

①综合分析已有资料，查明第四系沉积类型、地貌单元特征，特别要注意冲积、湖积和海相沉积的平原或盆地及古河道、洼地、河间地块等微地貌分布。第四系岩性、厚度和埋藏条件，特别要查明压缩层的分布。

②查明第四系含水层水文地质特征、埋藏条件及水力联系；搜集历年地下水动态、开采量、开采层位和区域地下水位等值线图等资料。

③根据已有地面测量资料和建筑物实测资料，同时结合水文地质资料进行综合分析，初

步圈定地面沉降范围和判定累计沉降量，并对地面沉降范围内已有建筑物损坏情况进行调查。

7.2.7 潜在不稳定斜坡调查

主要调查建设场地范围内可能发生滑坡、崩塌等潜在隐患的陡坡地段。调查的内容包括：

①地层岩性、产状、断裂、节理、裂隙发育特征、软弱夹层岩性、产状、风化残坡积层岩性、厚度。

②斜坡坡度、坡向、地层倾向与斜坡坡向的组合关系。

③调查斜坡周围，特别是斜坡上部暴雨、地表水渗入、地下水对斜坡的影响，人为工程活动对斜坡的破坏情况等。

④对可能构成崩塌、滑坡的结构面的边界条件、坡体异常情况等进行调查分析，以此判断斜坡发生崩塌、滑坡、泥石流等地质灾害的危险性及可能的影响范围。

有下列情况之一者，应视为可能失稳的斜坡：

①各种类型的崩滑体。

②斜坡岩体中有倾向坡外、倾角小于坡角的结构面存在。

③斜坡被两组或两组以上结构面切割，形成不稳定棱体，其棱体线倾向坡外，且倾角小于斜坡坡角。

④斜坡后缘已产生拉裂隙。

⑤顺坡向卸荷裂隙发育的高陡斜坡。

⑥岸边裂隙发育、表层岩体已发生蠕动或变形的斜坡。

⑦坡脚或坡基存在缓倾的软弱层。

⑧位于库岸或河岸水位变动带，渠道沿线或地下水溢出带附近，工程建成后可能经常处于浸湿状态的软质岩石或第四系沉积物组成的斜坡。

⑨其他根据地貌、地质特征分析或用图解法初步判定为可能失稳的斜坡。

7.2.8 其他灾种

根据现场实际，可增加调查灾种，并参照国家有关技术要求进行。

7.3 地质环境条件分析

7.3.1 一切致灾地质作用都受地质环境因素综合作用的控制。地质环境条件分析是地质灾害危险性评估的基础。

（1）分析地质环境因素的特征与变化规律。地质环境因素主要包括：

①岩土体物性：岩土体类型、组份、结构、工程地质特征。

②地质构造：构造形态、分布、特征、组合形式和地壳稳定性。

③地形地貌：地貌形态、分布及地形特征。

④地下水特征：类型、含水岩组分布、补径排条件、动态变化规律和水质水量。

⑤地表水活动：径流规律、河床沟谷形态、纵坡、径流速与流量等。

⑥地表植被：种类、覆盖率、退化状况等。

⑦气象：气温变化特征、降水时空分布规律与特征、蒸发与风暴等。

⑧人类工程—经济活动形式与规模。

（2）分析各地质环境因素对评估区主要致灾地质作用形成、发育所起的作用和性质，从而划分出主导地质环境因素、从属地质环境因素和激发因素，为预测评估提供依据。

（3）分析各地质环境因素各自的和相互作用的特点以及主导因素的作用，以各种致灾地质作用分布实际资料为依据，划出各种致灾地质作用的易发区段，为确定评估重点区段提供依据。

7.3.2 综合地质环境条件各因素的复杂程度，对评估区地质环境条件的复杂程度作出总体和分区段划分。

7.3.3 各种致灾地质作用受控于所有地质环境因素不等量的作用。

主导地质环境因素是致灾地质作用形成的关键；从属地质环境因素总是以主导地质环境因素的作用为前提或是通过主导地质环境因素发挥作用；激发因素是在致灾地质作用孕育成熟的条件下，因其作用而导致灾害发生。因此，在预测评估过程中，应首先分析某些地质环境因素可能发生的变化而出现不稳定状态，评价地质灾害发展趋势。

7.3.4 有关区域地壳稳定性、高坝和高层建筑地基稳定性、隧道开挖过程中的工程地质问题和地下开挖过程中各种灾害（岩爆、突水、瓦斯突出等）问题，不作为地质灾害危险性评估的内容，可在地质环境条件中进行论述。

8. 地质灾害危险性评估

8.1 地质灾害危险性评估是在查明各种致灾地质作用的性质、规模和承灾对象社会经济属性（承灾对象的价值，可移动性等）的基础上，以致灾体稳定性和致灾体与承灾对象遭遇的概率上分析入手，对其潜在的危险性进行客观评估。

8.2 地质灾害危险性分级见表7-4。

表7-4 地质灾害危性分级表

危险性分级 \ 确定因素	地质灾害发育程度	地质灾害危险程度
危险性大	强发育	危害大
危险性中等	中等发育	危害中等
危险性小	弱发育	危害小

8.3 地质灾害危险性评估包括：地质灾害危险性现状评估、地质灾害危险性预测评估和地质灾害危险性综合评估。8.3.1 地质灾害危险性现状评估：基本查明评估区已发生的崩塌、滑坡、泥石流、地面塌陷（含岩溶塌陷和矿山采空塌陷）、地裂隙和地面沉降等灾害形成的地质环境条件、分布、类型、规模、变形活动特征，主要诱发因素与形成机制，对其稳定性进行初步评价，在此基础上对其危险性和对工程危害的范围与程度作出评估。

8.3.2 地质灾害危险性预测评估：是对工程建设场地及可能危及工程建设安全的邻近地区可能引发或加剧的和工程本身可能遭受的地质灾害的危险性作出评估。

地质灾害的发生，是各种地质环境因素相互影响，不等量共同作用的结果。预测评估必须在对地质环境因素系统分析的基础上，判断降水或人类活动因素等激发下，某一个或一个以上的可调节的地质环境因素的变化，导致致灾体处于不稳定状态，预测评估地质灾害的范围、危险性和危害程度。

地质灾害危险性预测评估内容包括：

①对工程建设中、建成后可能引发或加剧崩塌、滑坡、泥石流、地面塌陷、地裂隙和不稳定的高陡边坡变形等的可能性、危险性和危害程度作出预测评估。

②对建设工程自身可能遭受已存在的崩塌、滑坡、泥石流、地面塌陷、地裂隙、地面沉降等危害隐患和潜在不稳定斜坡变形的可能性、危险性和危害程度作出预测评估。

③对各种地质灾害危险性预测评估可采用工程地质比拟法，成因历史分析法，层次分析法，数字统计法等定性、半定量的评估方法进行。

8.3.3 地质灾害危险性综合评估：依据地质灾害危险性现状评估和预测评估结果，充分考虑评估区的地质环境条件的差异和潜在的地质灾害隐患点的分布、危害程度，确定判别区段危险性的量化指标，根据"区内相似，区际相异"的原则，采用定性、半定量分析法，进行工程建设区和规划区地质灾害危险性等级分区(段)。并依据地质灾害危险性、防治难度和防治效益，对建设场地的适宜性作出评估，提出防治地质灾害的措施和建议。

①地质灾害危险性综合评估，危险性划分为大、中等、小三级。

②地质灾害危险性小，基本不设计防治工程的，土地适宜性为适宜；地质灾害危险性中等，防治工程简单的，土地适宜性为基本适宜；地质灾害危险性大，防治工程复杂的，土地适宜性为适宜性差，见表7-5：

表 7 - 5　建设用地适宜性分组表

级别	分级说明
适宜	地质环境复杂程度简单，工程建设受地质灾害危害的可能性小，引发、加剧地质灾害的可能性小，危险性小，易于处理
基本适宜	不良地质现象发育，地质构造、地层岩性变化较大，工程建设受地质灾害危害的可能性中等，引发、加剧地质灾害的可能性中等，危险性中等，但可采取措施处理
适宜性差	地质灾害发育强烈，地质构造复杂，软弱结构成发育区，工程建设受地质灾害的可能性大，引发、加剧地质灾害的可能性大，危险性大，防治难度大

③地质灾害危险性综合评估应根据各区(段)存在的和可能引发的灾种多少、规模、稳定性和承灾对象社会经济属性等，综合判定建设工程和规划区地质灾害危险性的等级区(段)。

④分区(段)评估结果，应列表说明各区(段)的工程地质条件、存在和可能诱发的地质灾害种类、规模、稳定状态、对建设项目危害情况并提出防治要求。

9. 成果提交

9.1 地质灾害危险性一、二级评估，提交地质灾害危险性评估报告书；三级评估，提交地质灾害危险性评估说明书。

9.2 地质灾害危险性评估成果包括地质灾害危险性评估报告书或说明书，并附评估区地质灾害分布图、地质灾害危险性综合分区评估图和有关的照片、地质地貌剖面图等。

9.3 地质灾害危险性评估报告是评估工作最终成果，应在综合分析全部资料的基础上进行编写。报告书要力求简明扼要、相互连贯、重点突出、论据充分、结论明确；附图规范、时空信息量大、实用易懂、图面布置合理、美观清晰、便于使用单位阅读。

9.4 地质灾害危险性评估报告书参考提纲如下：

前言：说明评估任务由来，评估工作的依据

第一章 评估工作概述

一、工程和规划概况与征地范围

二、以往工作程度

三、工作方法及完成的工作量

四、评估范围与级别的确定

第二章 地质环境条件

一、气象、水文

二、地形地貌

三、地层岩性

四、地质构造与区域地壳稳定性

五、工程地质条件

六、水文地质条件

七、人类工程活动对地质环境的影响

第三章 地质灾害危险性现状评估

一、地质灾害类型及特征：阐述已发生的灾种、数量、分布、规模、形成机制、危害对象、稳定性等

二、地质灾害危险性现状评估：按灾种分别进行评估

第四章 地质灾害危险性预测评估

一、工程建设引发或加剧地质灾害危险性的预测

二、工程建设可能遭受地质灾害危险性的预测

（在山地丘陵区进行工程建设，一般工程设计挖方切坡工程，存在不稳定边坡，必须进行危险性预测评估，可列专节论述）

第五章 地质灾害危险性综合分区评估及防治措施

一、地质灾害危险性综合评估原则与量化指标的确定

二、地质灾害危险性综合分区评估

三、建设场地适宜性分区评估

四、防治措施

结论与建议

9.5 成果图件的基本内容

9.5.1 评估区地质灾害分布图

比例尺：按委托单位的要求并考虑便于阅读可自行规定。

该图是以评估区内地质灾害形成发育的地质环境条件为背景，主要反映地质灾害类型、特征和分布规律。

（1）平面图内容

①按规定的素色表示简化的地理、行政区划要素。

②按 GBI 2328—90（综合工程地质图图例及色标）规定的色标，以面状普染色表示岩土体

工程地质类型。

③采用不同颜色的点、线符号表示地质构造、地震、水文地质和水文气象要素。

④采用不同颜色的点状或面状符号表示各类地质灾害点的位置、类型、成因、规模、稳定性、危险性等。

（2）镶图与剖面图

对于有特殊意义的影响因素，可在平面图上附全区或局部地区的专门性镶图。如降水等值线图、全新活动断裂与地震震中分布图等。同时应附区域控制性地质地貌剖面图。

（3）大型、典型地质灾害说明表

用表的形式辅助说明平面图的有关内容。表的内容包括：地质灾害点编号、地理位置、类型、规模、形成条件与成因、危险性与危害程度、发展趋势等。

9.5.2 地质灾害危险性综合分区评估图

比例尺：按委托单位要求并考虑便于阅读，可自行规定。

该图主要反映地质灾害危险性综合分区评估结果和防治措施。

（1）平面图内容

①按规定的素色表示简化地理要素和行政区划要素。

②采用不同颜色的点状、线状符号分门别类的表示建设项目工程部署和已建的重要工程。

③采用面状普染颜色表示地质灾害危险性三级综合分区。

④以代号表示地质灾害点（段）防治分级，一般可划分为：重点防治点（段）、次重点防治点（段）、一般防治点（段）。

⑤采用点状符号表示地质灾害点（段）防治措施，一般可分为：避让措施、生物措施、工程措施、监测预警措施。

（2）综合分区（段）说明表

内容主要包括危险性级别、区（段）编号、工程地质条件、地质灾害类型与特征、发育强度与危害程度、防治措施建议等。

9.5.3 应附大型、典型地质灾害点的照片和潜在不稳定斜坡、边坡的工程地质剖面图等。

7.2.2　国土资源部关于加强地质灾害危险性评估工作的通知

国土资源部关于加强地质灾害危险性评估工作的通知

国土资发［2004］69 号

各省、自治区、直辖市国土资源厅（国土环境资源厅、国土资源和房屋管理局、房屋土地资源管理局、规划和国土资源局），部有关直属单位：

为认真贯彻《地质灾害防治条例》（国务院令第 394 号）和《中华人民共和国行政许可法》的相关规定，减少因不合理工程活动引发的地质灾害给人民生命财产造成的损失，简化有关审批环节，现对地质灾害危险性评估工作要求如下，请严格遵照执行。

一、《地质灾害防治条例》第二十一条规定："在地质灾害易发区进行工程建设应当在可行性研究阶段进行地质灾害危险性评估，编制地质灾害易发区内的城市总体规划、村庄和集镇规划时，应当对规划区进行地质灾害危险性评估。"为加大监督力度，切实做好此项规定的落实工作，在用地审批和规划审查中应加强对地质灾害危险性评估工作的监督管理。

二、地质灾害危险性评估工作分级进行。评估工作级别按建设项目的重要性和地质环境条件的复杂程度分为三级。具体分级标准和评估技术要求见《地质灾害危险性评估技术要求（试行）》（附件1）。

三、对承担地质灾害危险性评估工作的单位实行资质管理制度。严禁不具备相应资质条件的单位从事地质灾害危险性评估工作。在《地质灾害危险性评估单位资质管理办法》正式颁布之前，一级评估暂由获得国土资源行政主管部门颁发的地质灾害防治工程勘查甲级资质证书的单位进行；二级评估暂由获得国土资源行政主管部门颁发的地质灾害防治工程勘查甲、乙级资质证书的单位进行；三级评估暂由获得国土资源行政主管部门颁发的地质灾害防治工程勘查甲、乙、丙级资质证书的单位进行。

四、评估单位应自行组织具有资格的地质灾害防治专家对拟提交的地质灾害危险性评估报告进行技术审查，并由专家组提出书面审查意见。

审查专家应具有水文、工程、环境地质专业高级技术职称；从事相关工作10年以上，同时主持过中型以上地质灾害勘查报告的编制工作或参与过大型地质灾害勘查报告的审查。

一级评估报告一般聘请5~7名专家；

二级评估报告3~5名专家；

三级评估报告2~3名专家。

评估报告的质量，作为评估单位资质升降级的重要依据。

五、对地质灾害危险性评估成果实行备案制度。地质灾害危险性评估报告通过专家组审查后，评估单位应在一个月内到国土资源行政主管部门备案。

备案材料包括《××……地质灾害危险性评估报告》《××……地质灾害危险性评估报告专家组审查意见》和《××……地质灾害危险性评估报告备案登记表》的文字报告（报表）和电子文档各一式两份。

一级评估报告报省（自治区、直辖市）国土资源厅（局）备案；省（自治区、直辖市）国土资源厅（局）应在收到备案材料后5个工作日内将备案登记表一式一份转报国土资源部备查。

二级评估报告报市（地）级国土资源行政主管部门备案，备案登记表抄报省（自治区、直辖市）国土资源厅（局）备查。

三级评估报告报县级国土资源行政主管部门备案，备案登记表抄报省（自治区、直辖市）、市（地）级国土资源行政主管部门备查。

备案情况，作为评估单位资质考核的重要内容。

六、各级国土资源行政主管部门要加强对建设项目和城镇规划开展地质灾害危险性评估的管理，可以根据当地实际进行定期抽查。

七、本通知自下发之日起施行。《关于实行建设用地地质灾害危险性评估的通知》（国土资发[1999]392号文同时废止。

中华人民共和国国土资源部

二〇〇四年三月二十五日

7.2.3　地质灾害危险性评估单位资质管理办法

地质灾害危险性评估单位资质管理办法

中华人民共和国国土资源部令第 29 号

《地质灾害危险性评估单位资质管理办法》，已经 2005 年 5 月 12 日国土资源部第 1 次部务会议通过，现予发布，自 2005 年 7 月 1 日起施行。

部长　孙文盛

二○○五年五月二十日

国土资源部负责甲级地质灾害危险性评估单位资质的审批和管理。

省、自治区、直辖市国土资源管理部门负责乙级和丙级地质灾害危险性评估单位资质的审批和管理。

甲级地质灾害危险性评估单位资质，应当具备下列条件：

（一）注册资金或者开办资金人民币三百万元以上。

（二）具有工程地质、水文地质、环境地质、岩土工程等相关专业的技术人员不少于五十名，其中从事地质灾害调查或者地质灾害防治技术工作五年以上且具有高级技术职称的不少于十五名、中级技术职称的不少于三十名。

（三）近两年内独立承担过不少于十五项二级以上地质灾害危险性评估项目，有优良的工作业绩。

（四）具有配套的地质灾害野外调查、测量定位、监测、测试、物探、计算机成图等技术装备。

乙级地质灾害危险性评估单位资质，应当具备下列条件：

（一）注册资金或者开办资金人民币一百五十万元以上。

（二）具有工程地质、水文地质、环境地质和岩土工程等相关专业的技术人员不少于三十名，其中从事地质灾害调查或者地质灾害防治技术工作五年以上且具有高级技术职称的不少于八人、中级技术职称的不少于十五人。

（三）近两年内独立承担过十项以上地质灾害危险性评估项目，有良好的工作业绩。

（四）具有配套的地质灾害野外调查、测量定位、测试、物探、计算机成图等技术装备。

丙级地质灾害危险性评估单位资质，应当具备下列条件：

（一）注册资金或者开办资金人民币八十万元以上。

（二）具有工程地质、水文地质、环境地质和岩土工程等相关专业的技术人员不少于十名，其中从事地质灾害调查或者地质灾害防治技术工作五年以上且具有高级技术职称的不少于两名、中级技术职称的不少于五名。

（三）具有配套的地质灾害野外调查、测量定位、计算机成图等技术装备。

各级资质承担的项目级别：

取得甲级地质灾害危险性评估资质的单位，可以承担一、二、三级地质灾害危险性评估项目；

取得乙级地质灾害危险性评估资质的单位，可以承担二、三级地质灾害危险性评估项目；

取得丙级地质灾害危险性评估资质的单位，可以承担三级地质灾害危险性评估项目。

地质灾害危险性评估项目分级：

地质灾害危险性评估项目分为一级、二级和三级三个级别。

（一）从事下列活动之一的，其地质灾害危险性评估的项目级别属于一级：

1. 进行重要建设项目建设。

2. 在地质环境条件复杂地区进行较重要建设项目建设。

3. 编制城市总体规划、村庄和集镇规划。

（二）从事下列活动之一的，其地质灾害危险性评估的项目级别属于二级：

1. 在地质环境条件中等复杂地区进行较重要建设项目建设。

2. 在地质环境条件复杂地区进行一般建设项目建设。

除上述属于一、二级地质灾害危险性评估项目外，其他建设项目地质灾害危险性评估的项目级别属于三级。

建设项目重要性和地质环境条件复杂程度的分类，按照国家有关规定执行。

7.2.4 地质灾害治理工程勘查设计施工单位资质管理办法

地质灾害治理工程勘查设计施工单位资质管理办法

（国土资源部令第 30 号）

一、资质等级

地质灾害治理工程勘查、设计和施工单位资质，均分为甲、乙、丙三个等级

二、资质申报与管理

国土资源部负责甲级地质灾害治理工程勘查、设计和施工单位资质的审批和管理。省、自治区、直辖市国土资源管理部门负责乙级和丙级地质灾害治理工程勘查、设计和施工单位资质的审批和管理。

县级以上国土资源管理部门负责对本行政区域内从事地质灾害治理工程勘查、设计和施工的单位进行监督检查。

三、各级资质的业务范围

甲级地质灾害治理工程勘查、设计和施工资质单位，可以相应承揽大、中、小型地质灾害治理工程的勘查、设计和施工业务。

乙级地质灾害治理工程勘查、设计和施工资质单位，可以相应承揽中、小型地质灾害治理工程的勘查、设计和施工业务。

丙级地质灾害治理工程勘查、设计和施工资质单位，可以相应承揽小型地质灾害治理工程的勘查、设计和施工业务。

地质灾害治理工程分为大、中、小三个类型

（一）符合下列条件之一的，为大型地质灾害治理工程：

1. 治理工程总投资在人民币二千万元以上，或者单独立项的地质灾害勘查项目，项目经费在人民币五十万元以上。

2. 治理工程所保护的人员在五百人以上。

3. 治理工程所保护的财产在人民币五千万元以上。

（二）符合下列条件之一的，为中型地质灾害治理工程：

1. 治理工程总投资在人民币五百万元以上、二千万元以下，或者单独立项的地质灾害勘

查项目，项目经费在人民币三十万元以上、五十万元以下。

2. 治理工程所保护的人员在一百人以上、五百人以下。

3. 治理工程所保护的财产在人民币五百万元以上、五千万元以下。

上述两种情况之外的，属于小型地质灾害治理工程。

资质单位的技术负责人或者其他技术人员应当参加地质灾害治理工程勘查、设计和施工业务培训

第六条　地质灾害治理工程勘查单位的各等级资质条件如下：

（一）甲级资质

1. 注册资金或者开办资金人民币五百万元以上。

2. 技术人员总数不少于五十名，其中水文地质、工程地质、环境地质专业技术人员不少于三十名且具备高级职称的人员不少于十名。

3. 近三年内独立承担过五项以上中型地质灾害勘查项目，有优良的工作业绩。

4. 具有与承担大型地质灾害勘查项目相适应的钻探、物探、测量、测试、计算机等设备。

第七条　地质灾害治理工程设计单位的各等级资质条件如下：

（一）甲级资质

1. 注册资金或者开办资金人民币二百万元以上。

2. 技术人员总数不少于三十名，其中岩土工程设计、结构设计、工程地质专业技术人员不少于十五名且具有高级职称的人员不少于八名。

3. 近三年内承担过五项以上中型地质灾害治理工程设计任务，有优良的工作业绩。

4. 具有与承担大型地质灾害防治工程设计相适应的设计、测试、制图与文档整理设备。

第八条　地质灾害治理工程施工单位的各等级资质条件如下：

（一）甲级资质

1. 注册资金人民币一千二百万元以上。

2. 岩土工程、工程地质、工程测量、工程预算专业技术人员和项目经理、施工员、安全员、质检员等管理人员总数不少于五十名。

3. 近三年内独立承担过五项以上中型地质灾害治理工程施工项目，有优良的工作业绩。

4. 具有与承担大型地质灾害防治工程施工相适应的施工机械、测量、测试与质量检测设备。

（二）乙级资质

1. 注册资金人民币六百万元以上。

2. 岩土工程、工程地质、工程测量、工程预算专业技术人员和项目经理、施工员、安全员、质检员等管理人员总数不少于三十名。

3. 近三年内独立承担过五项以上小型地质灾害治理工程施工项目，有良好的工作业绩。

4. 具有与承担中型地质灾害防治工程施工相适应的施工机械、测量、测试与质量检测设备。

（三）丙级资质

1. 注册资金人民币三百万元以上。

2. 岩土工程、工程地质、工程测量、工程预算专业技术人员和项目经理、施工员、安全

员、质检员等管理人员总数不少于二十名。

3.具有与承担小型地质灾害防治工程施工相适应的施工机械、测量、测试与质量检测设备。

7.2.5 地质灾害危险性评估规范(DZ/T 0286—2015)

国土资源部关于发布《地质灾害危险性评估规范》等4项行业标准的公告(2015年第23号)

《地质灾害危险性评估规范》等4项推荐性行业标准已通过全国国土资源标准化技术委员会审查,现予批准、发布,于2015年12月1日起实施。

标准编号及名称如下:

DZ/T 0286—2015 地质灾害危险性评估规范

DZ/T 0287—2015 矿山地质环境监测技术规程

DZ/T 0288—2015 区域地下水污染调查评价规范

DZ/T 0289—2015 区域生态地球化学评价规范

思考题

1.地质灾害危险性评估划分几个等级?

2.地质灾害危险性评估的主要内容有哪些?

3.地质灾害分级标准是什么?

4.地质灾害危险性评估工作程序要求是什么?

5.地质灾害危险性评估工作如何进行管理?

6.不同等级的地质灾害危险性评估技术要求是什么?

7.不同等级的地质灾害危险性评估应该提交哪些成果资料?

8.地质灾害危险性评估成果如何实行备案?

9.地质灾害危险性评估报告如何编写?

10.地质灾害危险性评估资质管理办法?

参考文献

［1］国土资源部地质环境司，国务院法制办公室农业资源环保法制司.地质灾害防治条例释义［M］.北京：中国大地出版社，2004

［2］刘传正.重大地质灾害防治［M］.北京：科学出版社，2009

［3］殷坤龙.滑坡灾害预测预报［M］.中国地质大学出版社，2004

［4］郑颖人.边坡与滑坡工程治理［M］.北京：人民交通出版社，2007

［5］李功伯，谢建清.滑坡稳定性分析与工程治理［M］.北京：地震出版社，1997

［6］中华人民共和国地质矿产行业标准.滑坡防治工程勘查规范（DZ/T 0218—2006）［S］.北京：中国标准出版社，2006

［7］唐辉明.斜坡地质灾害预测与防治的工程地质研究［M］.北京：科学出版社，2016

［8］中国工程建设标准化协会标准.岩土锚杆（索）技术规程（CECS22：2005）［S］.北京：中国建筑工业出版社，中国计划出版社，2005

［9］中华人民共和国国家标准.锚杆喷射混凝土支护技术规范（GB 50086—2001）［S］.北京：中国计划出版社，2001

［10］王恭先，王应先，马惠民.滑坡防治100例［M］.北京：人民交通出版社，2008

［11］王继康，黄荣鉴，丁秀燕.泥石流防治工程技术［M］.北京：中国铁道出版社，1996

［12］潘愸，李铁锋.灾害地质学［M］.北京：北京工业大学出版社，2002

［13］中国岩石力学与工程学会岩石锚固与注浆技术专业委员会.锚固与注浆技术手册［M］.北京：中国电力出版社，1999

［14］王景明.地裂隙及其灾害的理论与应用［M］.西安：陕西科学技术出版社，2000

［15］索传郡，王德潜，刘祖植.西安地裂隙地面沉降与防治对策［J］.第四纪研究，2005，25(1)：23－28

［16］王雁林，郝俊卿，赵法锁等.地质灾害风险评价与管理研究［M］.北京：科学出版社，2015

［17］费祥俊，舒安平.泥石流运动机理与灾害防治［M］.北京：清华大学出版社，2004

［18］泥石流灾害防治工程设计规范（DZ/T 0239—2004），中国地质调查局，2004

［19］崩塌、滑坡、泥石流监测规范（DZ/T 0221—2006）.中华人民共和国国土资源部，2006

［20］潘懋，李铁锋.灾害地质学［M］.北京：北京大学出版社，2012

［21］编委会.地质灾害勘察与地质灾害防治技术手册(第二卷)［M］.北京：地质出版社，2009

［22］杨胜权.贵州省岩溶塌陷的成因及防治对策［J］.中国水土保持科学，2007，5(6)：38－42

［23］张书余.地质灾害气象预报基础［M］.北京：气象出版社，2005

［24］陈龙珠.防灾工程学导论［M］.北京：中国建筑工业出版社，2006

［25］商真平.滑坡防治技术理论探讨与工程实践［M］.郑州：黄河水利出版社，2009

［26］林宗元.岩土工程治理手册［M］.北京：中国建筑工业出版社，2005

［27］胡茂焱.地质灾害与治理技术［M］.武汉：中国地质大学出版社，2002

［28］中华人民共和国国土资源部.2012年全国地质灾害通报［D］.2013

图书在版编目（ＣＩＰ）数据

地质灾害防治／陈飞编著. --长沙：中南大学出版社，2017.10
ISBN 978 - 7 - 5487 - 3056 - 9

Ⅰ.①地… Ⅱ.①陈… Ⅲ.①地质—灾害防治 Ⅳ.①P694

中国版本图书馆 CIP 数据核字（2017）第 260119 号

地质灾害防治

陈 飞 编著

□责任编辑	刘颖维	
□责任印制	易红卫	
□出版发行	中南大学出版社	
	社址：长沙市麓山南路	邮编：410083
	发行科电话：0731 - 88876770	传真：0731 - 88710482
□印　　装	长沙雅鑫印务有限公司	

□开　　本	787×1092　1/16	□印张 15	□字数 384 千字
□版　　次	2017 年 10 月第 1 版	□2019 年 1 月第 2 次印刷	
□书　　号	ISBN 978 - 7 - 5487 - 3056 - 9		
□定　　价	68.00 元		